いちばんやさしい

Git&GitHubの教本

ギット&ギットハブ

第3版

人気講師が教える バージョン管理&共有入門

インプレス

Profile

著者プロフィール

横田紋奈（よこたあやな）

バックエンドエンジニア、プロジェクトマネージャー、技術広報やレクチャーなどを務めるエンジニア。早稲田大学国際教養学部卒。規模、カルチャー、業種の異なる複数社での経験をいかしながら、技術やソフトウェア開発の思想について聞き手に寄り添いながら親しみやすい形で伝えるのが得意。プライベートではエンジニア向けコミュニティ「Java女子部」運営スタッフ、「日本Javaユーザーグループ」幹事として、イベント開催や登壇を行う。

X：@ihcomega
GitHub：@ihcomega56

宇賀神みずき（うがじんみずき）

立命館大学理工学部卒。システムインテグレーターのバックエンドエンジニアとして、システム開発やプロジェクトへのGit導入を行う。2018年より外資系クラウドベンダーへ転職し、クラウド利用を推進している。プライベートでは、エンジニア向けイベントに参加し開発手法などのテーマで登壇している。

X：@syobochim
GitHub：@syobochim

はじめに

数あるGit関連の書籍から「いちばんやさしいGit&GitHubの教本」を手に取っていただき、ありがとうございます。これから私たちと一緒にGitとGitHubを利用したバージョン管理方法について学んでいきましょう。

ソースコードの履歴を管理するツールとして誕生したGitは、今や習得が欠かせないほど普及し、多くの開発者に親しまれています。Gitを使うことで、複数人で安心して同じファイルを更新したり、変更の履歴をわかりやすく保ったりすることができます。また、Gitを活用したWebサービスであるGitHubの登場により、インターネット上での共同開発が活発になりました。GitHubは、この書籍の初版を執筆した2018年10月時点ではユーザーが3800万人でしたが、2023年1月にはその数が1億人を超え、多くの開発者にとって身近なサービスとなっています。さらに、現在では執筆作業やドキュメントの管理など、プログラミング以外にも多くの用途でGitとGitHubが利用されています。プログラマーでなくとも、ぜひGitの学習に挑戦してみてください。

本書は大きく分けて二部構成となっています。前半では、手元のパソコンで実際にファイルをバージョン管理しながら、Gitの基本的な使い方を解説しています。後半では、実践的なワークフローに沿ってGitHubを使い、チームメンバーと一緒に開発を進めるための知識を身につけられる内容となっています。

全体を通し、コマンドラインを使った操作が中心であることは大きな特徴です。難しそうに思えるかもしれませんが、未経験者でも理解できるように配慮しているので、心配することはありません。概念や操作方法を丁寧に解説し、「なぜそうするのか」といった説明も多く入れました。

また、今回の改訂にあたり、新しいGitコマンドへの対応に加え、時代の流れにあった使い方や文化が学べるよう書き換えを行いました。初めてGitを学ぶ方も、既に使っていて知識を整理・アップデートしたい方も、きっと役立てていただけるはずです。皆さんが日々GitとGitHubを活用していくための一助となれば幸いです。

2024年11月

横田紋奈、宇賀神みずき

「いちばんやさしい Git&GitHubの教本」の読み方

「いちばんやさしいGit&GitHubの教本」は、はじめての人でも迷わないように、わかりやすい説明と大きな画面でGitを使ったバージョン管理の方法を解説しています。

》「何のためにやるのか」がわかる！

薄く色の付いたページでは、バージョン管理に必要な考え方を解説しています。実際の操作に入る前に、意味をしっかり理解してから取り組めます。

タイトル
レッスンの目的をわかりやすくまとめています。

レッスンのポイント
このレッスンを読むとどうなるのか、何に役立つのかを解説しています。

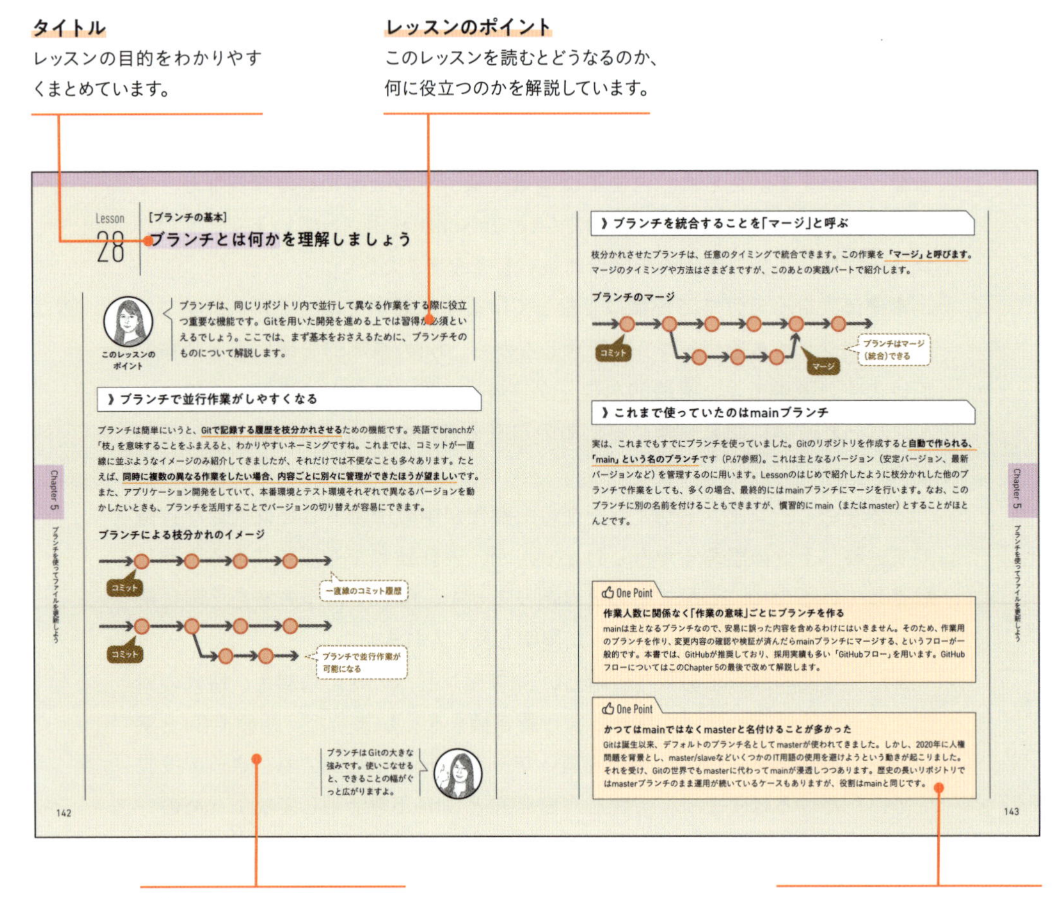
Lesson 28 [ブランチの基本]

ブランチとは何かを理解しましょう

このレッスンのポイント

ブランチは、同じリポジトリ内で並行して異なる作業をする際に役立つ重要な機能です。Gitを用いた開発を進める上では習得が必須といえるでしょう。ここでは、まず基本をおさえるために、ブランチそのものについて解説します。

》ブランチで並行作業がしやすくなる

ブランチは簡単にいうと、Gitで記録する履歴を枝分かれさせるための機能です。英語でbranchが「枝」を意味することをふまえると、わかりやすいネーミングですね。これまでは、コミットが一直線に並ぶようなイメージのみ紹介してきましたが、それだけでは不便なことも多々あります。たとえば、同時に複数の異なる作業をしたい場合、内容ごとに別々に管理ができたほうが望ましいです。また、アプリケーション開発をしていて、本番環境とテスト環境それぞれで異なるバージョンを動かしたいときも、ブランチを活用することでバージョンの切り替えが容易にできます。

ブランチによる枝分かれのイメージ

ブランチはGitの大きな強みです。使いこなせると、できることの幅がぐっと広がりますよ。

142

Chapter 5 ブランチを使ってファイルを更新しよう

》ブランチを統合することを「マージ」と呼ぶ

枝分かれさせたブランチは、任意のタイミングで統合できます。この作業を「マージ」と呼びます。マージのタイミングや方法はさまざまですが、このあとの実践パートで紹介します。

ブランチのマージ

》これまで使っていたのはmainブランチ

実は、これまでもすでにブランチを使っていました。Gitのリポジトリを作成すると自動で作られる、「main」という名のブランチです（P.67参照）。これは主となるバージョン（安定バージョン、最新バージョンなど）を管理するのに用います。Lessonのはじめで紹介したように枝分かれした他のブランチで作業をしても、多くの場合、最終的にはmainブランチにマージを行います。なお、このブランチに別の名前を付けることもできますが、慣習的にmain（またはmaster）とすることがほとんどです。

One Point
作業人数に関係なく「作業の意味」ごとにブランチを作る
mainは主となるブランチなので、安易に誤った内容を含めるわけにはいきません。そのため、作業用のブランチを作り、変更内容の確認や検証が済んだらmainブランチにマージする、というフローが一般的です。本書では、GitHubが推奨しており、採用実績も多い「GitHubフロー」を用います。GitHubフローについてはこのChapter 5の最後で改めて解説します。

One Point
かつてはmainではなくmasterと名付けることが多かった
Gitは誕生以来、デフォルトのブランチ名としてmasterが使われてきました。しかし、2020年に人権問題を背景とし、master/slaveなどいくつかのIT用語の使用を避けようという動きが起こりました。それを受け、Gitの世界でもmasterに代わってmainが浸透しつつあります。歴史の長いリポジトリではmasterブランチのまま運用が続いているケースもありますが、役割はmainと同じです。

143

Chapter 5 ブランチを使ってファイルを更新しよう

解説
バージョン管理を行う際の大事な考え方を、画面や図解をまじえて丁寧に解説しています。

One Point
Lessonに関連する知識や知っておくと役立つ知識を、コラムで解説しています。

》「どうやってやるのか」がわかる！

バージョン管理の実践パートでは、1つひとつのステップを丁寧に解説しています。
途中で迷いそうなところは、Pointで補足説明があるのでつまずきません。

手順
番号順に操作していきます。入力するコマンドがわかりやすいよう大きな文字で掲載し、スペースを入力する位置も記号で示しています。

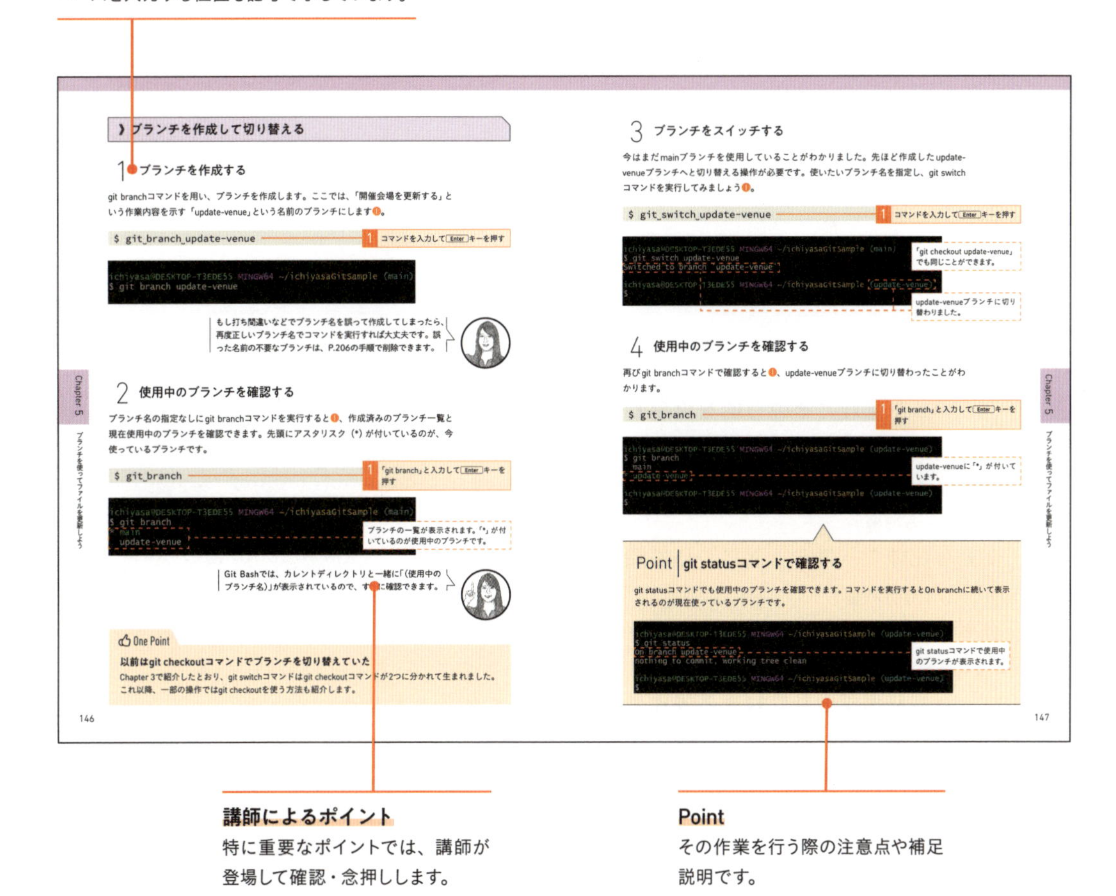

》ブランチを作成して切り替える

1 ブランチを作成する

git branchコマンドを用い、ブランチを作成します。ここでは、「開催会場を更新する」という作業内容を示す「update-venue」という名前のブランチにします❶。

```
$ git␣branch␣update-venue
```

1 コマンドを入力して Enter キーを押す

```
ichiyasa@DESKTOP-T3EDE55 MINGW64 ~/ichiyasaGitSample (main)
$ git branch update-venue
```

もし打ち間違いなどでブランチ名を誤って作成してしまったら、再度正しいブランチ名でコマンドを実行すれば大丈夫です。誤った名前の不要なブランチは、P.206の手順で削除できます。

2 使用中のブランチを確認する

ブランチ名の指定なしにgit branchコマンドを実行すると❶、作成済みのブランチ一覧と現在使用中のブランチを確認できます。先頭にアスタリスク（*）が付いているのが、今使っているブランチです。

```
$ git␣branch
```

1 「git branch」と入力して Enter キーを押す

```
ichiyasa@DESKTOP-T3EDE55 MINGW64 ~/ichiyasaGitSample (main)
$ git branch
* main
  update-venue
```

ブランチの一覧が表示されます。「*」が付いているのが使用中のブランチです。

Git Bashでは、カレントディレクトリと一緒に「(使用中のブランチ名)」が表示されているので、すぐに確認できます。

One Point
以前はgit checkoutコマンドでブランチを切り替えていた
Chapter 3で紹介したとおり、git switchコマンドはgit checkoutコマンドが2つに分かれて生まれました。これ以降、一部の操作ではgit checkoutを使う方法も紹介します。

146

3 ブランチをスイッチする

今はまだmainブランチを使用していることがわかりました。先ほど作成したupdate-venueブランチへと切り替える操作が必要です。使いたいブランチ名を指定し、git switchコマンドを実行してみましょう❶。

```
$ git␣switch␣update-venue
```

1 コマンドを入力して Enter キーを押す

```
ichiyasa@DESKTOP-T3EDE55 MINGW64 ~/ichiyasaGitSample (main)
$ git switch update-venue
Switched to branch 'update-venue'

ichiyasa@DESKTOP-T3EDE55 MINGW64 ~/ichiyasaGitSample (update-venue)
$
```

「git checkout update-venue」でも同じことができます。

update-venueブランチに切り替わりました。

4 使用中のブランチを確認する

再びgit branchコマンドで確認すると❶、update-venueブランチに切り替わったことがわかります。

```
$ git␣branch
```

1 「git branch」と入力して Enter キーを押す

```
ichiyasa@DESKTOP-T3EDE55 MINGW64 ~/ichiyasaGitSample (update-venue)
$ git branch
  main
* update-venue

ichiyasa@DESKTOP-T3EDE55 MINGW64 ~/ichiyasaGitSample (update-venue)
$
```

update-venueに「*」が付いています。

Point | **git statusコマンドで確認する**
git statusコマンドでも使用中のブランチを確認できます。コマンドを実行するとOn branchに続いて表示されるのが現在使っているブランチです。

```
ichiyasa@DESKTOP-T3EDE55 MINGW64 ~/ichiyasaGitSample (update-venue)
$ git status
On branch update-venue
nothing to commit, working tree clean

ichiyasa@DESKTOP-T3EDE55 MINGW64 ~/ichiyasaGitSample (update-venue)
$
```

git statusコマンドで使用中のブランチが表示されます。

147

Chapter 5 ブランチを使ってファイルを更新しよう

講師によるポイント
特に重要なポイントでは、講師が登場して確認・念押しします。

Point
その作業を行う際の注意点や補足説明です。

いちばんやさしい
Git&GitHubの教本 第3版
人気講師が教える バージョン管理&共有入門

Contents
目次

Chapter 2

Gitを使う準備をしよう

page 029

Chapter 3

ファイルを バージョン管理してみよう

page 071

Chapter 4

GitHubのリポジトリをパソコンに取得しよう

page 115

Chapter 5

ブランチを使ってファイルを更新しよう

Chapter 6 複数ブランチを同時に使ってファイルを更新しよう

Chapter 7 コンフリクトに対処しよう

謝辞

本書の執筆にあたり、レビューをしていただいたいろふさん（GitHub:@irof）、うらがみさん（GitHub:@backpaper0）、担当編集の大津雄一郎さん、山田瑠梨花さんにはたくさんのサポートやアドバイスをいただきました。また、Javaエンジニアのコミュニティである日本Javaユーザーグループ（http://www.java-users.jp/）には、執筆のきっかけを提供していただき、サンプルプロジェクトのコンテンツにおいてもご協力いただきました。
最後に、宇賀神の生活を支え、時には執筆のサポートをしてくれた夫のUGA（GitHub:@uggds）、横田が執筆で不在となりがちだった間も積極的に運営をし続けてくれたJava女子部（https://javajo.doorkeeper.jp/）のメンバーにも大変助けられました。
この場を借りてお礼申し上げます。

Chapter 1

Gitの基本を学ぼう

Gitの使い方の前に、まずこのChapterで「Gitの基本の考え方」から説明していきます。これらを理解せずに操作だけ覚えても応用が利きません。Chapter 2以降でGitを操作するための準備として挑みましょう。

Lesson 01

[バージョン管理]

バージョン管理とその目的を理解しましょう

このレッスンのポイント

まずは、Gitの役割を説明します。具体的な使い方や操作を知る前に、「なぜGitを使うのか」について把握しておくことはとても重要です。このLessonの内容をしっかりおさえ、最後まで目的を見失わずに学習を進めていきましょう。

》Gitを学ぶ上で欠かせない、「バージョン」という概念

皆さんは普段、さまざまなファイルを作成・編集し、その構成や内容に変更を加えていると思います。たとえば、ソースコードを書いてプログラミングするときも、会議の議事録を取るときも、たくさんのファイルを変更しているはずです。このように、アップデートするにつれて**変化するファイルの状態のことを「バージョン」といいます**。議事録を例にとると、下書きした状態、清書した状態、加筆修正した状態などが考えられますね。
また、作業を重ねる中で、「編集前の内容をあとから参照したい」「間違った変更をしても元に戻せるようにしておきたい」といった理由から、ファイルをコピーしてバックアップを取った経験はないでしょうか。そのように、**同じファイルの複数バージョンを保持することを「バージョン管理」と呼びます**。

ファイルの状態のことを「バージョン」と呼ぶ

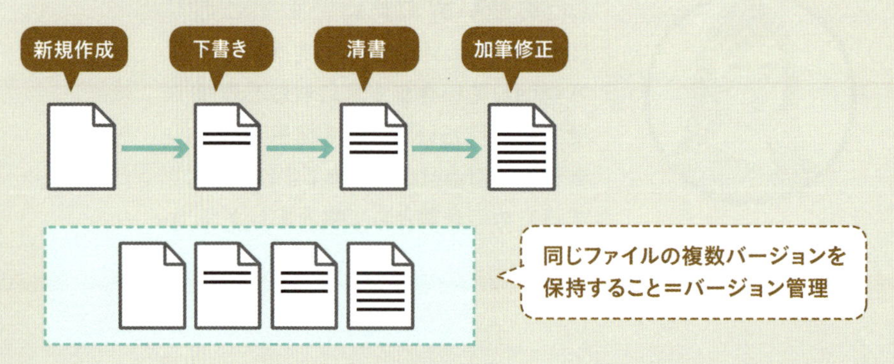

皆さんは日々、ファイルのさまざまなバージョンを取り扱っているのです。

》Gitはバージョン管理を行う

Git（ギット）は、ファイルのバージョン管理を行うために、多くのプロジェクトで使われているツールです。次々と発生する**ファイルの変更をバージョンとして記録し、記録した地点へいつでも戻れる仕組み**を提供することが大きな特徴です。なお、そうしたツールはGit以外にも存在しており、**「バージョン管理システム」**と総称されます。

バージョン管理システムにより、変更を記録した地点を行き来できる

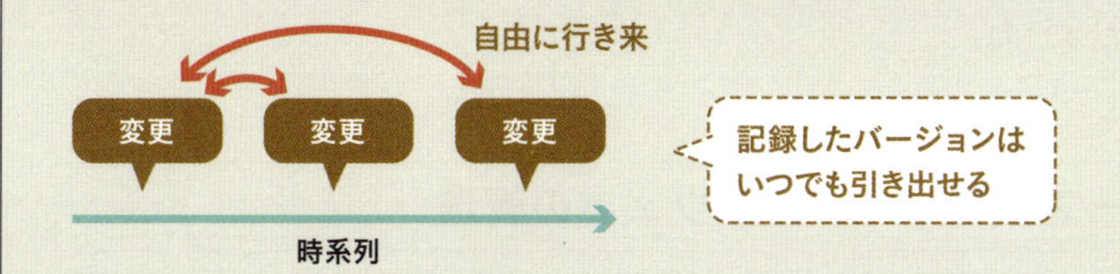

》なぜバージョン管理システムが必要なのかを知ろう

原始的なバージョン管理として、**「ファイルをコピーしてバックアップを取り続ける」**という方法があります。この方法ではたいてい、ファイル名を工夫することでバージョンを表します。特別なツールを必要としない手軽さから、よく使われる手法の1つです。
しかし、毎回コピーするのに手間がかかりますし、ファイル名の一貫性が失われた途端に何が起こったのかわかりづらくなってしまうのが欠点です。特に、複数人で同じファイルを使って作業する場合、他の人による変更を把握するのは難しく、うっかり上書きや削除をしてしまう可能性もあります。
一方、バージョン管理システムを用いると、**一貫したルールに基づいた管理**ができるようになります。特に、Gitをはじめ昨今主流となっているバージョン管理システムには、**作業者が複数人いても、ファイルの最新状態や変更の履歴をわかりやすく保てる**仕組みがあります。

ツールを使わない管理では、変更の履歴がわかりづらい

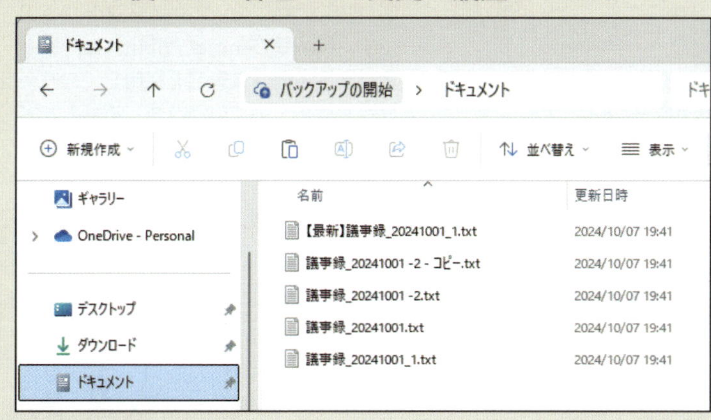

左の画像を見て、どれが最新のファイルかわかりますか？ツールを使わない管理はあとで面倒になります。

Lesson 02

[Gitの広がり]

Gitの特徴を知りましょう

このレッスンのポイント

Gitがどのようにして広がり、どんなことに使われているのかを見てみましょう。バージョン管理システムの用途の広さ、Gitならではの普及のきっかけに触れ、多くの人に使われるツールであることを知ってくださいね。

》はじまりはオープンソースソフトウェアの管理

Linuxカーネルのソースコード管理システムとして、2005年に誕生したのがGitでした。開発したのはLinuxの開発者でもあるLinus Torvalds氏で、Linuxカーネルの開発の手を止め、10日ほどでGitの基礎を作り上げました。**大規模プロジェクトを高速に、そして複数人で並行して扱えるような仕組みを持っている**ことが大きな特徴です。
本来の用途からもわかるとおり、ソースコードを含むプロジェクトの管理に用いることが多いですが、それ以外にも用途は多岐にわたっています。wikiやブログなど、日本語で書くようなテキストも管理できますし、昨今では、ドイツが法令をGitで管理している事例もあります（https://github.com/bundestag/gesetze）。元々はエンジニアのためのツールだったのが、より多くの人にとって身近な存在となってきているのかもしれません。

Gitのさまざまな用途

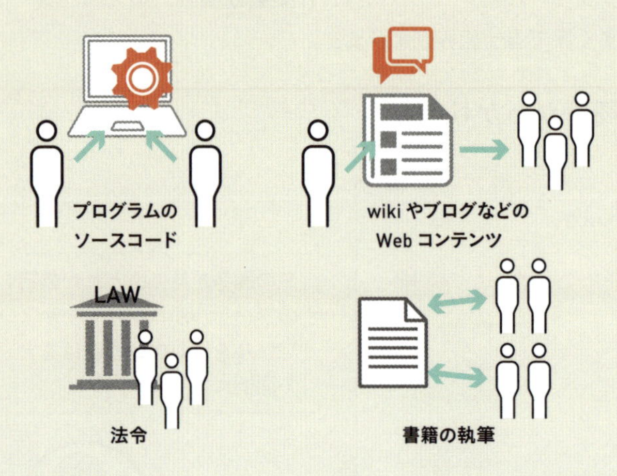

Git自体もオープンソースソフトウェアです。「GNU General Public License」というライセンス形態を採用しており、ソフトウェアの利用や改変、再頒布などを許可しています。誰でも無償で使えることは、大きな広がりを見せている要因の1つでしょう。本書もGitを使って執筆しました。

》GitとGitHubの深い関係

Gitが広まったきっかけの1つとして、GitHub（ギットハブ、https://github.com）の存在は無視できません。**GiHubは、Gitの仕組みを利用して、インターネット上でのスムーズな共同作業を可能にしたWebサービスです。**他のユーザーと簡単にコミュニケーションが取れる仕組みやプロジェクト管理に使える機能などもあり、いつでもどこでも効率よく開発が行えるメリットから、現在では広く普及しています。こうしたGitHubの勢いによる助けもあって、Gitは他のバージョン管理システムにはない広範囲な普及を成し遂げています。
GitHubを運営しているGitHub本社はアメリカにあり、ページのほとんどが英語表記です。しかし、2015年に日本支社が設立され、昨今では日本での普及にもよりいっそう力が入っているようです。下記の紹介サイトに記載されている利用者や導入企業の数も、GitHub、そしてGitのユーザーがいかに多いかを物語っていますね。ちなみに、2018年にGitHubはMicrosoft社に買収されています。GitHubの機能についてはChapter 4以降で詳しく学習します。

GitHubの日本語紹介サイト

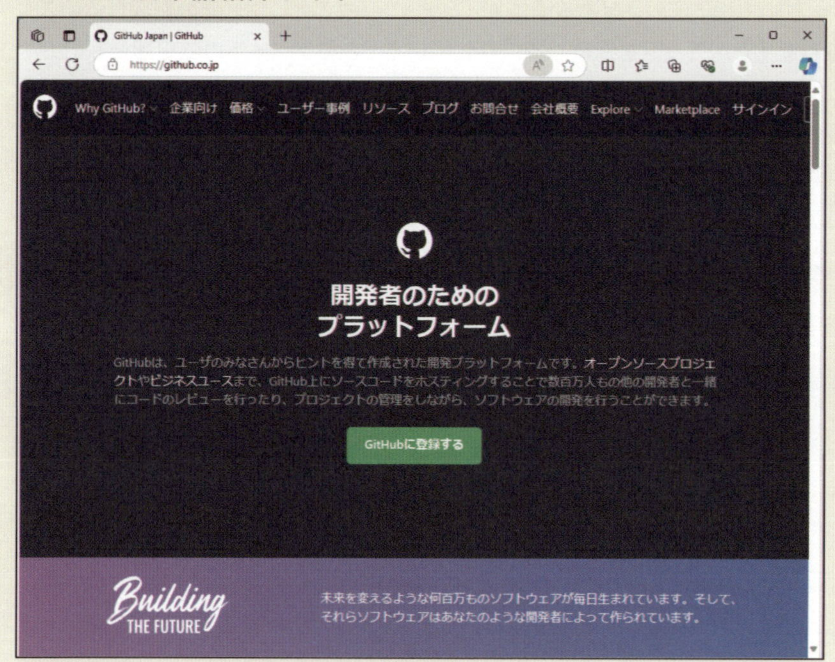

https://github.co.jp

Gitの広がりを少しでも感じていただけたでしょうか。このChapterの残りのLessonでは、Gitを支える概念を解説します。ここでGitの全体像をつかんでおくことで、実際に操作をする際の理解の助けになり、応用しやすくなるはずです！

Lesson 03

[コミットの概要]

変更を記録するコミットについて知りましょう

このレッスンのポイント

Gitの特徴や役割を知る上で、バージョンの管理がポイントであることが理解できたでしょうか。このLessonでは、Gitでバージョンを扱う際の考え方と、まさにバージョンそのものを指す「コミット」という概念について説明します。

》ファイルの状態を記録(コミット)していく

Gitでは変更の履歴として、管理対象となっている全ファイルのその時点の状態を保存していきます。ユーザーが任意のタイミングで記録を保存する操作を「コミット」するといい、**その記録自体のことも「コミット」と呼びます**。コミットを連続して保存していくことでファイルの変更履歴がわかるようになるのが、Gitの基本的な仕組みなのです。

また、ファイルの状態に加え、操作を行ったユーザーや時刻の情報も記録されます。それにより、「いつ」「誰が」「どんな変更を」したか後々誰が見てもわかるようになっています。そして、Gitで管理しているファイルは、いつでも過去のコミット時の状態へ戻したり、コミット単位で行き来したりすることができます。

その瞬間の状態を繰り返し記録することで変更を管理する

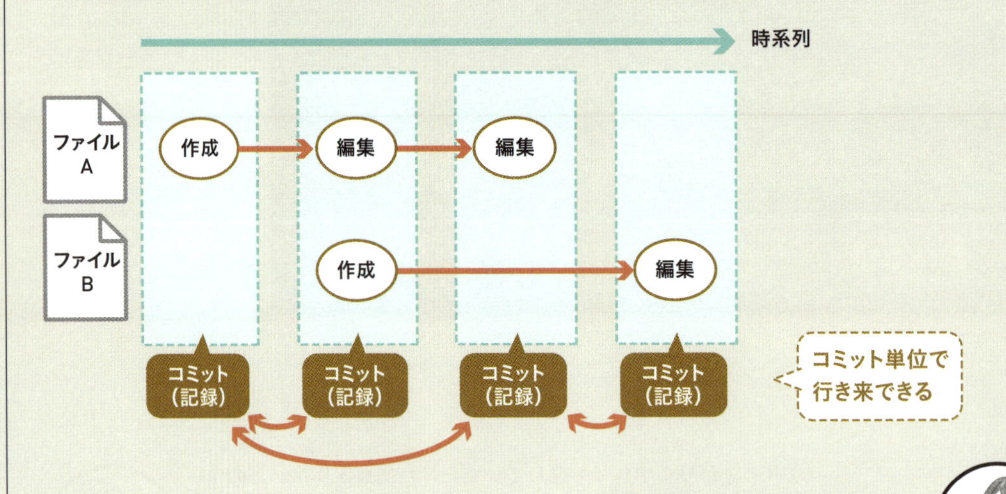

早速Git用語を学びましたね！大きな一歩です。

》コミットの単位やタイミングは自由に決定できる

コミットは自動的には行われません。ユーザーが適切なタイミングで明示的に実行する必要があります。**いつ、どのような単位（区切り）でコミットをするべきか**は、扱うファイルの種類や、変更履歴を見直す頻度などを目安に判断します。
たとえば、議事録や日記であれば、あとから何度も変更することはないので、コミットを工夫する必要はほとんどないかもしれません。一方、プログラムのソースコードとなると状況は変わります。あるプログラムに機能を追加していくとき、「機能Aを追加したコミット」と「機能Bを追加したコミット」を分けておけば、コミットの行き来により「機能Aだけの状態」「機能Bだけの状態」などにあとから切り替えることも容易になります。また、**コミットがきれいに分割されていることにより、他の人が履歴を追いやすくなります。**

コミットの工夫で、履歴が追いやすくなる

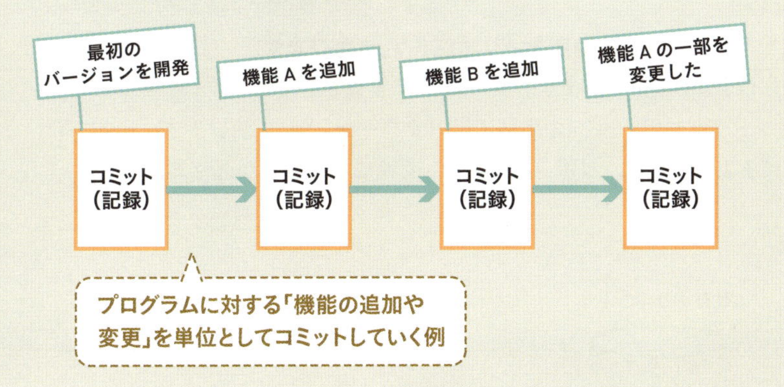

最初はコミットの単位をうまく決められないかもしれません。慣れるまではとにかく頻繁にコミットをしておくと安心です。使っていくうちに、だんだんと意味を持ったまとまりや便利に扱いやすい単位でコミットできるようになりますよ。

One Point

コミットを指定するためのコミットハッシュ

過去のコミットを行き来してファイルの状態を自在に切り替えられることがGitの特徴の1つですが、そのためには「どの」コミットの時点に戻りたいかを指定する必要があります。そこでGitで内部的に使われているのが、**「コミットハッシュ」や「ハッシュ値」と呼ばれる文字列**です。これは、コミットをするときにSHA-1ハッシュ関数と呼ばれる計算式により割り出されるものです。1つひとつのコミットがすべて異なる値を持つので、ハッシュ値を指定すればそこからコミットを特定できるというわけです。

コミットハッシュの例

```
e3e43c66deb54e58237d718a04d688975bf1d4c2
```

Lesson 04

[リポジトリの概要]

リポジトリの役割を理解しましょう

このレッスンのポイント

このLessonではリポジトリの役割と種類について説明します。Gitの仕組みや使い方を学習する上で、リポジトリの理解は欠かせません。イラスト付きで解説していきますので、イメージを整理しながら読み進めてください。

》リポジトリはコミットの保管庫

前のLessonで紹介した**コミットを貯めていく場所を「リポジトリ」と呼びます。**
リポジトリを用意する方法には2つあります。まず、すでにGitで管理されているプロジェクトの開発に参加する場合は、リポジトリをコピー（Gitの用語では**「クローン」**）して使います。一方、新規でプロジェクトを立ち上げるような際は、リポジトリも新しく作成する必要があります。

リポジトリの作成方法

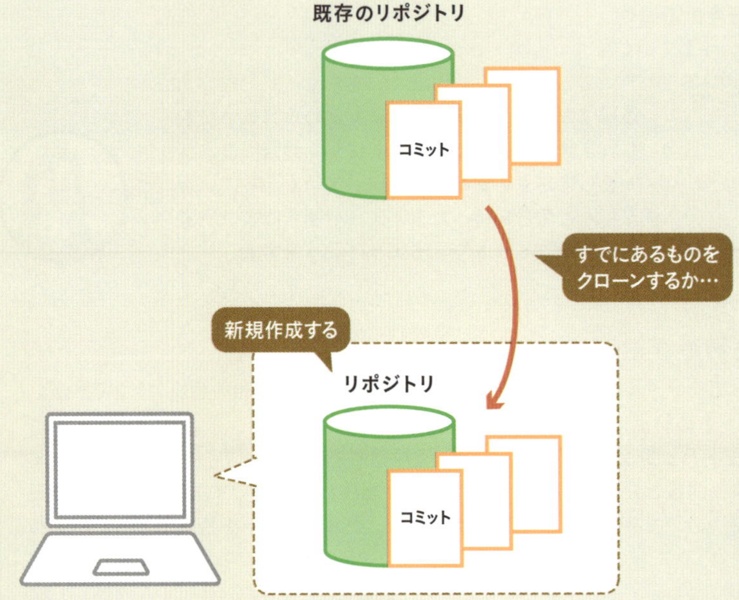

リポジトリの作り方には、新たに作成する方法と既存のものをクローンする方法があります。

》ローカルリポジトリとリモートリポジトリの違いをおさえよう

リポジトリは**ローカルリポジトリとリモートリポジトリに分類できます。**
ローカルリポジトリは、手元で使っているパソコン内に作成する自分専用のリポジトリです。基本的に誰かと共同で使うことはありません。
それに対してリモートリポジトリとは、インターネットなどの**ネットワーク上に存在するリポジトリ**のことです。複数人で共有するものとして、サーバー上に配備するのが一般的です。サーバーは自ら用意することも可能ですし、GitHubのようなホスティングサービスを用いることもあります。

ローカルリポジトリとリモートリポジトリ

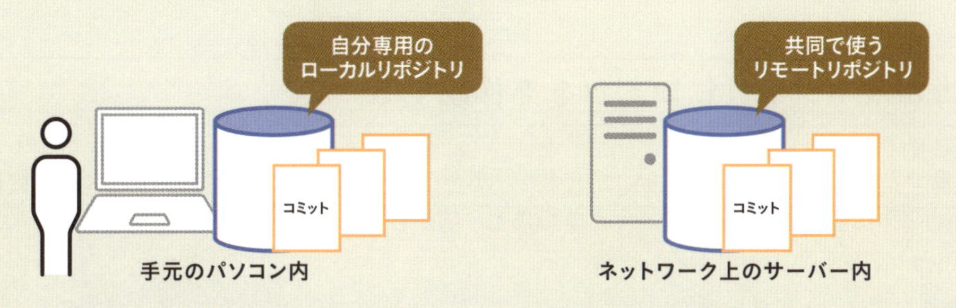

》2種類のリポジトリを利用した共同作業の流れ

多くの場合、1つのプロジェクトに、ローカルリポジトリとリモートリポジトリがそれぞれ1つ以上存在します。共同作業をする際は、複数人がそれぞれのローカルリポジトリで作業を行い、リモートリポジトリに反映させます。そして、別の作業者がそれをまた自分のローカルリポジトリに取得して作業を続けます。この繰り返しで進めていくのが一般的な共同作業の流れです。

ローカルリポジトリとリモートリポジトリを用いた作業の流れ

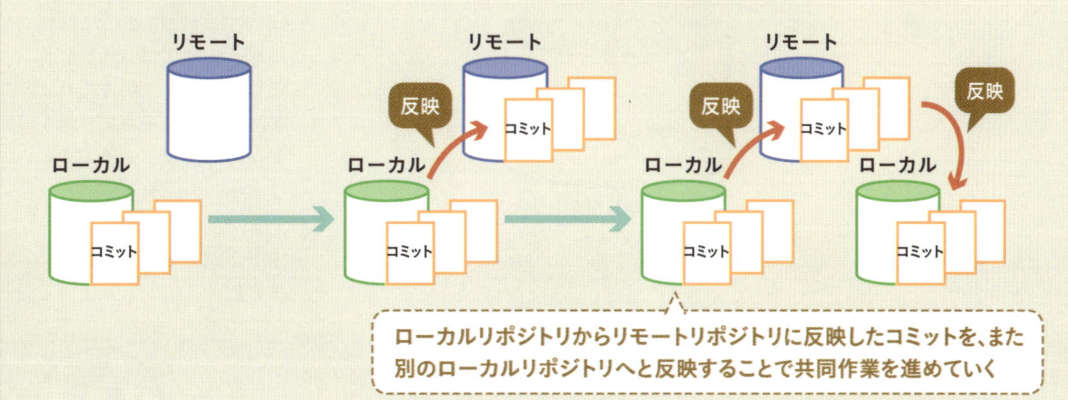

Lesson 05

[ローカルリポジトリの操作]

ローカルリポジトリに対する操作のイメージをつかみましょう

このレッスンのポイント

リポジトリについて、もう少し深く掘り下げます。これがわかると、このあとのLessonで行うGit操作の意味が格段に理解しやすくなります。しかし、もし難しいと感じた場合は、先にChapter 2以降を読み進め、あとから戻ってくるという読み方をしてもかまいません。

》ローカルリポジトリにコミットを作成する

コミットは、自分のパソコンで操作を行い、ローカルリポジトリ内に作成することがほとんどです。普段皆さんが行っている手順と同様にファイルを編集し、編集したものからコミットしたいものを選んでコミットする、というのが基本的な流れです。
なお、Gitの管理対象はフォルダー単位で指定します。あるフォルダーをGitで管理すると決めたら、原則として、その中に含まれるすべてのファイルが（フォルダー内にさらにフォルダーがある場合はその中身も）管理対象となり、コミットを実行することによりリポジトリへ記録されます。

ローカルリポジトリではファイルを選んでコミットしていく

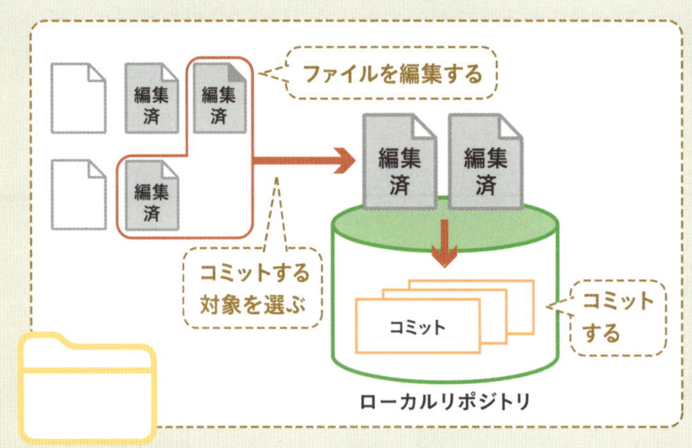

Gitの管理対象としたフォルダーの中には.gitという隠しフォルダーが作られます。ここがローカルリポジトリの存在する場所です。ファイルの編集からコミットまで、1つのフォルダー内で完結することがわかりますね。

》3つの場所をおさえよう

先ほど紹介した基本的な流れを、Git用語を確認しながら詳しく見てみましょう。ローカルリポジトリにコミットを行いファイルの状態を保存するには、**「ワークツリー」「ステージングエリア」「Gitディレクトリ」と呼ばれる3つの場所を用います**。これらを使い分けることで、編集開始からコミット完了までの間、ファイルの状態を管理することができます。下の図は、「Gitで管理しているファイルを編集したあと、コミットを行う」シーンを例として、3つの場所の位置関係や使い方を表したものです。それぞれ、このあとのLessonで詳しく解説していくので、今は大まかな流れと関係を捉えておいてください。

3つの場所を使ったコミットまでの流れ

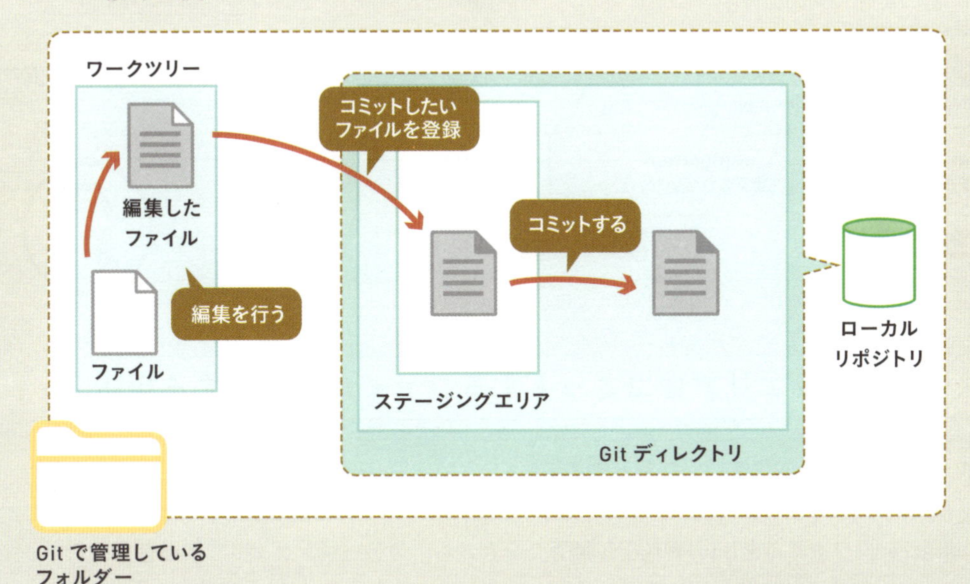

まずは3つの場所を正しく理解してもらうため、上の図ではできる限り正確にそれぞれの位置関係を描き表しています。しかし、これ以降はわかりやすさ重視のため、省略した図を用いることもあります。

》ワークツリーは変更するファイルを保持する場所

Gitが保持している複数のコミットのうち、編集の開始地点となるのが「ワークツリー」です。「ワーキングツリー」「作業ディレクトリ」とも呼ばれます。ワークツリーにあるファイルは、最後にコミットした状態から手が加わっていない**「unmodified」(変更されていない)な状態にあります。そこから何らかの編集をすると、ファイルは「modified」(変更済み)**となります。
なお、新規ファイルを作成した場合、そのファイルの状態はmodifiedではなく**「untracked」(追跡されていない)**です。まだ一度もコミットされたことのないファイルなので、Gitの管理下に置かれていないという意味でこの状態になります。

Git管理下のファイルに変更を加えると「modified」となる

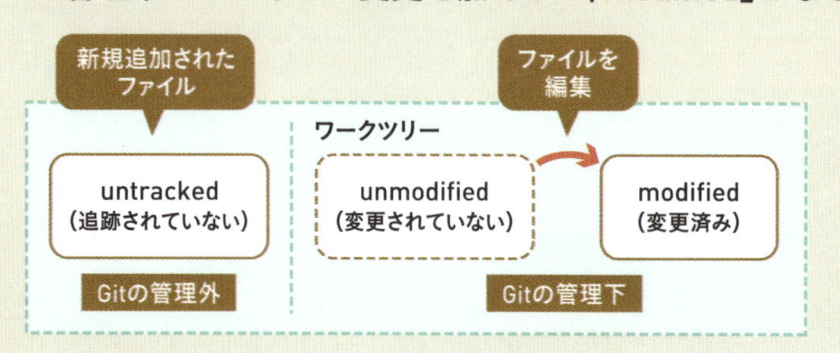

「untracked」などの用語は、ファイルの状態を表しています。

》ステージングエリアはコミットするファイルを登録する場所

ワークツリーでファイル編集を行ったあと、コミットしたい内容を一度ステージングエリアに登録します。modifiedなファイルの状態が**「staged」(ステージングエリアに追加済み)**へと変わります。
また、untrackedなファイルをGitの管理下に置きたいときも、ステージングエリアへの追加を行います。untrackedの直後に取りうる状態はstagedというわけですね。ステージングエリアという呼称が一般的ですが、「インデックス」と呼ぶこともあります。

ステージングエリアに追加後は「staged」となる

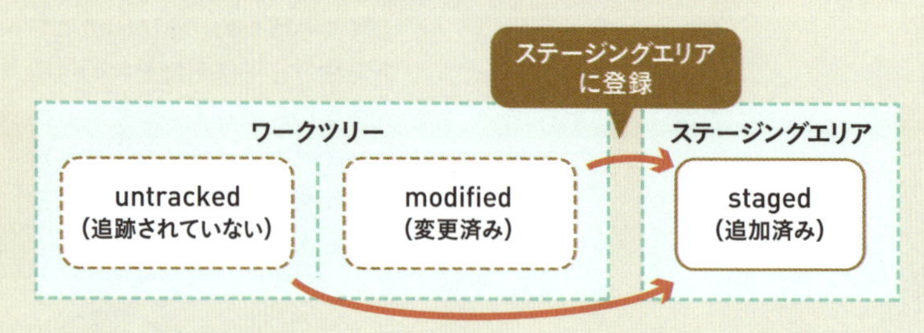

ステージングエリアへの追加は手間だと思えるかもしれません。しかし、編集済みの箇所から追加したい部分だけを抜き出せるので、コミットの単位を操作しやすくなります。

》Gitディレクトリはコミットを格納する場所

コミットを行うと、ステージングエリアに追加したファイルが、**それ以降変更の入らないデータとしてGitディレクトリへ格納されます**。原則として、一度コミットにより記録された内容は変更・削除されないものと思ってください。たとえば仮にあとからコミットを取り消す操作を行っても、取り消す前後の状態がいずれも記録として残るので、コミット自体がなかったことにはなりません。

コミットにより、ファイルの状態は再びunmodifiedとなります。作業が進行したにもかかわらず状態が元に戻るようで違和感があるかもしれませんが、先ほどのワークツリーの説明を思い出してみてください。ポイントは、**「最後にコミットした状態」から手が加わっていないのがunmodifiedである**ということです。コミットした直後はまさにその状態であり、そこからまた編集やステージングエリアへの追加を行うことで、コミットから次のコミットまでのサイクルを回すことができるのです。

コミットすると「unmodified」の状態に戻る

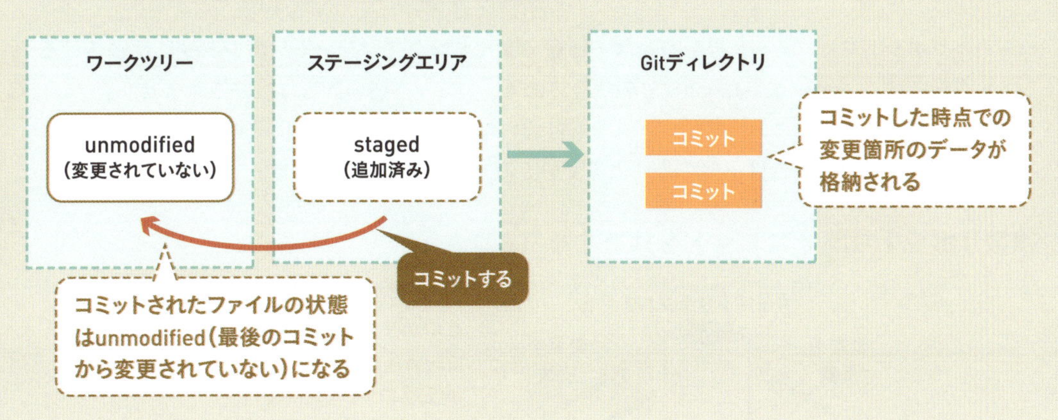

管理対象のファイルが取りうる4つの状態とその行き来について理解できたでしょうか？　Gitのコマンドを使っていて今何をしているのかわからなくなったら、ここで学んだイメージを時々見返してみることをオススメします。

Lesson 06

[リモートリポジトリの操作]

リモートリポジトリに対する操作のイメージをつかみましょう

このレッスンのポイント

リモートリポジトリは、ローカルリポジトリの内容を複数人で共有したり、バックアップしたりするために使います。覚えるべき操作はシンプルですが、共同作業ならではの難しさもあります。ここではその一部を紹介し、実践に入る前の最後の準備とします。

》リモートリポジトリを介し、コミットを共有し合う

ローカルリポジトリにコミットした内容は、**任意のタイミングでリモートリポジトリに反映させる**ことが可能です。modified、stagedなどの状態にある、コミット前の内容は反映されません。

リモートリポジトリ上のコミットも、いつでも自分のローカルリポジトリに取得可能です。チームで共同作業をしている場合は、他の人による変更を取り込むことができます。

複数リポジトリ間でコミットを共有する

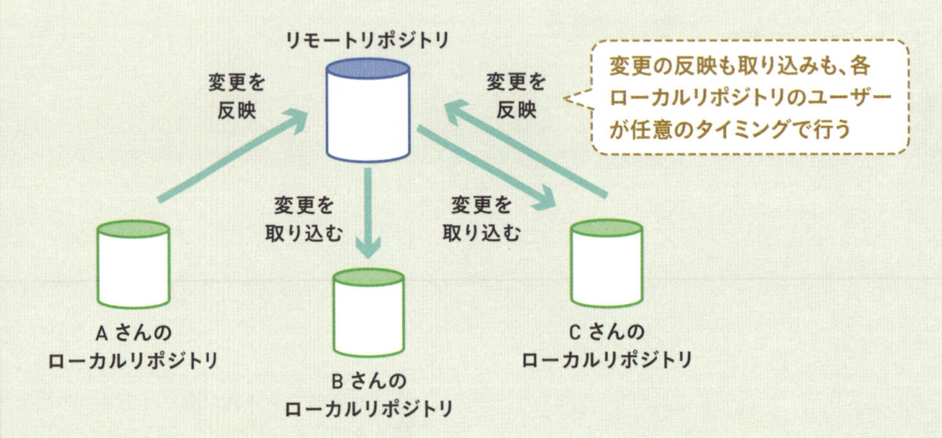

リモートリポジトリの詳細はChapter 4から説明していきます。

》Gitには共同作業を進めやすくする機能が用意されている

共同作業を可能にしてくれるリモートリポジトリはGitの重要な機能ですが、**さまざまなリポジトリから変更を受け付けることで起こりうる問題**もあります。下の表のように、イメージをつかむために、コンサートチケット予約システムの開発を例に考えてみましょう。新しい機能のリリーススケジュールがあり、機能ごとに担当チームが結成されているとします。もちろん、すべてのソースコードはGitで管理されていると考えてくださいね。6月中のある日、7月2週目のリリースに向けた開発が先に終了しました。それに合わせ、追加した機能分の変更を、リモートリポジトリに反映させるとどうなるでしょうか。皆さんの予想どおり、**リリーススケジュールに反して、2週目用の変更**が先に追加されてしまいます。そんなとき便利なのが「ブランチ」という機能です。ブランチを活用することで、同じリポジトリで複数作業を並行して進め、任意の時点で反映できるようになります。ブランチについてはChapter 5から解説していきます。

コンサートチケット予約システムを複数人で開発する

リリース計画表

リリース日	リリースする機能	担当
7月1週目	好きなアーティストを登録する機能	チームA
7月2週目	好きなアーティストの新着チケットが追加されるとお知らせを受け取る機能	チームB

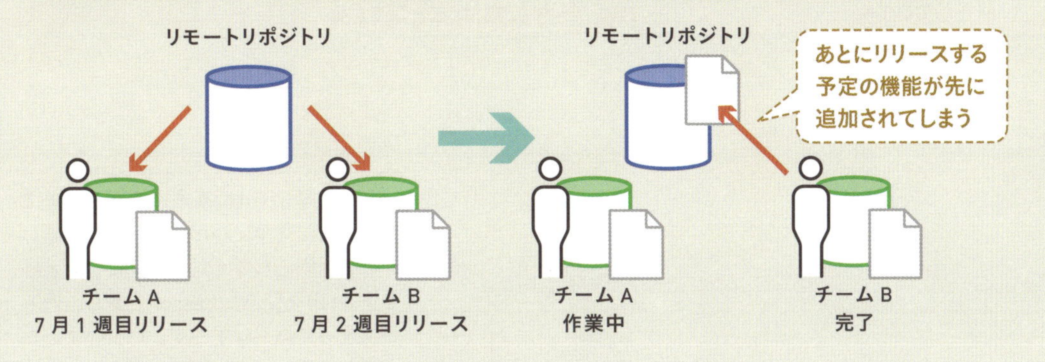

ブランチ機能を利用して並行作業を管理する

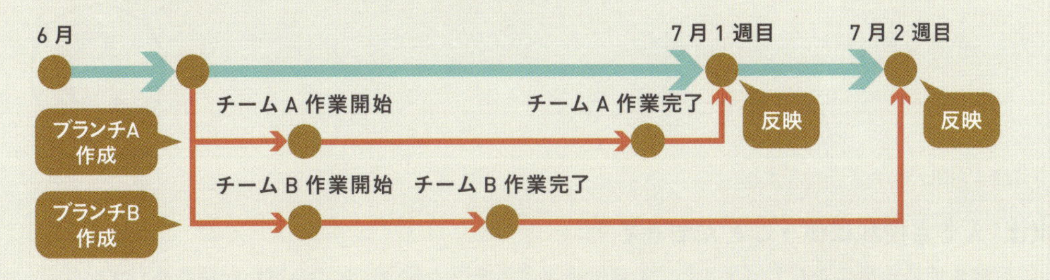

》変更の衝突が起きたら検知してくれる機能もある

複数のチームが並行で進めていると、同じソースコードファイルの同じ箇所にそれぞれ違うコードを追加することもあります。そうすると、互いの変更を取り込む際に、せっかく修正した箇所が**相手チームの変更により上書きされてしまう**ような気がしませんか？　しかしGitは、**こうした変更の衝突を検知し、開発者に気付かせる「コンフリクト」(競合)と呼ばれる仕組み**を持っています。共同作業ならではのトラブルのイメージが少しでも湧いたでしょうか？　コンフリクトについてはChapter 7で解説します。

変更の競合(コンフリクト)に気付かせてくれる

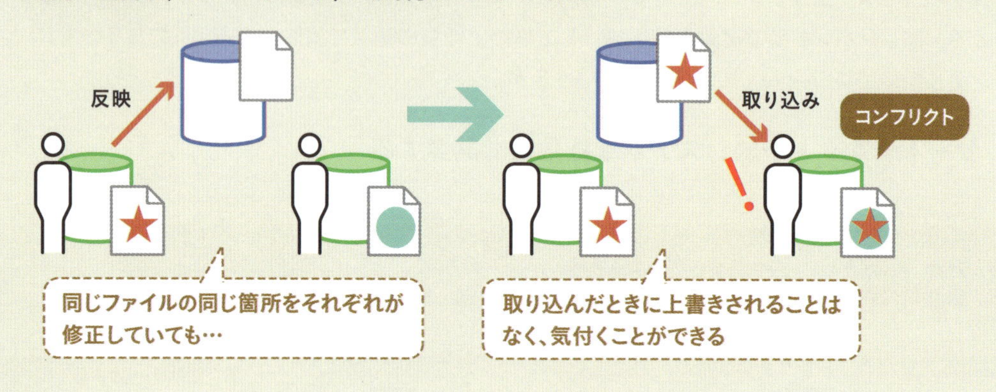

はじめに学ぶGitの基本知識はここまでです。まだ完全にわかっていないと感じていても安心してください。このあとはじまるGitを使ったLessonを通し、理解が深まっていくはずです。いよいよここからが本番、がんばりましょう！

One Point

Gitは1人でも便利に使うことができる

Gitは複数人での作業に適していますし、本書の後半でもチーム開発に重点を置いた解説をしていきます。一方で、個人的な作業であってもGitは有効です。サービスやライブラリなどの開発用リポジトリとしてはもちろんのこと、新しい技術を学習する際のチュートリアルの実施記録を取ったり、ブログを書いたり、どんな使い方も可能です。どんどん使ってみましょう。

Chapter

2

Gitを使う準備をしよう

このChapterでは、インストールから設定まで、Gitを利用するために必要な環境の準備をしていきます。

Lesson 07

[環境を整える]

パソコンにGitをインストールしましょう

このレッスンのポイント

ここからGitを利用するための環境を整えていきます。最初にインストールするのはGitのCUIクライアントです。Windows版とmacOS版があり、Windows版にはGit Bashというコマンド実行ツールが付属しています。

》Gitは「Gitクライアント」と「Gitサーバー」を使って操作する

「クライアント」という言葉は、一般的に「顧客」や「依頼主」という意味で利用されていますね。IT用語での「クライアント」は、「サービスや機能の提供を受けるコンピューターやソフトウェア」のことを意味します。反対に、「サービスや機能を提供するコンピューターやソフトウェア」のことは「サーバー」と呼びます。「サーバーに対して何かを要求して、結果を受け取る」ためのコンピューターやソフトウェアを「クライアント」と考えましょう。

Gitにも、**Gitサーバーと Gitクライアント**が存在します。Chapter 1で、複数人でコミットを共有し合うためのリモートリポジトリについて学びましたね。リモートリポジトリを動かしているソフトウェアのことを「Gitサーバー」と呼びます。一方、「Gitクライアント」はパソコンにインストールして「ローカルリポジトリを作る」「コミットをする」「リモートリポジトリへコミットを反映する」など、Git操作を実行するために利用します。

クライアントとサーバーの関係

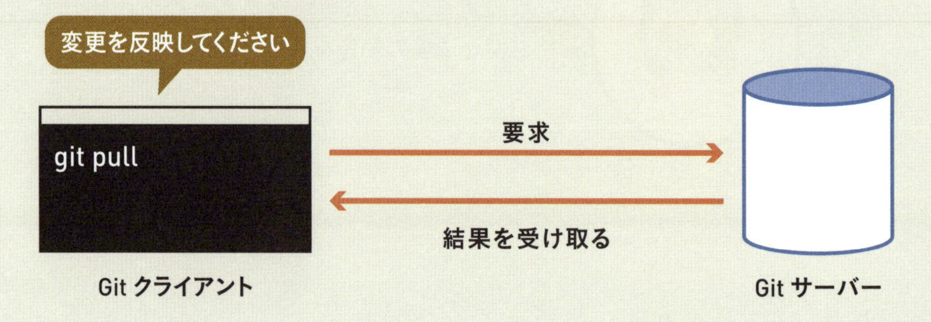

Gitサーバーは自分で構築することもできますし、GitHubのようなホスティングサービスを利用することもできます。

》2種類のGitクライアント

Gitクライアントには、**CUIクライアント**と**GUIクライアント**という2つの種類があります。CUIとは「Character User Interface」の略で、キーボードから文字の命令を入力してGitを操作します。GUIとは「Graphical User Interface」の略で、グラフィカルな画面上でマウスを使用してGitを操作します。CUIクライアントはとてもシンプルで、文字を入力するとその結果が文字で表示されます。GUIクライアントはメニューやボタンがたくさんあり、結果もグラフィカルに表示されていますね。本書では、文字入力のみでGitを操作できるCUIクライアントをオススメします。GUIクライアントのほうが視覚的にわかりやすいですが、種類が多く、それぞれ画面や操作方法が異なります。ツールによってできない操作や設定があるため、本書では紹介するだけにとどめます。CUIクライアントを使うことで、「ツールの操作」ではなく**「Gitの操作」を覚えることに集中できます**し、Gitでの操作をすべて利用できます。次のページからGitのCUIクライアントのインストール方法を解説していきます。

CUIクライアント（Git Bash上でGitコマンドを実行）

```
ichiyasa@DESKTOP-T3EDE55 MINGW64 ~/ichiyasa (main)
$ git status
On branch main

No commits yet

Changes to be committed:
  (use "git rm --cached <file>..." to unstage)
        new file:   Git_MEMO.md
```

文字入力で操作する

GUIクライアント（GitHub Desktop）

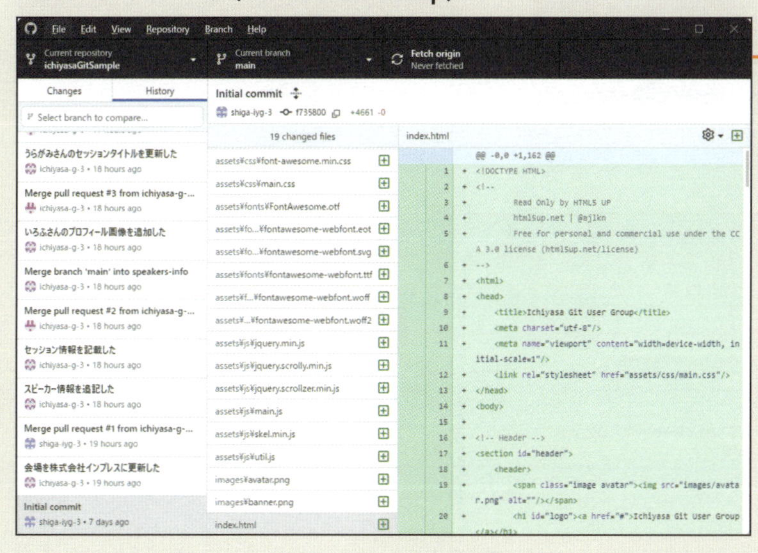

グラフィカルな画面で操作する

GUIのほうがとっつきやすいですが、後々のことを考えてCUIに慣れておきましょう。

» Gitをインストールする（Windows）

macOSでのインストール手順は、P.40以降を参照してください。

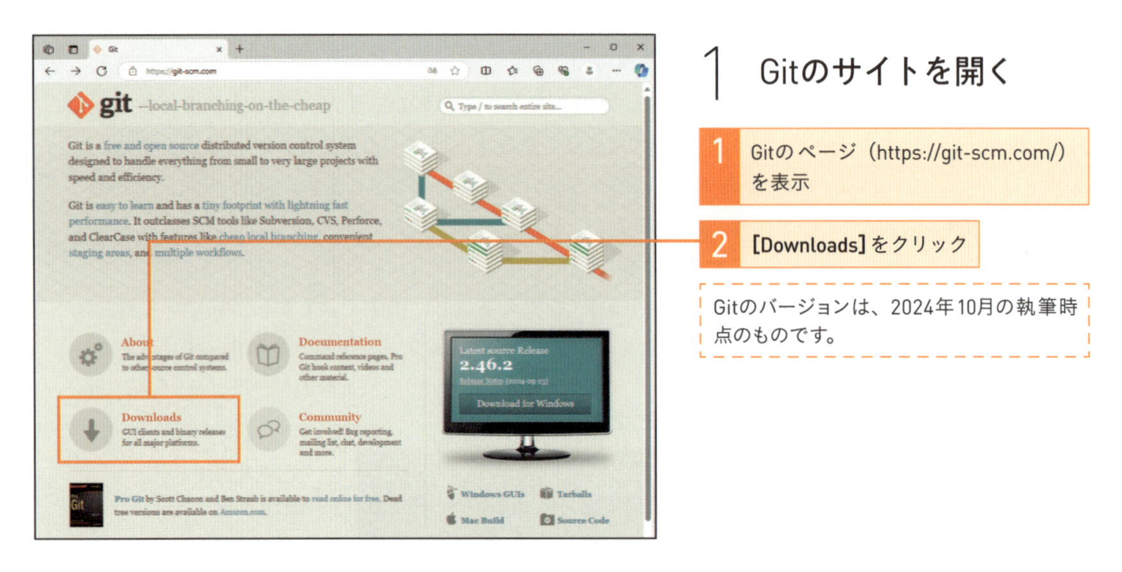

1 Gitのサイトを開く

1 Gitのページ（https://git-scm.com/）を表示

2 [Downloads]をクリック

Gitのバージョンは、2024年10月の執筆時点のものです。

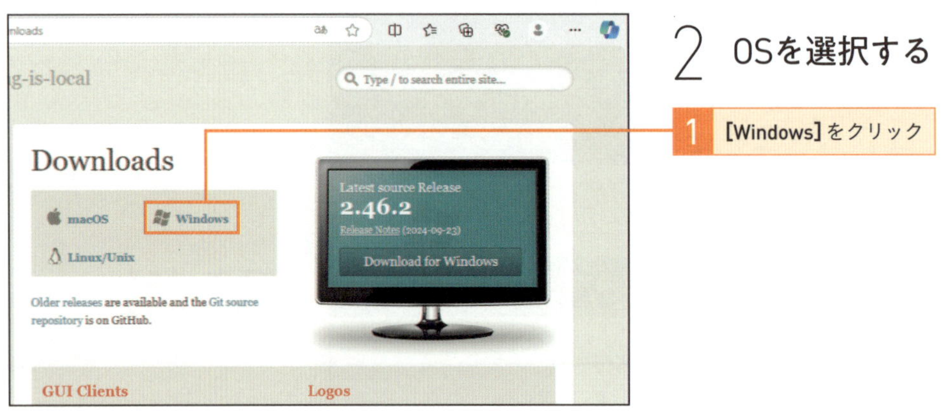

2 OSを選択する

1 [Windows]をクリック

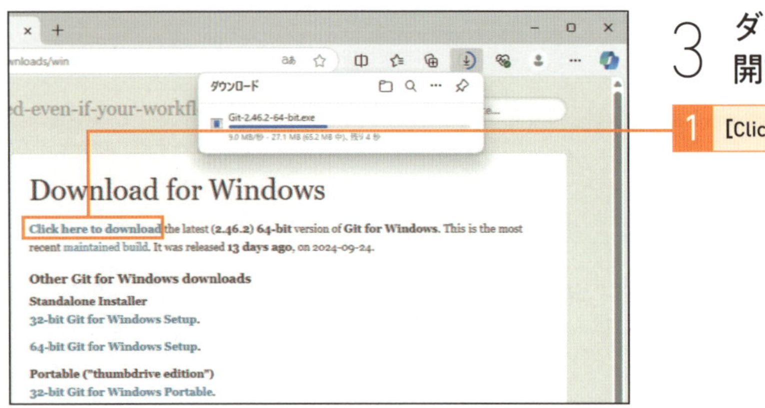

3 ダウンロードを開始する

1 [Click here to download]をクリック

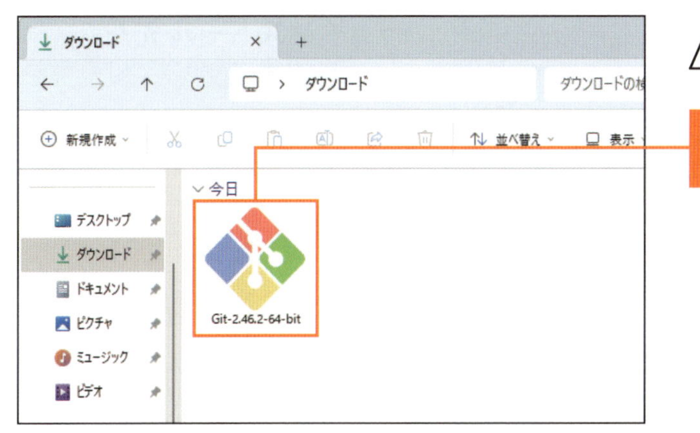

4 ダウンロードしたファイルを開く

1 ダウンロードしたファイルをダブルクリック

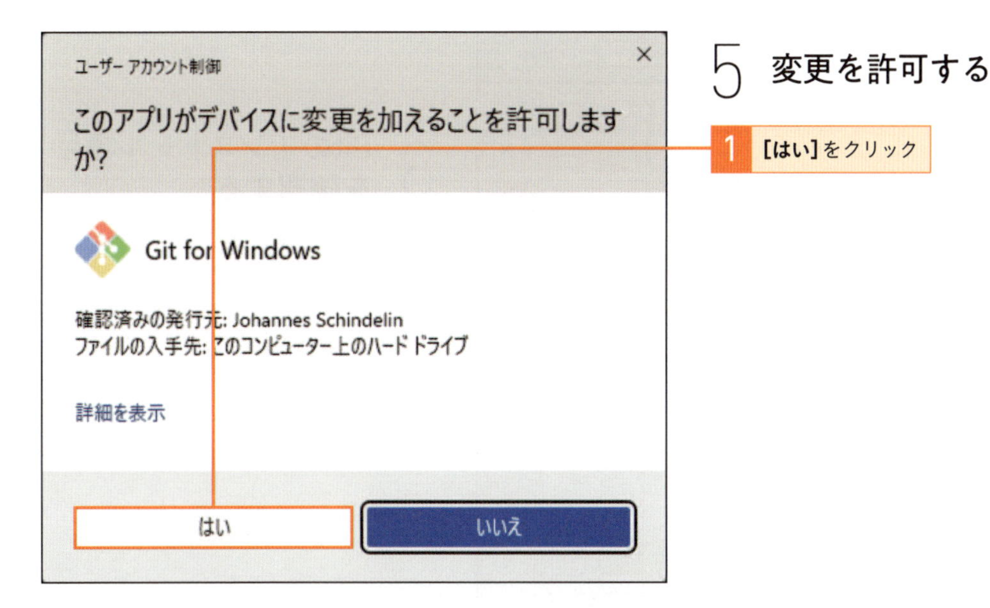

5 変更を許可する

1 [はい] をクリック

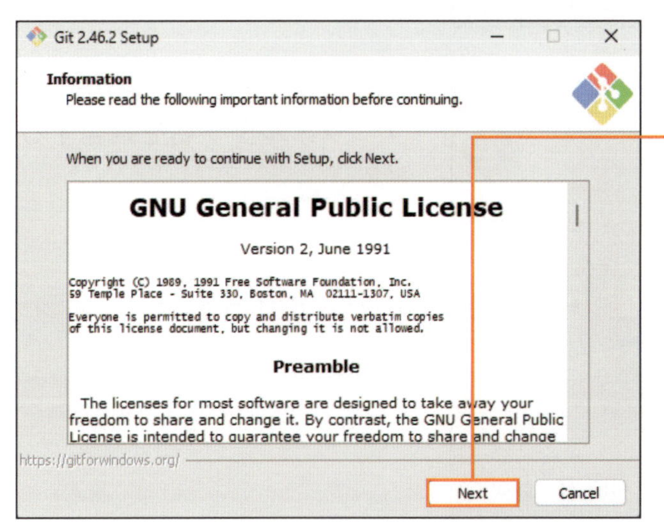

6 インストールを開始する

1 [Next] をクリック

インストールは初期設定のまま変更せずに進めればOKです。

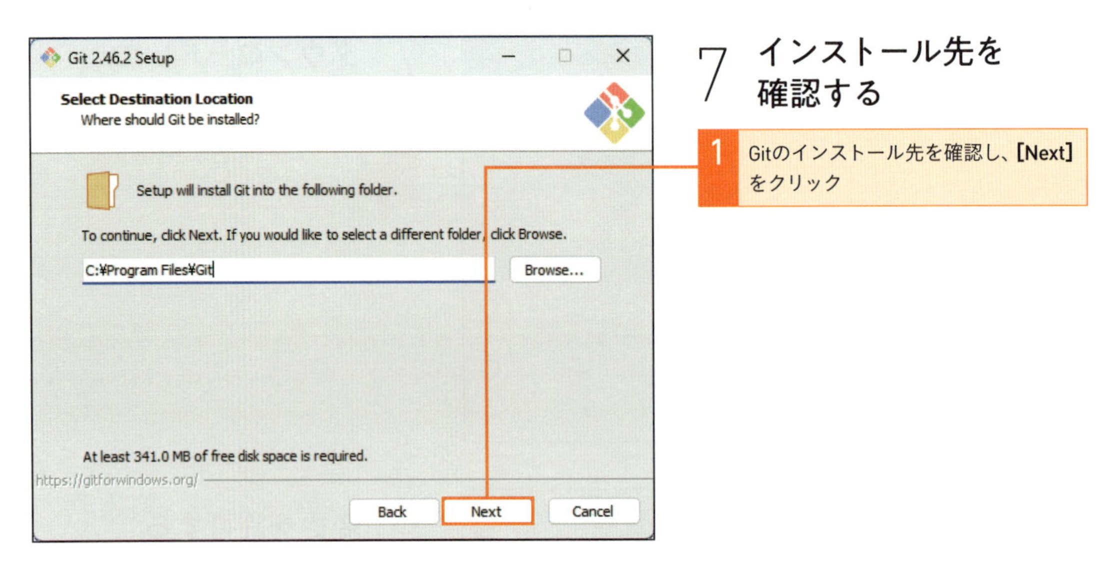

7 インストール先を確認する

1 Gitのインストール先を確認し、**[Next]**をクリック

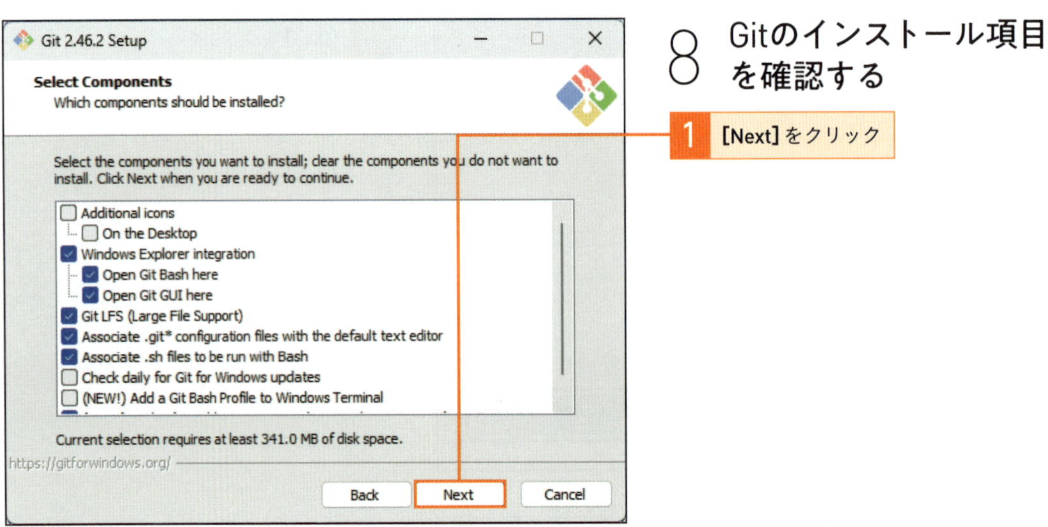

8 Gitのインストール項目を確認する

1 **[Next]**をクリック

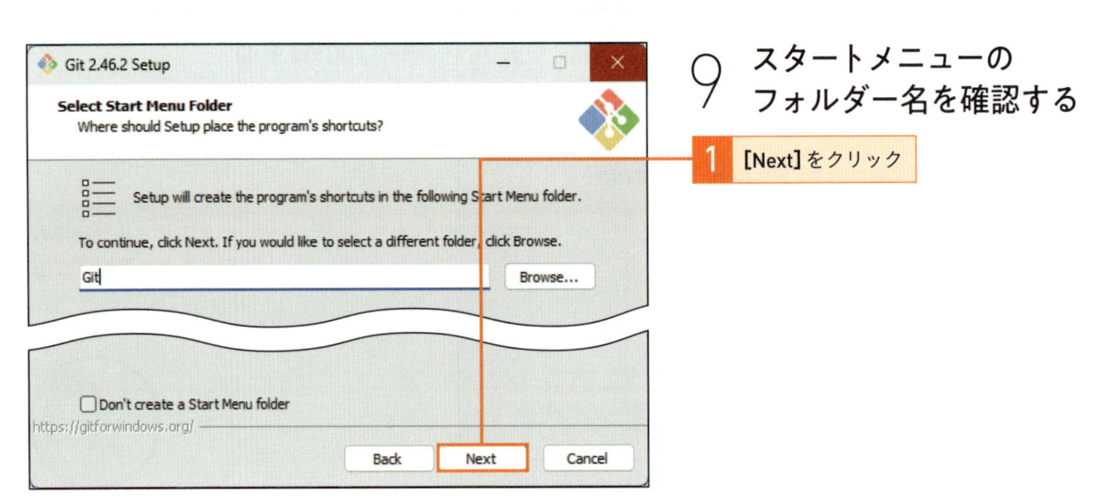

9 スタートメニューのフォルダー名を確認する

1 **[Next]**をクリック

10 利用するエディターを確認する

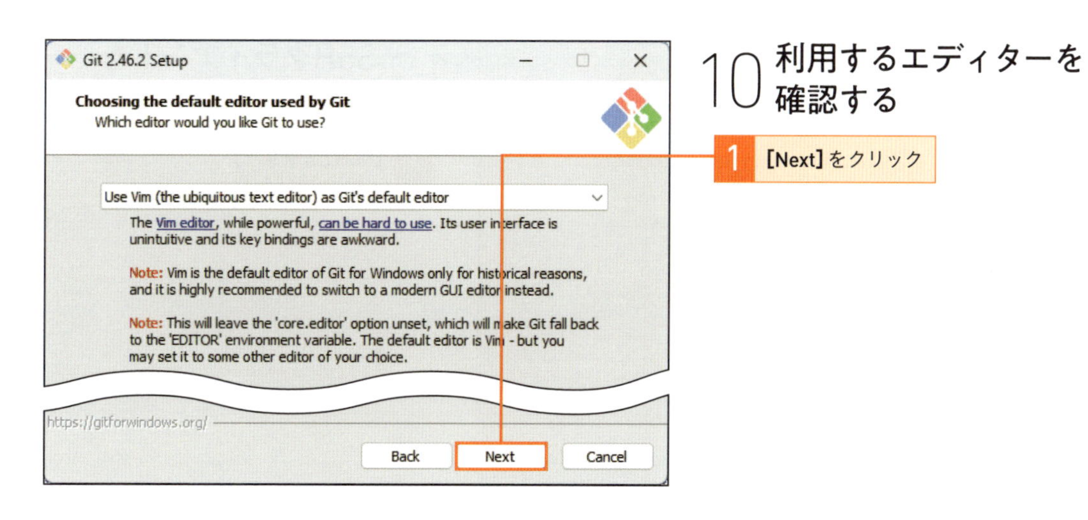

11 リポジトリ作成時のブランチ名を確認する

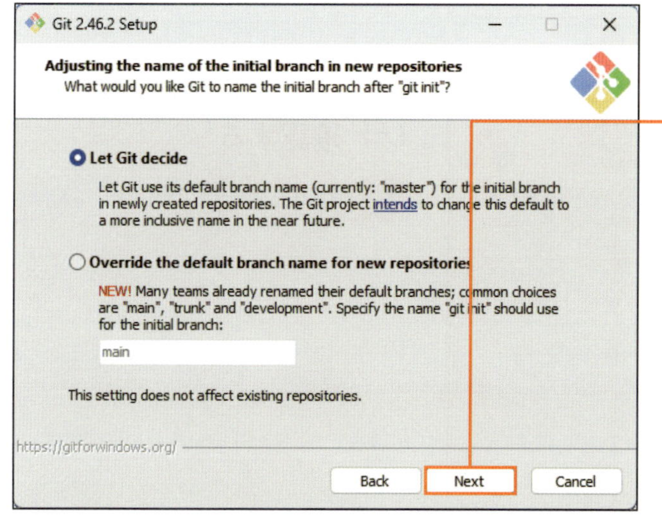

1 [Next]をクリック

ブランチはChapter 5で説明します。

ブランチ名の設定はP.67でコマンドを使って変更します。コマンドで設定方法を覚えておくと、あとから別の設定に変更したいときにも役立ちます。

12 コマンド実行ツールを確認する

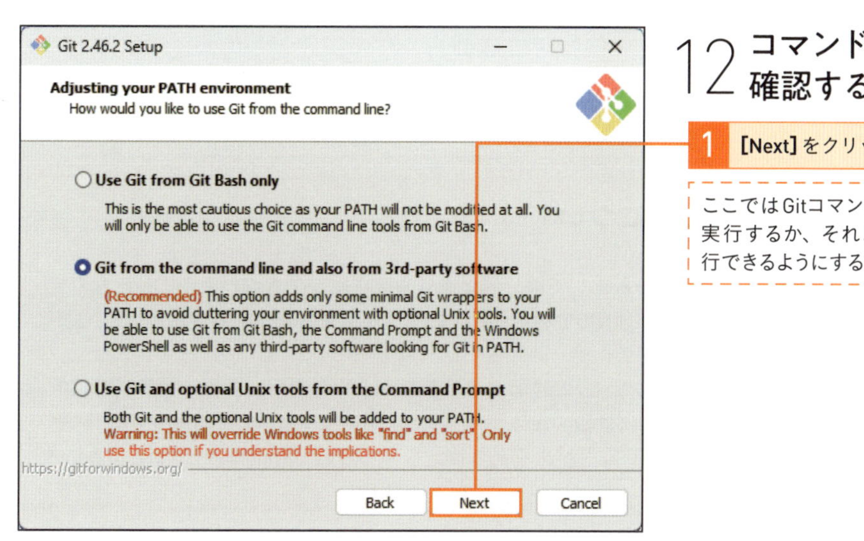

1 [Next]をクリック

ここではGitコマンドをGit Bash上だけで実行するか、それ以外のツール上でも実行できるようにするかを選択しています。

13 SSHクライアントを確認する

14 HTTPS接続設定を確認する

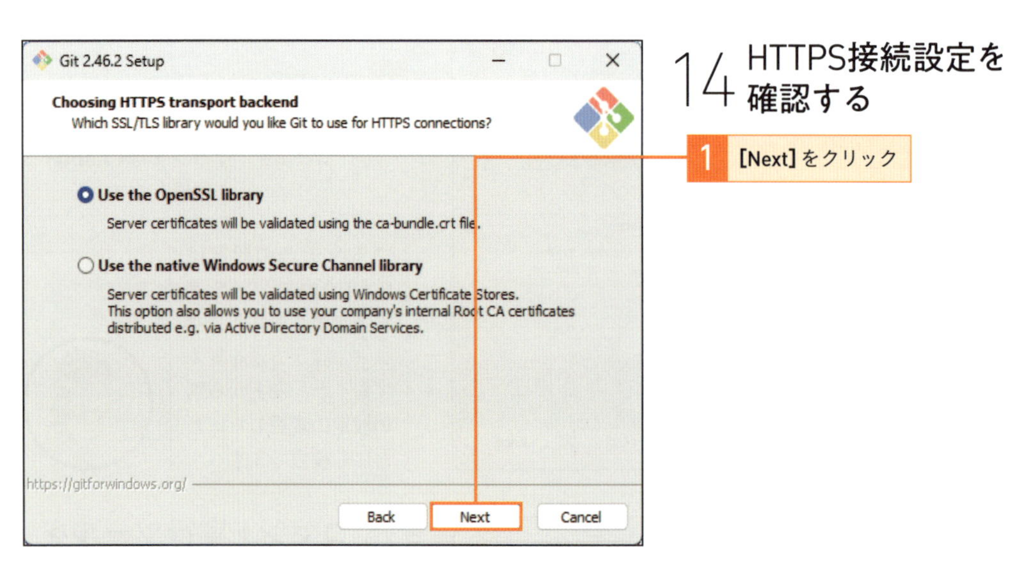

Point HTTPSとOpenSSLについて

「HTTPS」とはインターネット上の通信を暗号化して第三者が傍受や改ざんができないようにしたもので、データを安全にやりとりできます。また、HTTPSで利用されている「通信を暗号化する仕組み」のことをSSLと呼びます。

Gitでインターネットを通じてリモートリポジトリと通信するときにHTTPSを利用します。手順14で選択しているのはそのための設定です。基本的にはOpenSSLライブラリ（オープンソースのSSLライブラリ）を選択すれば問題ないですが、会社などで指定があるときは、もう一方の「Windows Secure Channel library」を選択しましょう。

15 改行コードの設定を確認する

1 [Next]をクリック

設定はP.63で紹介するgit configコマンドであとから変更できます。

Point 改行(line ending)について

テキストファイルの改行コードにはいくつかの種類があり、代表的なものとして「CRLF」と「LF」があります。
Windowsでは「CRLF」が利用され、macOSなどでは「LF」が利用されるので、共同開発をするときにWindowsを利用している人とmacOSを利用している人がいると、改行コードの種類が混在してしまいます。手順15で選択しているのはその問題を防ぐための設定です。初期設定の「Checkout Windows-style, commit Unix-style line endings」は、Windowsのパソコンで操作しているテキストファイルは「CRLF」、Gitで管理しているテキストファイルは「LF」になるように変換します。

設定	説明
Checkout Windows-style, commit Unix-style line endings	コミットするときに「CRLF」を「LF」に自動で変換し、Gitディレクトリからワークツリーに反映するときは「LF」を「CRLF」に自動で変換する
Checkout as-is, commit Unix-style line endings	コミットするときに自動で「CRLF」を「LF」に変換するが、Gitディレクトリからワークツリーに反映するときは変換しない
Checkout as-is, commit as-is	改行コードをまったく変換しない

16 Git Bashのエミュレーターを確認する

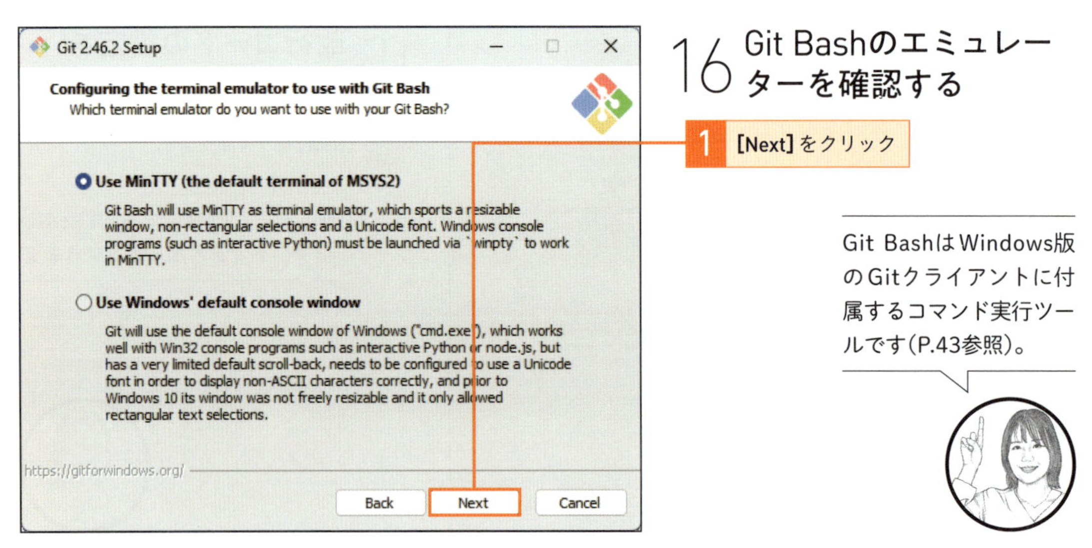

1 [Next]をクリック

Git BashはWindows版のGitクライアントに付属するコマンド実行ツールです(P.43参照)。

17 git pull コマンドの挙動を確認する

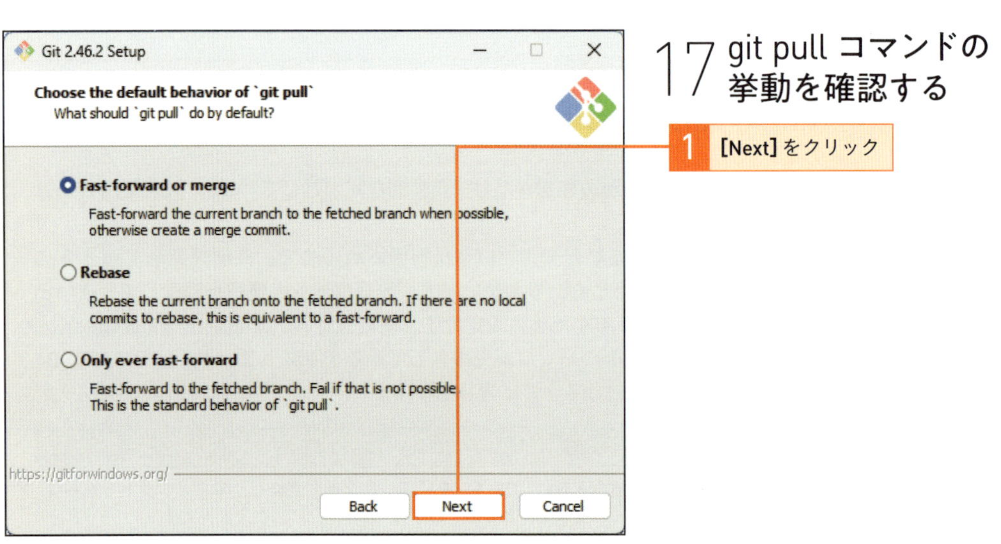

1 [Next]をクリック

18 認証情報ヘルパーの確認をする

1 [Next]をクリック

19 拡張オプションを確認する

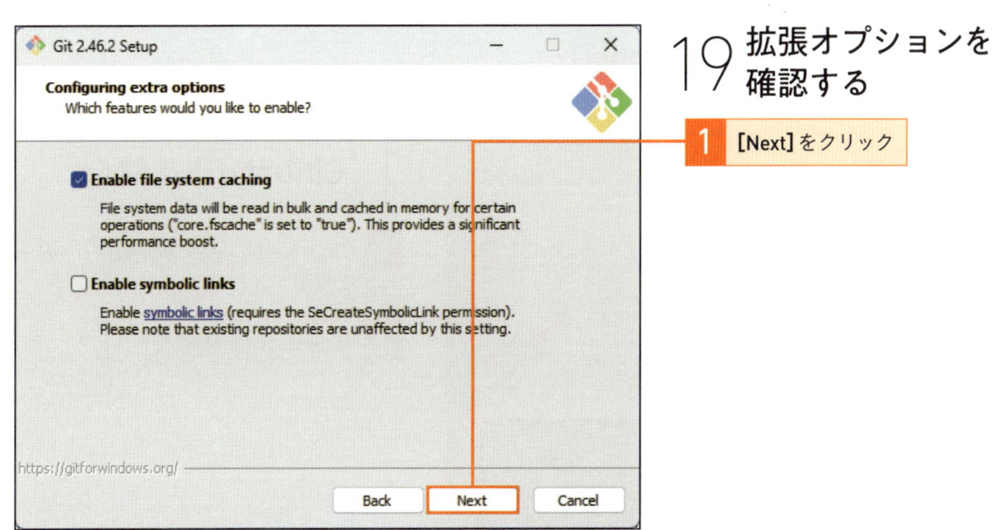

1 [Next]をクリック

20 試験的なオプションを確認する

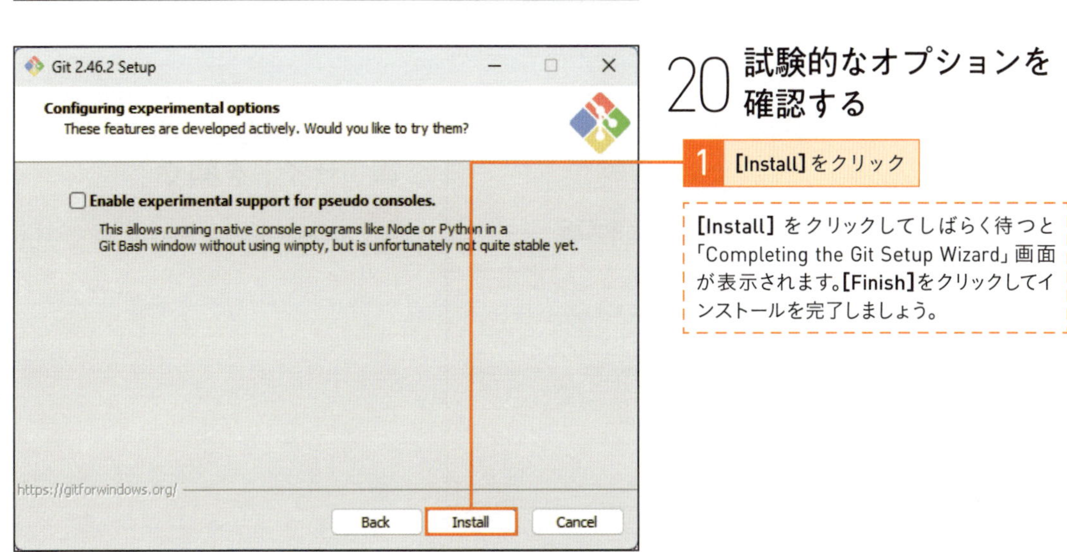

1 [Install]をクリック

[Install]をクリックしてしばらく待つと「Completing the Git Setup Wizard」画面が表示されます。[Finish]をクリックしてインストールを完了しましょう。

》Gitをインストールする(macOS)

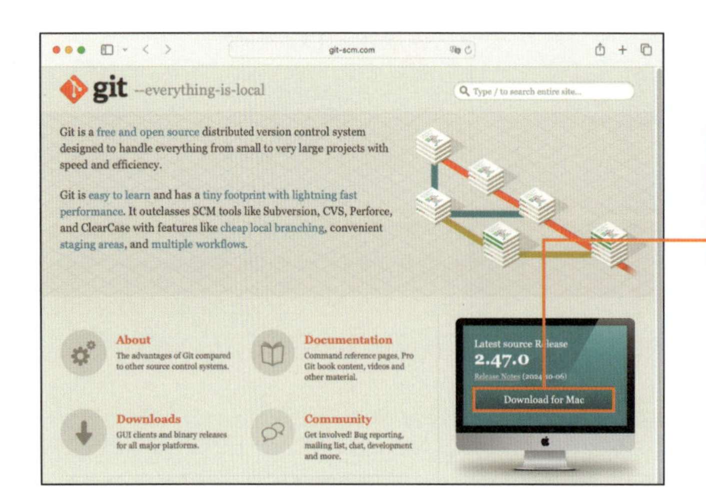

1 Gitのサイトを開く

1 Gitのページ(https://git-scm.com/)を表示

2 [Download for Mac]をクリック

2 Homebrewのサイトを開く

1 homebrewのリンクをクリック

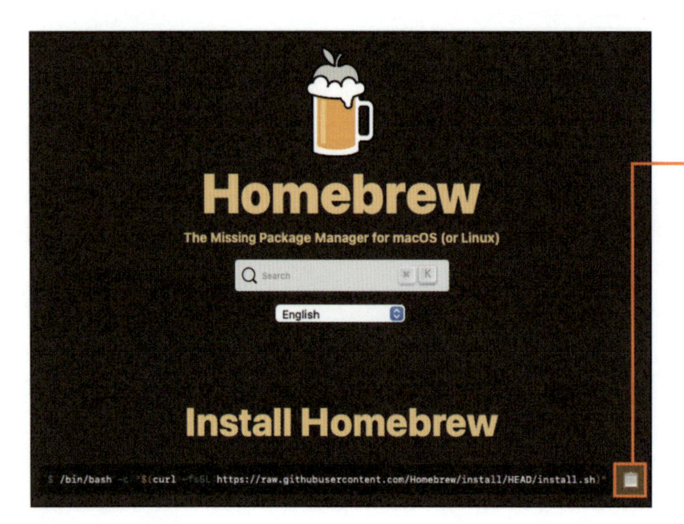

3 Homebrewのインストールコマンドをコピー

1 ファイルのアイコンをクリックしてコマンドをコピー

4 Launchpadからターミナルを開く

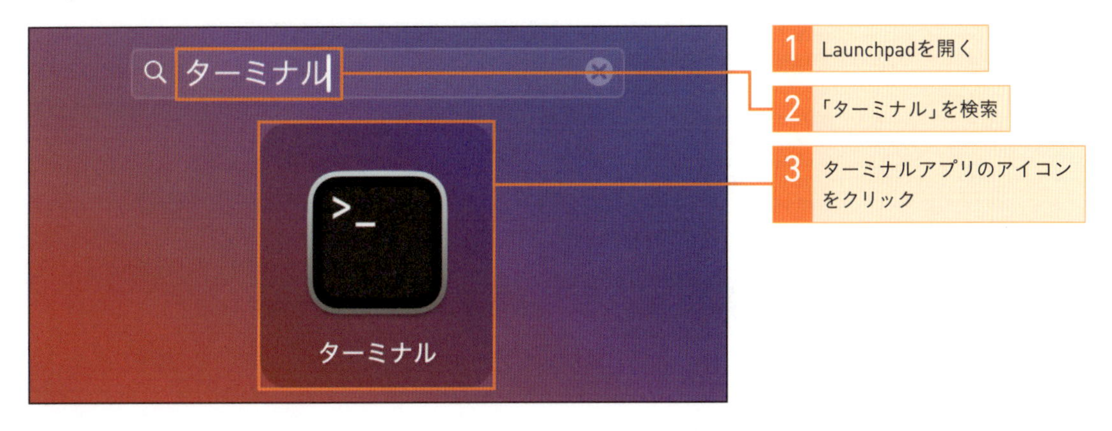

5 Homebrewをインストールする

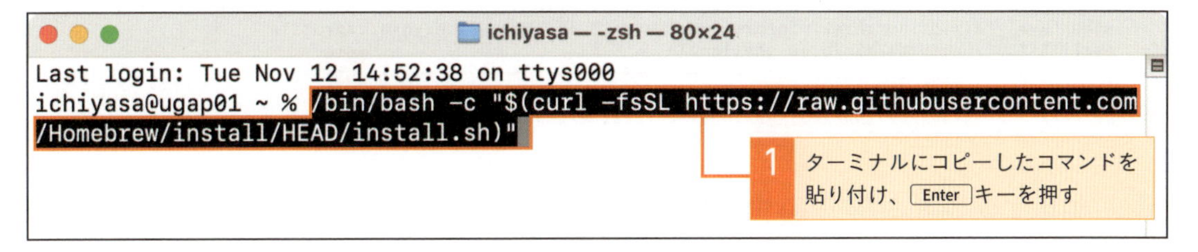

6 パスワードを入力する

コマンドとターミナルは次のLessonで説明します(P.46参照)。

```
ichiyasa — bash -c #!/bin/bash\012\012# We don't need return codes for "$(command)", only stdout i...
ichiyasa@ugap01 ~ % /bin/bash -c "$(curl -fsSL https://raw.githubusercontent.com
/Homebrew/install/HEAD/install.sh)"
==> Checking for `sudo` access (which may request your password)...
Password:
==> This script will install:
/opt/homebrew/bin/brew
/opt/homebrew/share/doc/homebrew
/opt/homebrew/share/man/man1/brew.1
/opt/homebrew/share/zsh/site-functions/_brew
/opt/homebrew/etc/bash_completion.d/brew
/opt/homebrew
==> The following new directories will be created:
/opt/homebrew/bin
/opt/homebrew/include
/opt/homebrew/lib
/opt/homebrew/sbin
/opt/homebrew/opt
/opt/homebrew/var/homebrew/linked
/opt/homebrew/Cellar
/opt/homebrew/Caskroom
/opt/homebrew/Frameworks

Press RETURN/ENTER to continue or any other key to abort:
```

1 「Password:」が表示されたら、ユーザーのパスワードを入力し、Enterキーを押す

パソコンにログインするときのパスワードを入力してください。

2 「Press RETURN /ENTER to continue or any other key to abort:」が表示されたらEnterキーを押す

7 Homebrewの設定をする

```
==> Homebrew is run entirely by unpaid volunteers. Please consider donating:
  https://github.com/Homebrew/brew#donations

==> Next steps:
- Run these commands in your terminal to add Homebrew to your PATH:
    echo >> /Users/ichiyasa/.zprofile
    echo 'eval "$(/opt/homebrew/bin/brew shellenv)"' >> /Users/ichiyasa/.zprofile
    eval "$(/opt/homebrew/bin/brew shellenv)"
- Run brew help to get started
- Further documentation:
    https://docs.brew.sh

ichiyasa@ugap01 ~ %     echo >> /Users/ichiyasa/.zprofile
    echo 'eval "$(/opt/homebrew/bin/brew shellenv)"' >> /Users/ichiyasa/.zprofile
    eval "$(/opt/homebrew/bin/brew shellenv)"
```

1 「==>Next Steps:」の２行下のコマンド３行をコピー

2 ターミナルに貼り付け、Enterキーを押す

8 Gitをインストールする

9 Gitコマンドを使う設定をする

スペースの位置や記号などを間違えないよう入力しましょう。また、シングルクォーテーション(')を使っています。ダブルクォーテーションにすると動作が変わるのでご注意ください。

Point｜パッケージマネージャーを使ったインストール

開発に使用するさまざまなツールをそれぞれのサイトからダウンロードしてインストールするのは面倒です。パッケージマネージャーを利用すると、コマンドラインでの共通の操作でさまざまなツールをインストールできます。さらに、最新版ではなく特定のバージョンを指定してインストールすることも可能です。今回はmacOSでのGitのインストールに「Homebrew」(https://brew.sh/ja/)というパッケージマネージャーを使いました。他にも、たとえばWindowsでは「Chocolatey」(https://chocolatey.org/)や「Scoop」(https://scoop.sh/)、Microsoft社のWinGet (https://learn.microsoft.com/ja-jp/windows/package-manager/winget/)というパッケージマネージャーがあります。

Lesson 08

[コマンドの実行]

コマンドを実行するツールを起動しましょう

このレッスンのポイント

CUIクライアントはキーボードから文字の命令を入力してGitを操作します。このようなコンピューターへの命令のことを「コマンド」といいます。まずはコマンドを実行するツールを起動しましょう。

》コマンドを実行するツールを知ろう

Windowsでは「コマンドプロンプト」、macOSでは「ターミナル」というコマンド実行のためのCUIツールが標準で用意されています。しかし本書では、WindowsではWindows版Gitに付属するGit Bash（ギットバッシュ）をオススメします。
コマンドプロンプトとターミナルでは実行できるコマンドが異なるのですが、Git Bashを使えばWindowsでもmacOSのターミナルでもほとんど同じコマンドを実行できます。サーバーで用いられることが多いLinux（リナックス）と共通するコマンドも多いので、Windows独自のコマンドを覚えるよりも汎用性が高いです。

WindowsとmacOSのコマンド実行ツール

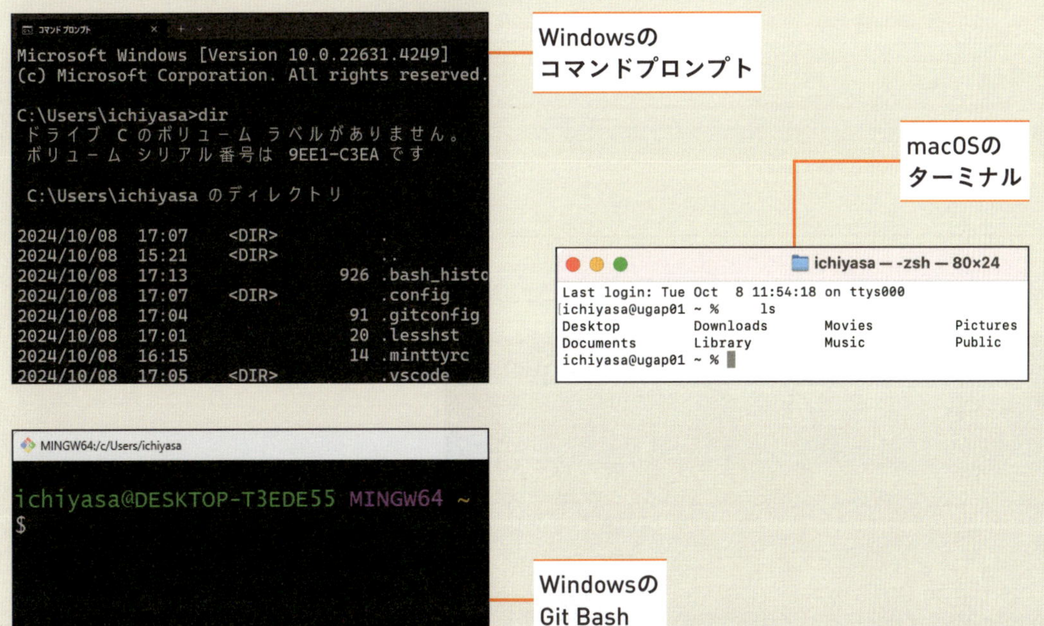

》Git Bashを起動する（Windows）

1 スタートメニューからすべてのアプリウィンドウを開く

1 Windowsのスタートメニューを開く

2 **[すべてのアプリ]** をクリック

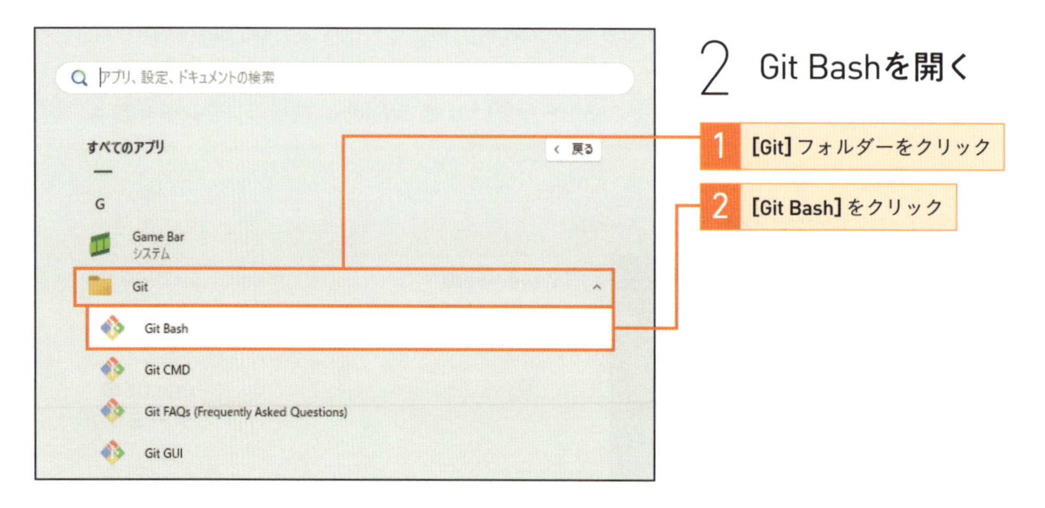

2 Git Bashを開く

1 **[Git]** フォルダーをクリック

2 **[Git Bash]** をクリック

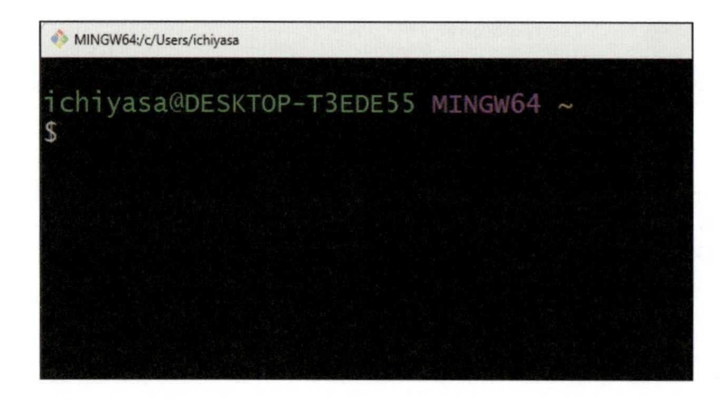

3 Git Bashが起動する

Git Bashは、実行結果の文字に色を付けてわかりやすく表示してくれます。

》ターミナルを起動する(macOS)

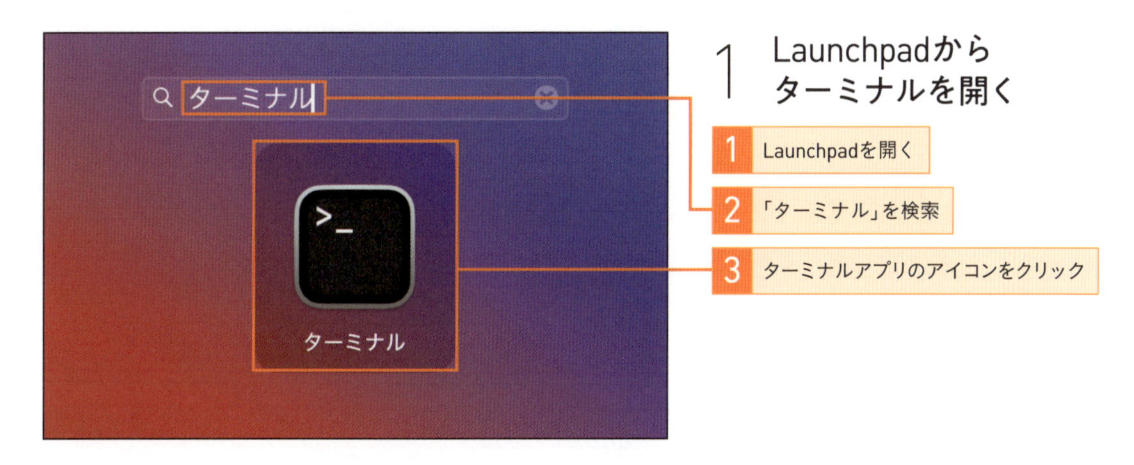

1 Launchpadから ターミナルを開く

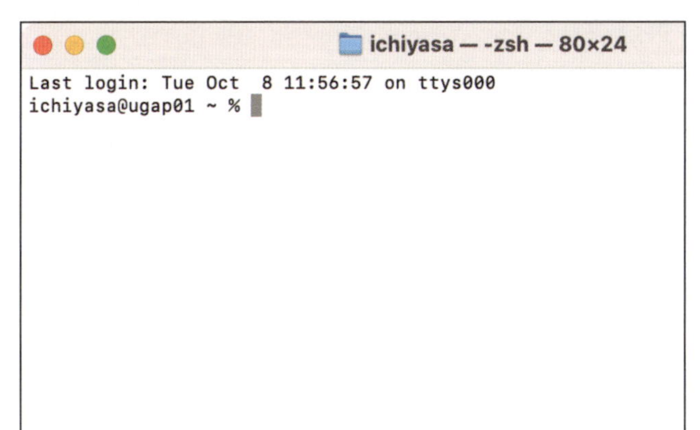

2 ターミナルが起動する

以降はGit Bashの画面のみを掲載しますが、macOSのターミナルでも同じコマンドを実行できます。

インストールのときにもターミナルを利用しましたね。

Git Bashとターミナルで異なる部分

Git Bashもターミナルも、「ユーザー名」「コンピューター名」「カレントディレクトリ(P.47参照)」などが表示されていますが、その順番が下図のように異なります。**最後に表示されている「$」をプロンプトと呼び、そのあとにコマンドを入力します。**

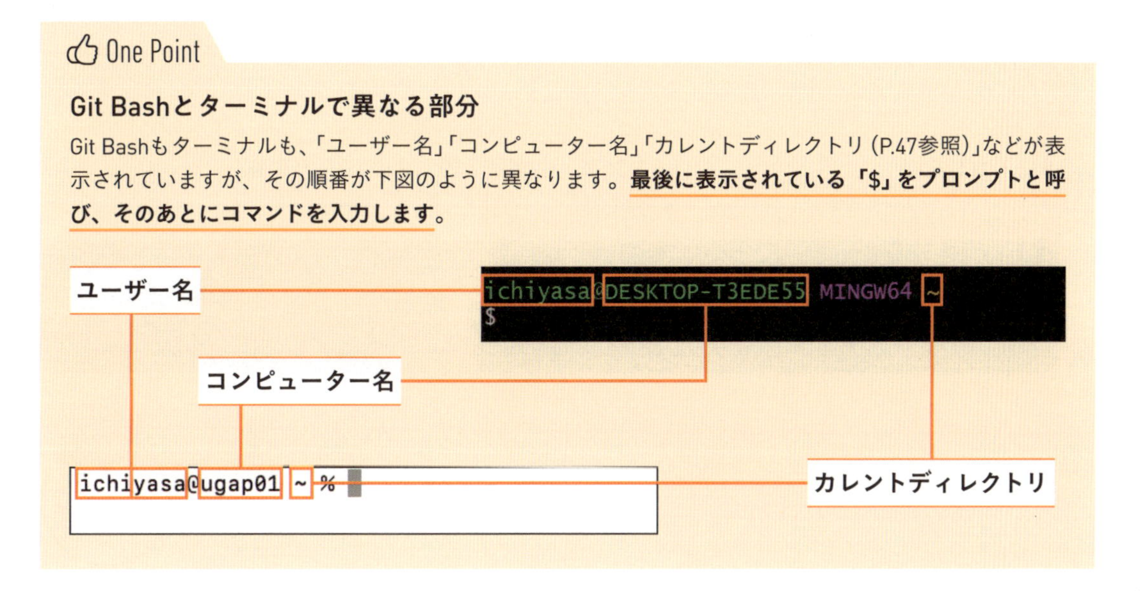

Lesson 09

[CUIの利用]

CUIでフォルダーやファイルを操作する方法を身に付けましょう

このレッスンのポイント

続いてCUIからコマンドを実行してみましょう。まずは、ファイルやフォルダー（ディレクトリ）を操作するための基本的なコマンドを試してみましょう。最後にGitコマンドでインストールしたGitのバージョンを確認します。

》コマンドラインとは何かを知ろう

コマンドを入力する行のことを**コマンドライン**といいます。Windowsであれば「Git Bash」、macOSであれば「ターミナル」のコマンドラインに、コマンドを入力してさまざまな操作を実行します。本書では以下の構文でコマンドを記載します。「$」はプロンプトと呼び、コマンドラインの先頭に最初から表示されている文字なので、自分で入力する必要はありません。なお、**コマンドは大文字／小文字を本書と同じように入力してください。**大文字／小文字が異なると、コマンドを意図どおりに実行できません。

コマンドの書き方

$は入力しない

大文字・小文字を同じように入力する

```
MINGW64:/c/Users/ichiyasa

ichiyasa@DESKTOP-T3EDE55 MINGW64 ~
$ ls -a Documents
 ./   ../   'My Music'@   'My Pictures'@   'My Videos'@   desktop.ini
```

コマンドやオプションは半角英数字で入力します。コマンドやオプションの間は、半角スペースを使用して区切ります。

》ディレクトリについて学ぼう

CUIでは「ディレクトリ」という用語がよく登場しますが、これは「フォルダー」のことです。わかりやすさのために本書では、**GUIによる操作の場合は「フォルダー」、CUIによる操作の場合は「ディレクトリ」と表記します**。たとえば、「Windowsのエクスプローラーから『フォルダー』を開く」「macOSのFinderから『フォルダー』を開く」「コマンドラインから『ディレクトリ』を開く」のように使い分けます。

ディレクトリを操作するコマンドを説明する前に、名前を覚えてほしい特別なディレクトリが3つあります。**「カレントディレクトリ」「ルートディレクトリ」「ホームディレクトリ」の3つです**。「カレントディレクトリ」は、コマンドラインで開いている現在のディレクトリのことです。操作する場所を表すので状況によって変化します。「ルートディレクトリ」と「ホームディレクトリ」は下の図のとおりです。

3つのディレクトリ

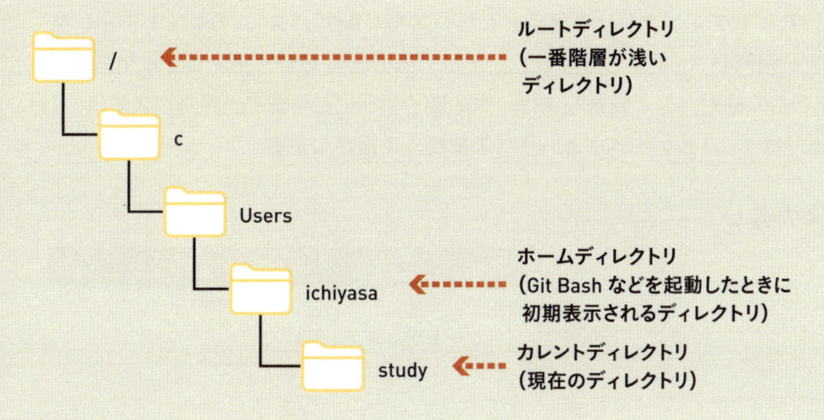

WindowsとmacOSのホームディレクトリ

》ファイルやディレクトリの位置を表す「パス」

ファイルやディレクトリの位置を表す文字列を「パス」といいます。**ファイルの位置を表したものは「ファイルパス」、ディレクトリの位置を表したものは「ディレクトリパス」と呼びます。**
先ほど紹介した3つの特別なディレクトリは、右の表に示す特別なパスが設定されています。

特殊なディレクトリの記法

表すもの	ディレクトリパス
カレントディレクトリ	「.」(ドット)
ホームディレクトリ	「~」(チルダ)
ルートディレクトリ	「/」(スラッシュ)

》2種類のパスを覚えよう

パスは「ルートディレクトリを起点としたパス」と「カレントディレクトリを起点としたパス」の2つの方法で指定できます。**ルートディレクトリを起点としたパスを「絶対パス」、カレントディレクトリを起点としたパスを「相対パス」**と呼びます。たとえば「ichiyasa」というディレクトリをカレントディレクトリとしたときの絶対パスと相対パスは、次の図のようになります。相対パスでは、**1つ上の階層のディレクトリは「..」(ドット2つ)というパスを使って指定します。**

絶対パスと相対パスの違い

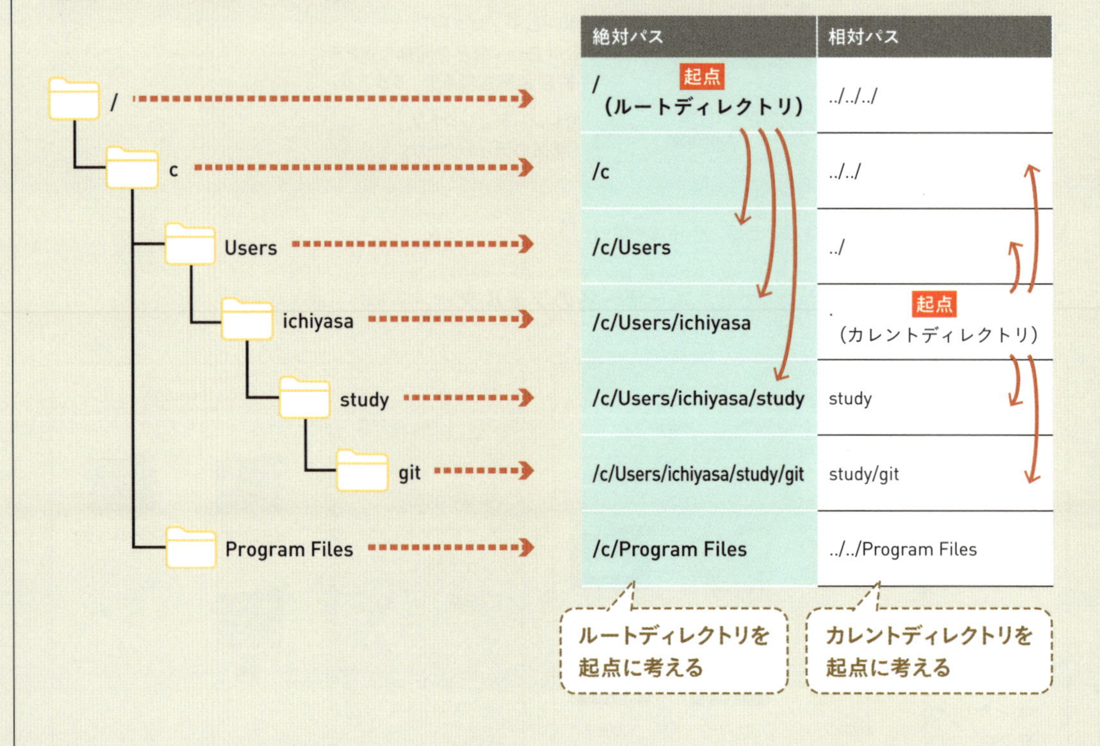

》ディレクトリを操作するコマンドを知っておこう

ディレクトリやファイルを操作する基本的なコマンドをいくつか紹介します。Gitのコマンドではありませんが、Gitでファイルを操作する場合に、よく使うものです。次ページの手順で実際に操作してみましょう。

pwdコマンドやlsコマンドはWindowsの「コマンドプロンプト」では実行できません。

ディレクトリを操作する基本的なコマンド

コマンド	働き
pwd	カレントディレクトリの絶対パスが出力される
mkdir ディレクトリパス	新しいディレクトリを作成する
ls オプション ディレクトリパス	ディレクトリの内容を確認する
cd ディレクトリパス	カレントディレクトリを移動する

》オプションとパラメーターによってコマンドの結果が変わる

コマンドの結果は、オプションとパラメーターの指定で変わります。たとえばディレクトリの中を確認するlsコマンド（P.51参照）に-aオプションを付けると、名前が「.」(ドット）ではじまるファイルやディレクトリなどが表示されるようになります。先ほど学んだカレントディレクトリ「.」や1つ上の階層のディレクトリ「..」も表示されていますね。また、lsコマンドの後ろにパラメーターとしてディレクトリパスを付けると、**カレントディレクトリ以外のディレクトリの中を確認できます。**

lsコマンドにオプションとパラメーターを付けた場合

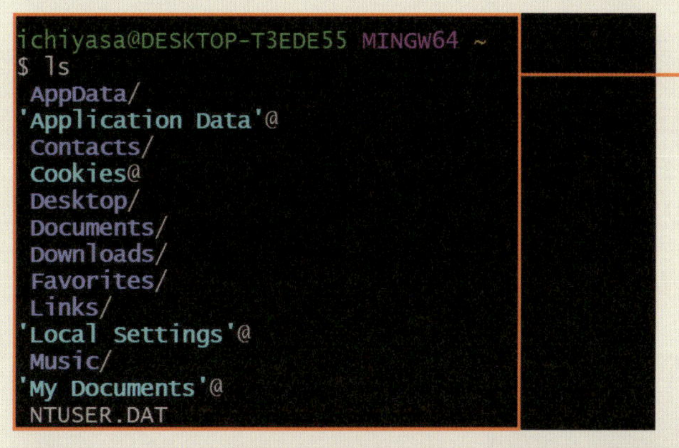

lsコマンドだけだとカレントディレクトリ内のファイルとディレクトリが表示される

-aオプションとディレクトリを付けると、lsコマンドだけでは見えなかったファイルやディレクトリも表示される

```
ichiyasa@DESKTOP-T3EDE55 MINGW64 ~
$ ls -a Documents
./   ../  'My Music'@  'My Pictures'@  'My Videos'@   desktop.ini   議事録.txt

ichiyasa@DESKTOP-T3EDE55 MINGW64 ~
$ |
```

》コマンドでディレクトリを操作してみよう

1 カレントディレクトリのパスを確認する

カレントディレクトリのパスを確認するには、**pwdコマンド**を使います。
pwdコマンドを実行すると❶、カレントディレクトリの絶対パスが出力されます。

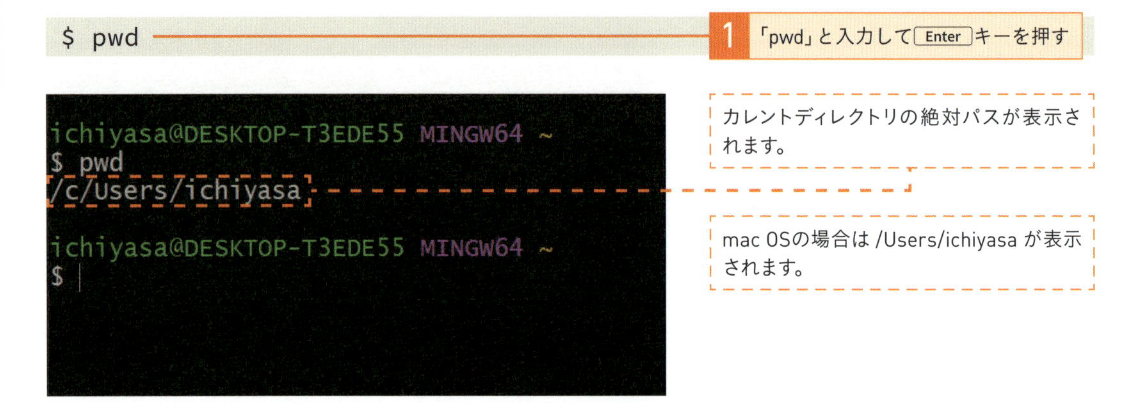

ホームディレクトリの名前はWindowsやmacOSのユーザー名をもとに付けられます。**ここでは「ichiyasa」と表示されていますが、お使いの環境によって異なります。**

2 新しいディレクトリを作成する

mkdirコマンドを使って、新しく「study」というディレクトリを作りましょう。mkdirコマンドの後ろに、新しく作るディレクトリパスを指定します❶。相対パスで指定すると、カレントディレクトリの中に新しいディレクトリが作成されます。

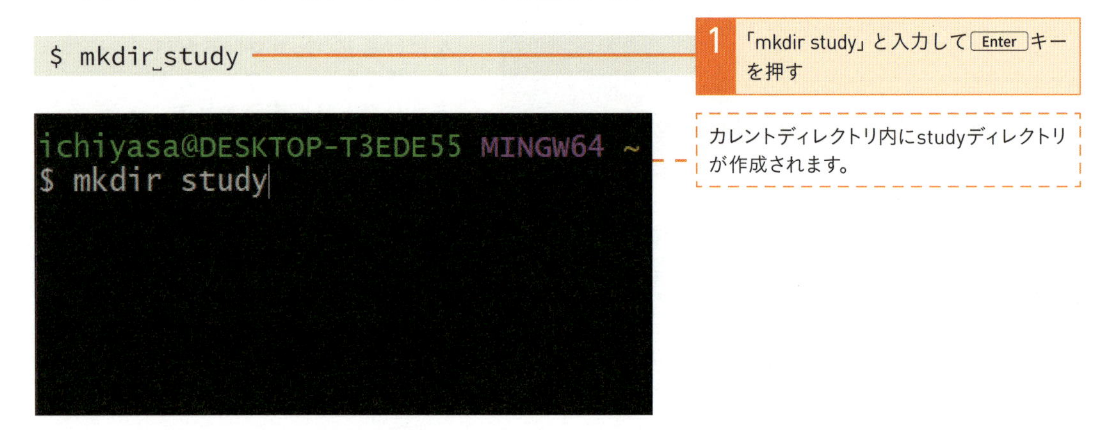

3 絶対パスでディレクトリを作成する

mkdirコマンドのディレクトリパスには絶対パスも使用できます。絶対パスは環境によって異なるので**「ichiyasa」の部分は、pwdコマンドで確認した、使用している環境のホームディレクトリに置き換えてください。**

Point macOSの場合は？

macOSの場合、絶対パスは次のように指定してください。

```
$ mkdir␣/Users/ichiyasa/study/git
```

4 ディレクトリに何が入っているかを確認する

lsコマンドを使って、カレントディレクトリの中に、どのようなディレクトリやファイルが入っているのか確認してみましょう❶。

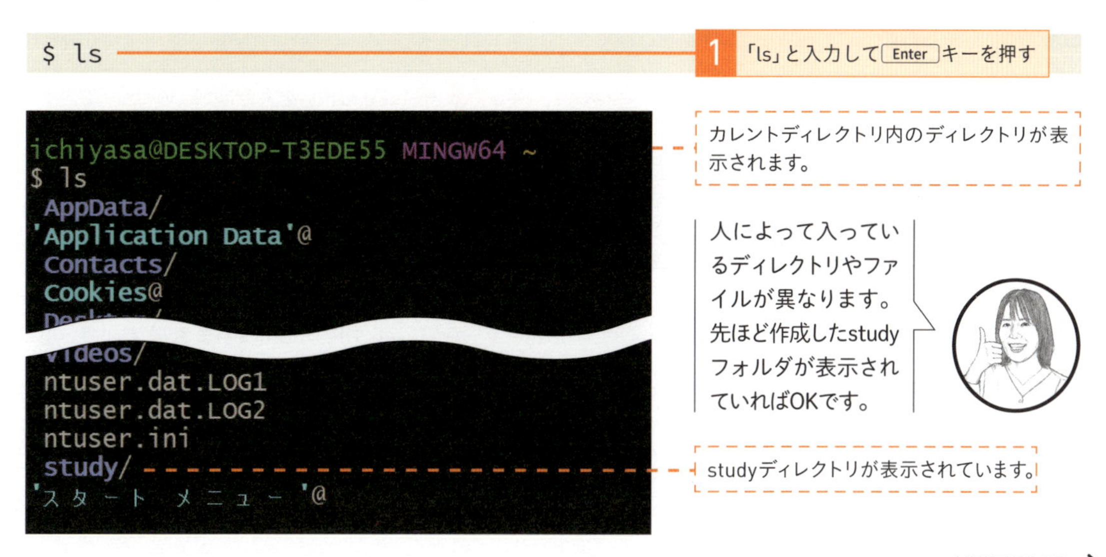

5 すべてのファイルとディレクトリを表示する

lsコマンドに-aオプションを付けると、lsコマンドだけでは見えなかったすべてのファイルが表示されます❶。先ほどの結果と見比べてみましょう。

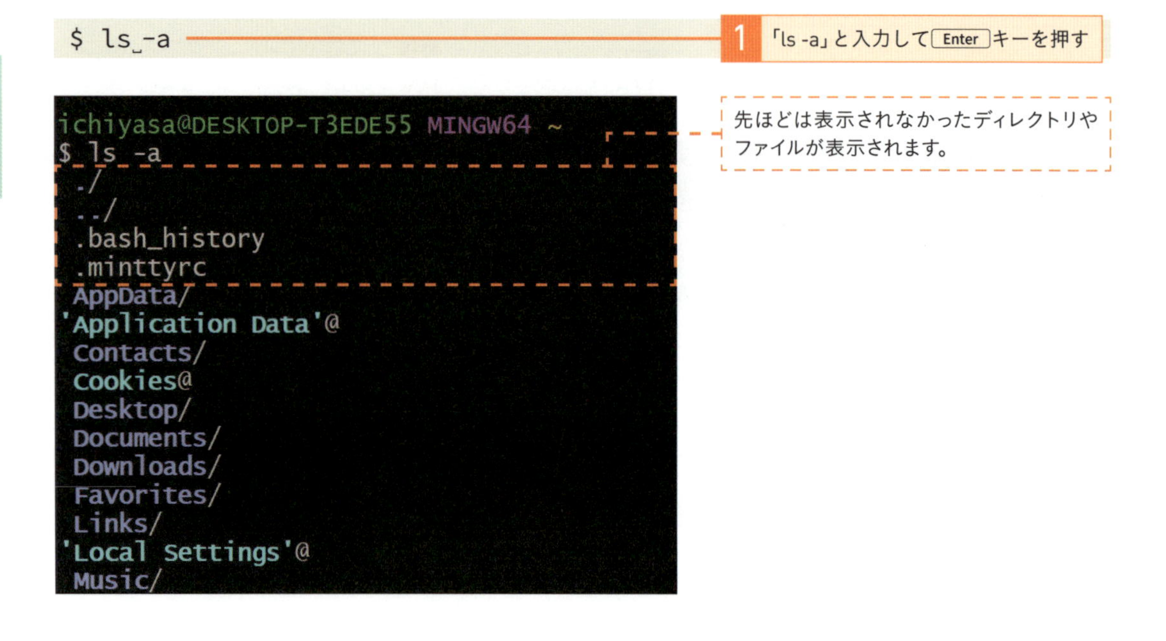

6 他のディレクトリに何が入っているか確認する

lsコマンドの後ろにディレクトリパスを付けると、そのディレクトリパスが指すディレクトリの中身が表示されます❶。カレントディレクトリを移動せずに他のディレクトリの内容が確認できて便利です。

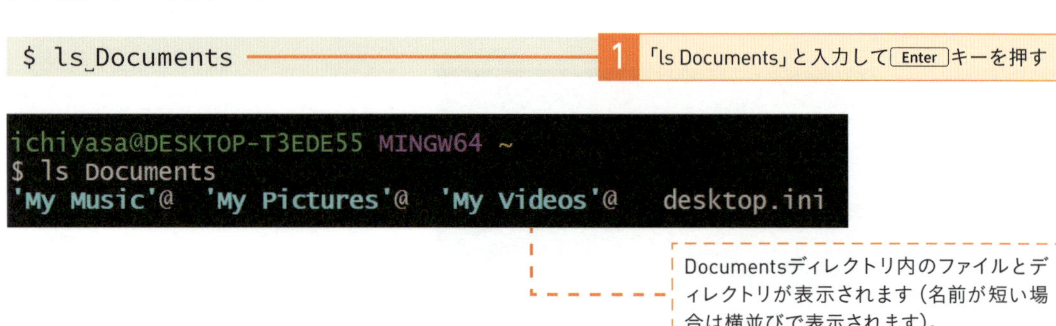

「ls D」まで入力して Tab キーを押すと、ディレクトリ名が補完されます。「D」ではじまるディレクトリが複数ある場合は Tab キーを何度か押すと候補が次々と表示されていきます。

macOSの場合、アクセス許可の確認ダイアログが表示された際は、「許可」をクリックすると、ファイルとディレクトリが表示されます。

7 カレントディレクトリを移動する

初期状態で表示されているのはホームディレクトリです。先ほど作成した「study」ディレクトリに移動してみましょう。**cdコマンド**の後ろにディレクトリパスを付けることで、他のディレクトリに移動できます。移動したらpwdコマンドでカレントディレクトリを確認しましょう❶。

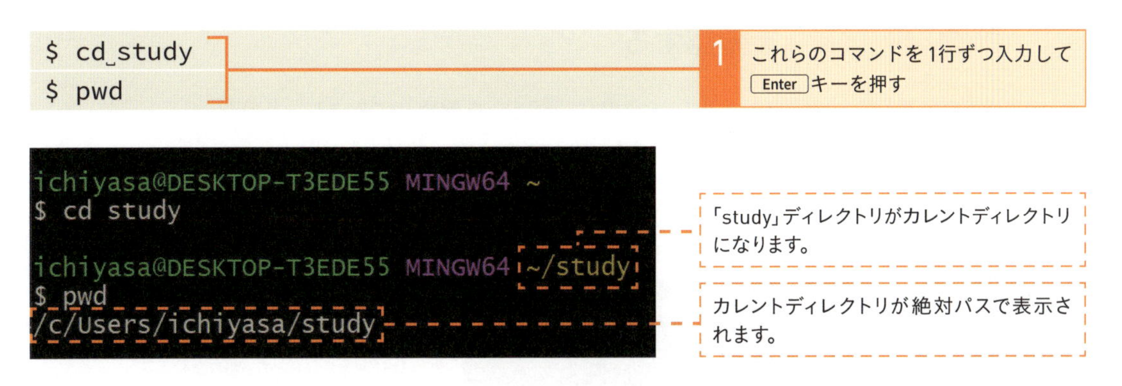

8 1つ上の階層のディレクトリに移動する

1つ上の階層のディレクトリに移動したい場合は、相対パスの「../」を使用します❶。

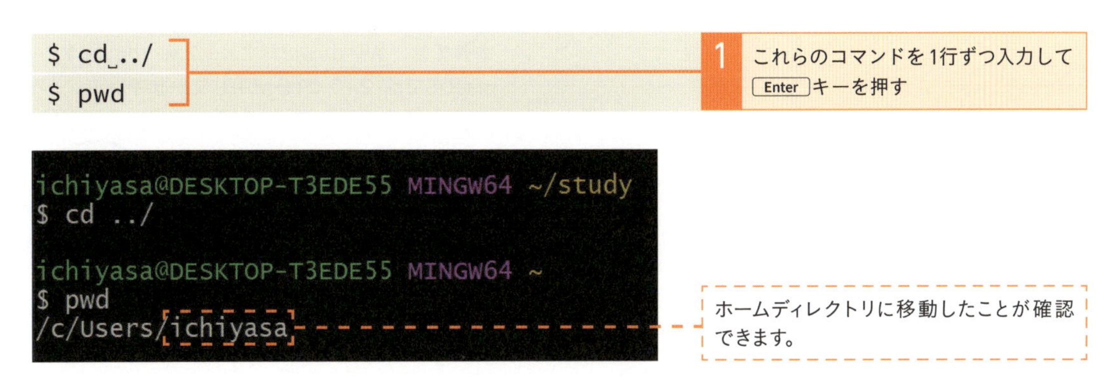

ディレクトリを移動したらpwdコマンドでカレントディレクトリのパスを確認してみましょう。

》Gitのバージョンを確認しよう

本書では**gitという文字からはじまるコマンドのことをGitコマンド**と呼びます。
Gitコマンドは、Gitをインストールしていないと使用できないので注意してください。Gitコマンドについては次のChapter 3から本格的に解説していきます。

1 Gitのバージョンを確認する

git --versionを実行して、インストールしたGitのバージョンを確認してみましょう❶。
バージョン番号が表示されたら、Gitのインストールに成功しています。

```
$ git --version
```

1 「git --version」と入力して Enter キーを押す

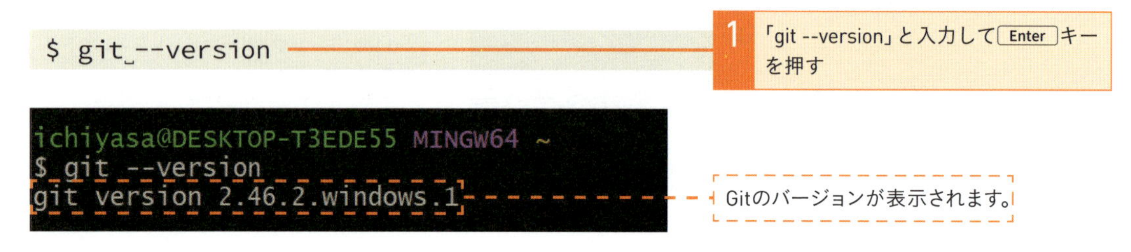

結果として表示されるバージョン番号は、インストールしたGitのバージョンによって異なります。本書では、Windowsは「2.46.2.windows.1」、macOSでは「2.47.0」を使用しています。

One Point

Gitのコマンドにはサブコマンドがある

Gitの多くのコマンドは「git」のあとに半角スペースを空けて「config」や「add」などのサブコマンドを書き、そのあとにオプションなどが続く形式になります。

P.63で紹介するgit configコマンド

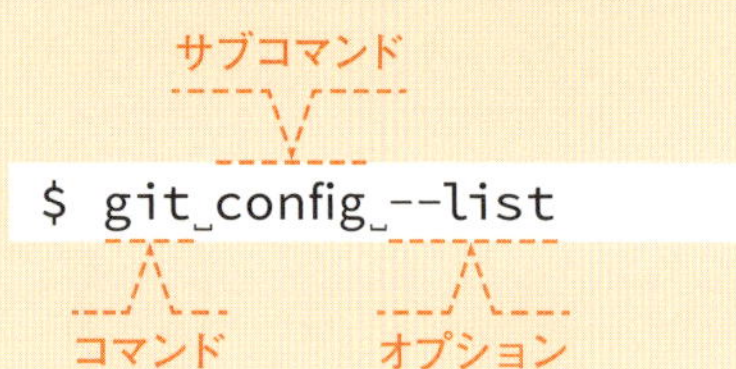

Lesson 10

[エディターのインストール]

Visual Studio Codeをインストールしましょう

このレッスンのポイント

初期設定では、Gitは「Vim」(ビム)というエディターを利用してメッセージなどを編集します。しかし、「Vim」は利用までに覚えることが多いため、本書では「Visual Studio Code」エディターをオススメします。

》「Visual Studio Code」エディターとは

Gitではコミット時のメッセージ入力などにテキストエディターを使用します。Windowsでは「メモ帳」、macOSでは「テキストエディット」というテキストエディターがデフォルトでインストールされていますが、より高機能なテキストエディターを利用することをオススメします。**「Visual Studio Code」はMicrosoft社が主体となって、オープンソースで開発している無料のテキストエディターです。**複数ファイルに対する検索や、シンタックスハイライトというテキストを色分けして表示する機能など、便利な機能がたくさん付いています。

「Visual Studio Code」エディターの画面

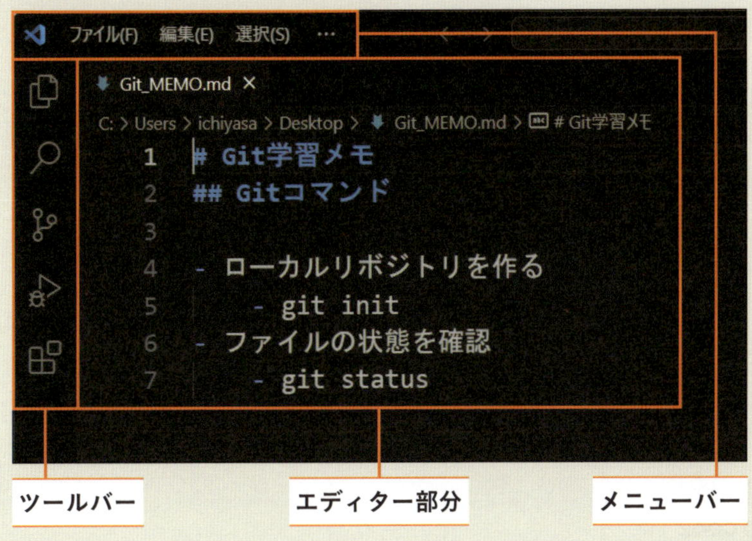

簡単なメモだけでなく、プログラミングでもVisual Studio Codeは利用されています。Chapter 4以降では、HTMLファイルの修正に使います。

》Visual Studio Codeをインストールする(Windows)

macOSでのインストール手順は、P.59以降を参照してください。

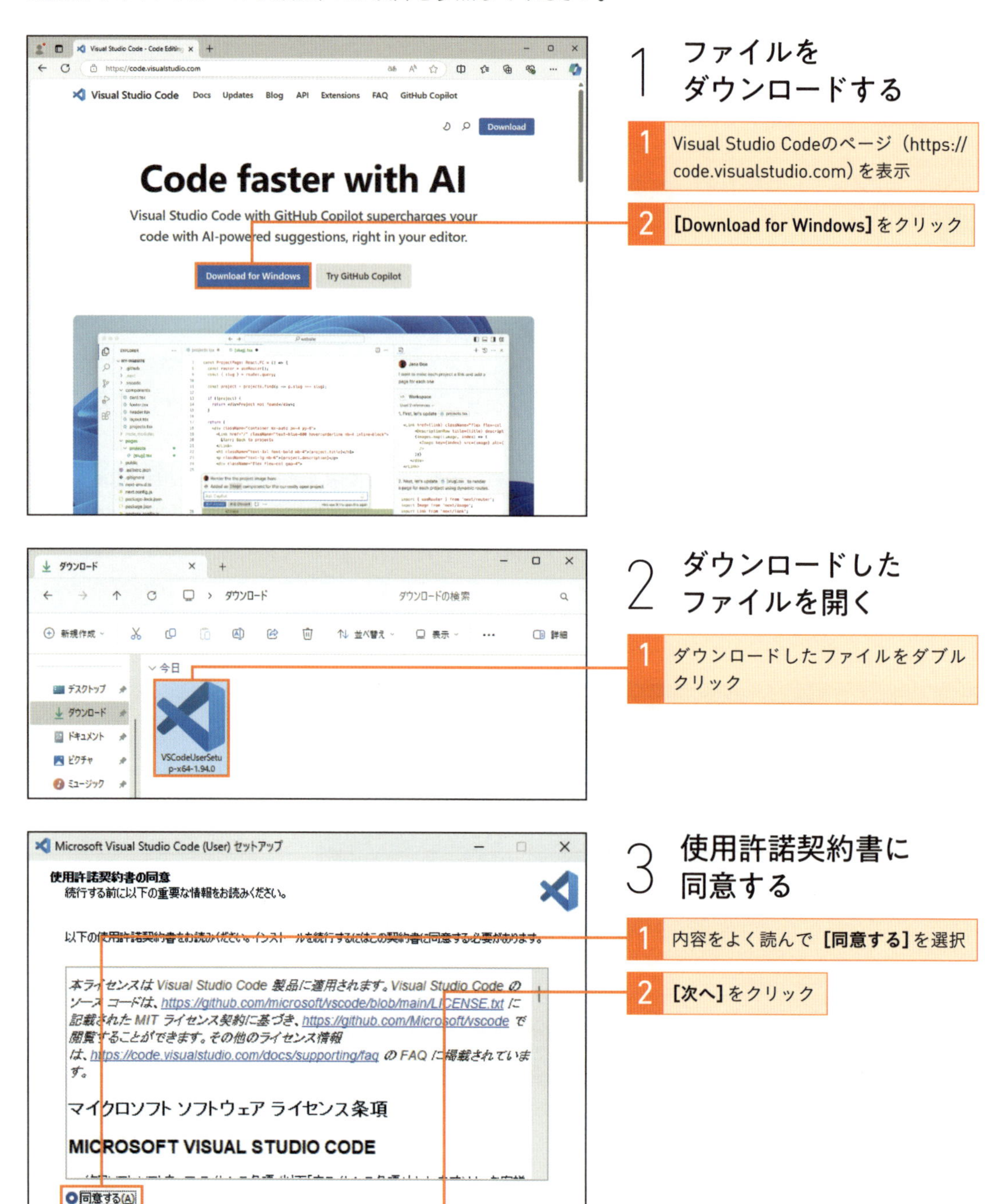

1 ファイルをダウンロードする

1 Visual Studio Codeのページ(https://code.visualstudio.com)を表示

2 [Download for Windows]をクリック

2 ダウンロードしたファイルを開く

1 ダウンロードしたファイルをダブルクリック

3 使用許諾契約書に同意する

1 内容をよく読んで **[同意する]** を選択

2 [次へ]をクリック

4 インストール先を確認する

1 [次へ]をクリック

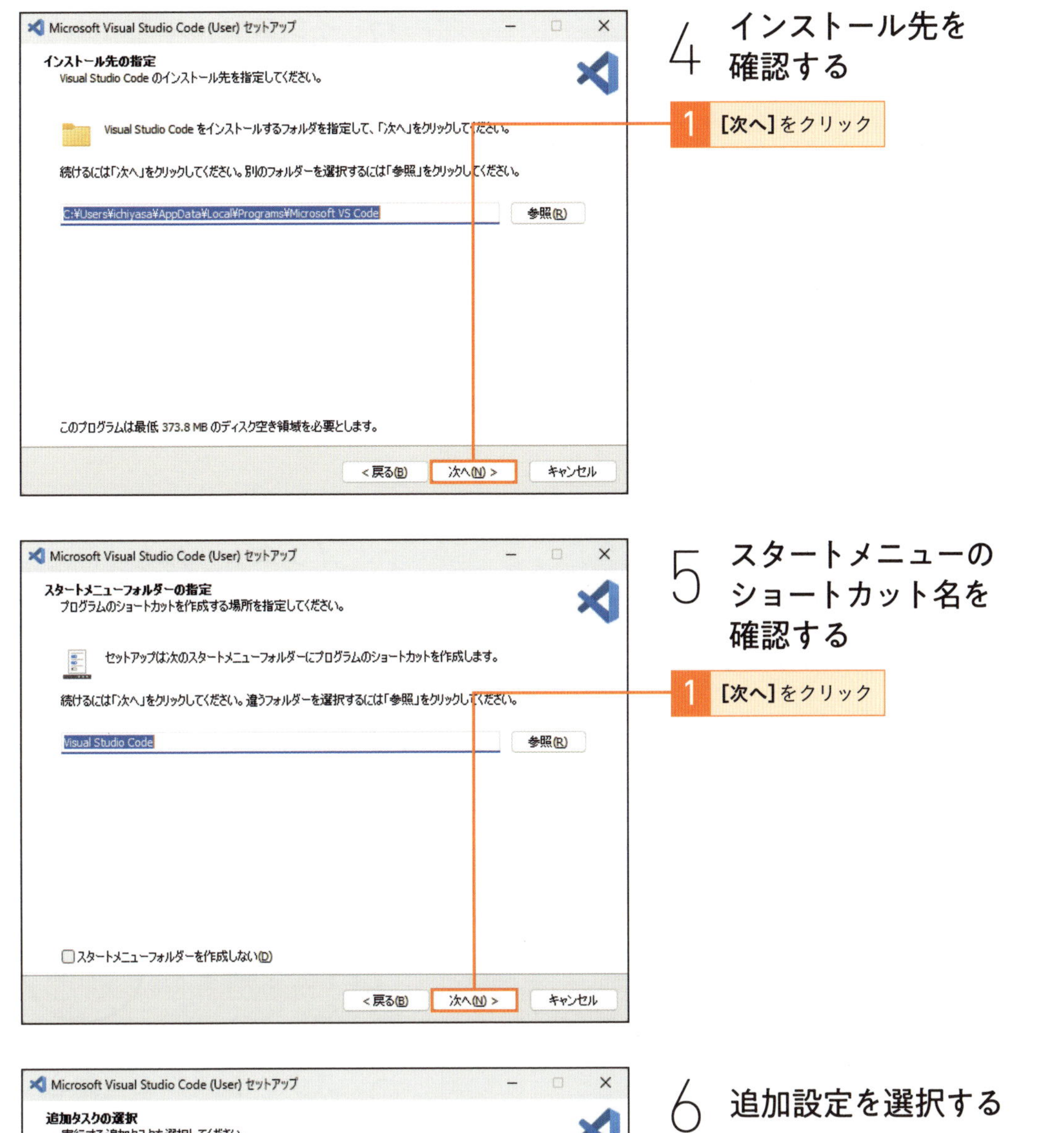

5 スタートメニューのショートカット名を確認する

1 [次へ]をクリック

6 追加設定を選択する

[PATHへの追加]にチェックマークが付いていることを確認します。それ以外の設定はお好みでチェックマークを付けてください。

1 [次へ]をクリック

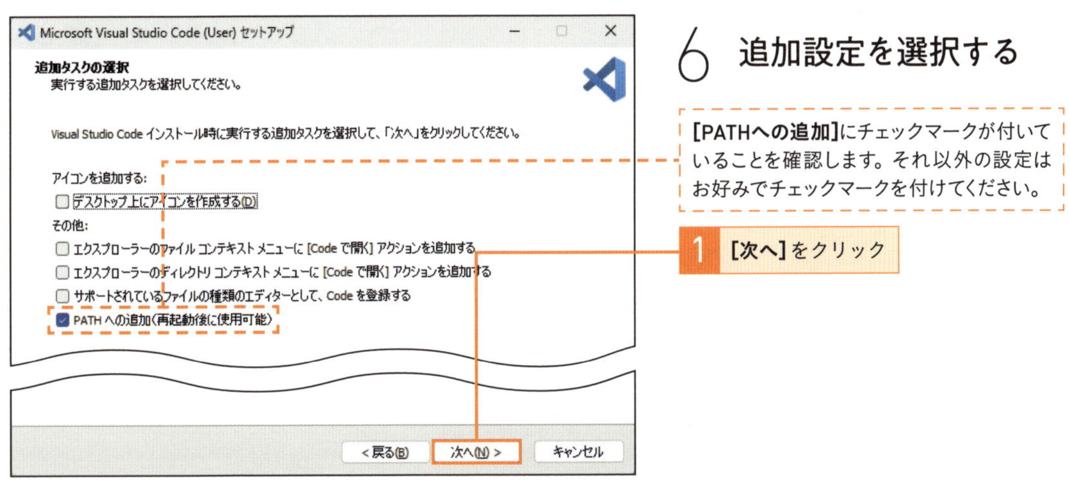

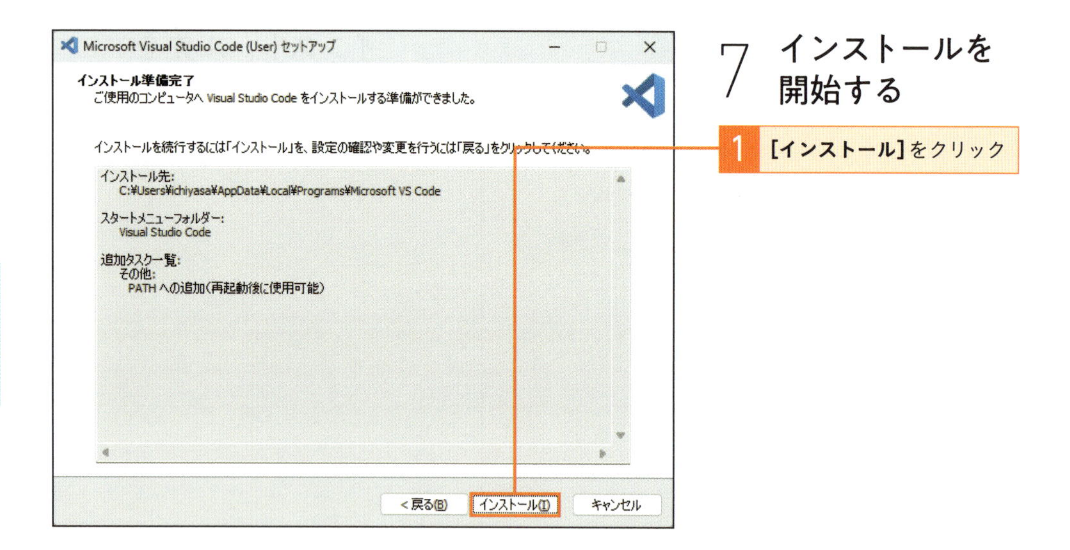

7 インストールを開始する

1 [インストール]をクリック

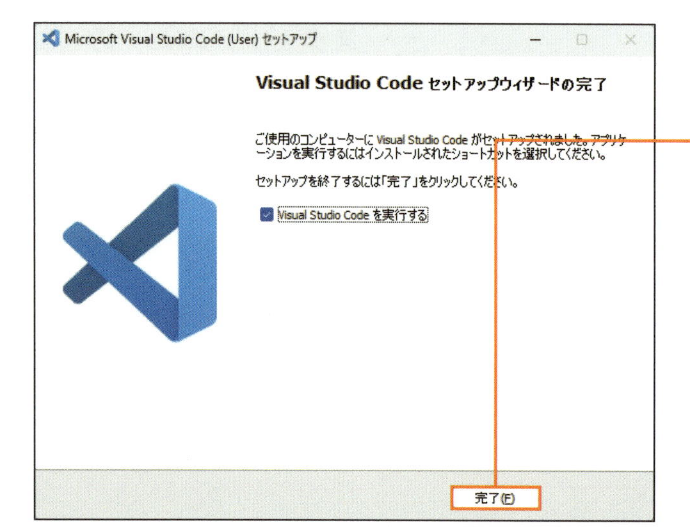

8 インストールを完了する

1 [完了]をクリック

パスを有効にするために、パソコンを再起動してください。パスが有効になっていないとcodeコマンド（P.139参照）で起動することができません。

9 スタートメニューからすべてのアプリウィンドウを開く

1 Windowsのスタートメニューを開く

2 [すべてのアプリ]をクリック

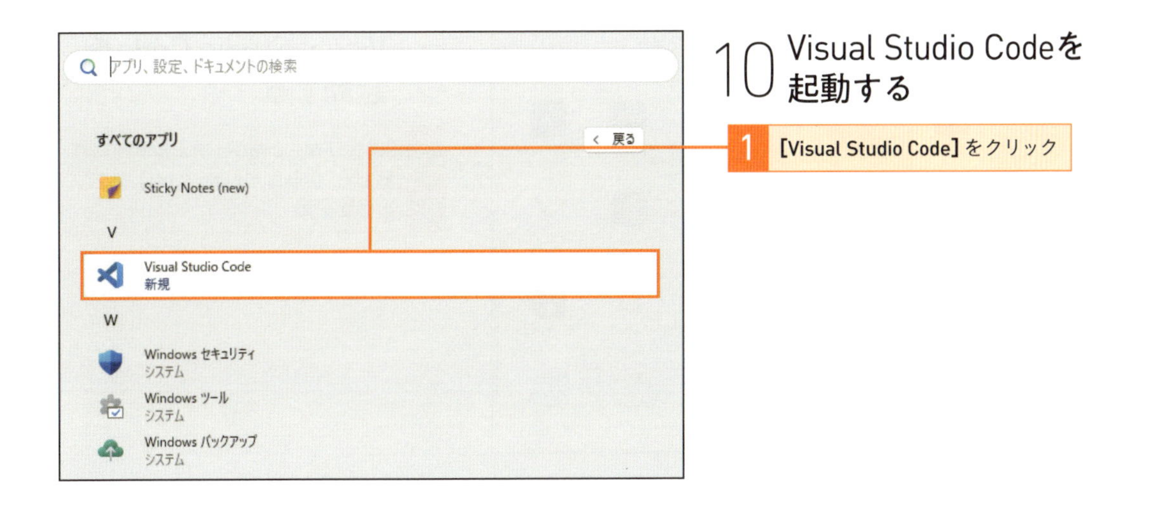

10 Visual Studio Codeを起動する

1 [Visual Studio Code]をクリック

》Visual Studio Codeをインストールする(macOS)

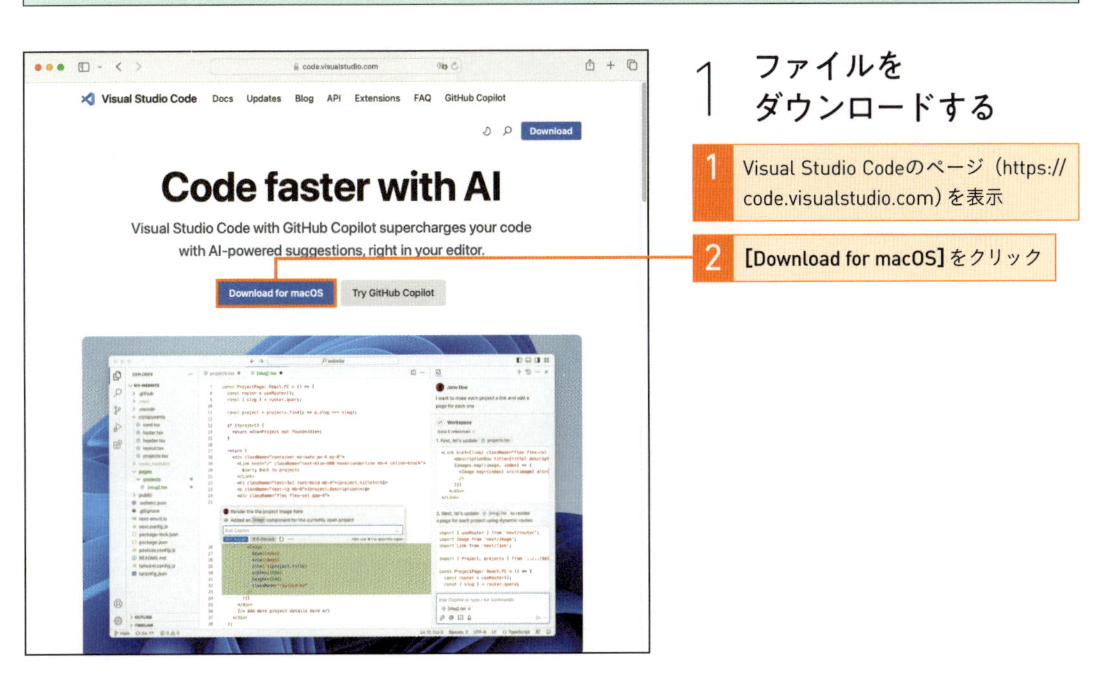

1 ファイルをダウンロードする

1 Visual Studio Codeのページ（https://code.visualstudio.com）を表示

2 [Download for macOS]をクリック

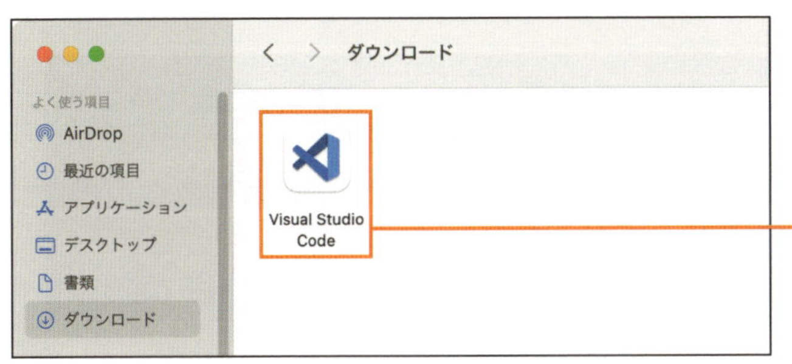

2 アプリケーションフォルダーへファイルを移動する

1 ダウンロードしたファイルを「アプリケーション」フォルダーへ移動

3 Visual Studio Codeを起動する

1 「アプリケーション」フォルダーに移動した［Visual Studio Code］をダブルクリック

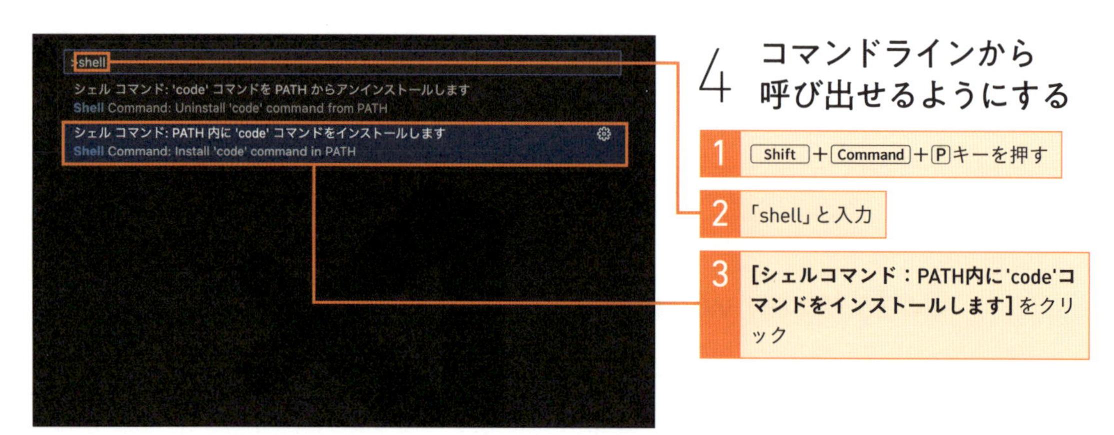

4 コマンドラインから呼び出せるようにする

1 Shift + Command + P キーを押す

2 「shell」と入力

3 ［シェルコマンド：PATH内に'code'コマンドをインストールします］をクリック

One Point

Visual Studio Codeを日本語表記にする

Visual Studio Codeの言語設定は、英語が初期設定となっています。操作しやすいように、日本語表記に変更しましょう。

左のツールバーの［Extention］をクリックし、表示された左上の検索ボックスに「Japanese Language Pack」と入力します。表示された一覧の中から［Japanese Language Pack for Visual Studio Code］を選択して［install］をクリックします。すると、画面右下に［Change Language and Restart］と表示されるのでクリックし、アプリを再起動すると、日本語表記に切り替わります。

Lesson 11

[拡張子の表示]

ファイルの拡張子を表示しましょう

このレッスンのポイント

このLessonでは、ファイルの拡張子を表示します。WindowsやmacOSでは、初期設定では拡張子が表示されません。しかし、Gitでは拡張子付きの名前でファイルを操作する必要があります。設定して、ファイルの拡張子が見えるようにしましょう。

》ファイルの拡張子

拡張子は、ファイルがどのような種類のファイルなのかを表すものです。ファイルの名前は「ファイル名.拡張子」という構成で表記します。ファイル名が「index.html」や「sample.png」であれば、「.」(ドット)の後ろの「html」や「png」が拡張子となります。GUIクライアント(WindowsのエクスプローラーやmacOSのFinder)では、初期設定でファイルの拡張子を表示しない設定になっています。しかし、CUIクライアントでは標準で拡張子が表示され、**拡張子を付けないと同じファイルと見なされません**。GUIでも拡張子を表示するように設定して、ファイルの見え方をGUIクライアントとCUIクライアントで合わせておきましょう。

本書に登場する拡張子の種類

拡張子	ファイルの種類
html	HTMLファイル
png	PNG画像ファイル
css	CSSファイル
md	Markdownファイル

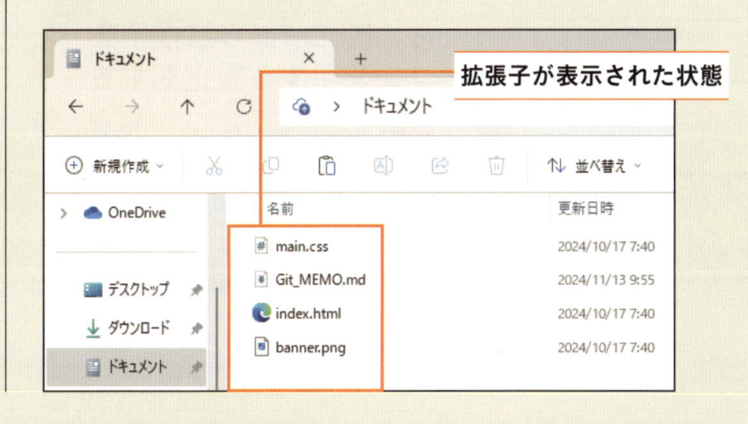

Markdownファイルとは、Markdownという形式で記述したテキストファイルのことで、拡張子は「.md」が使われます。Markdownについては、Chapter 3で説明します。

》ファイルの拡張子を表示する(Windows)

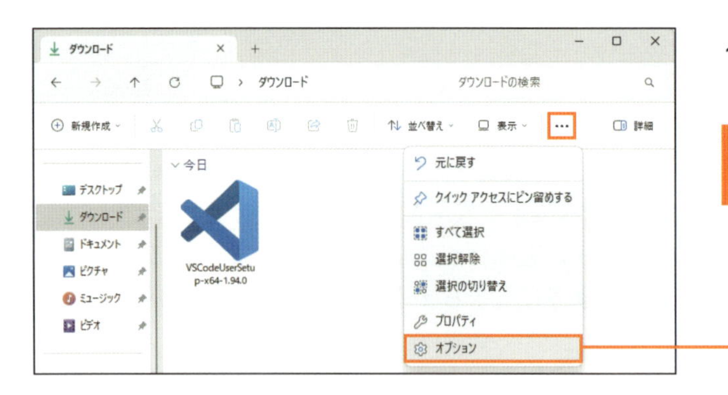

1 エクスプローラーのオプションを開く

1 エクスプローラーを開き、[…] - [オプション]をクリック

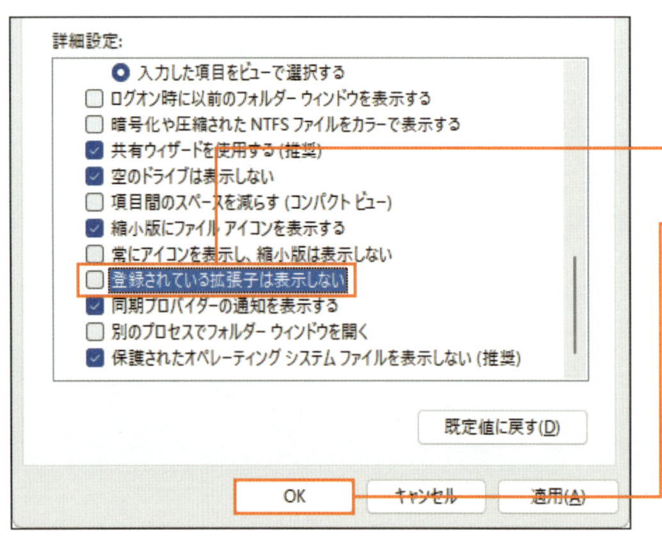

2 拡張子の表示を設定する

1 [登録されている拡張子は表示しない]のチェックマークを外す

2 [OK]をクリック

》ファイルの拡張子を表示する(macOS)

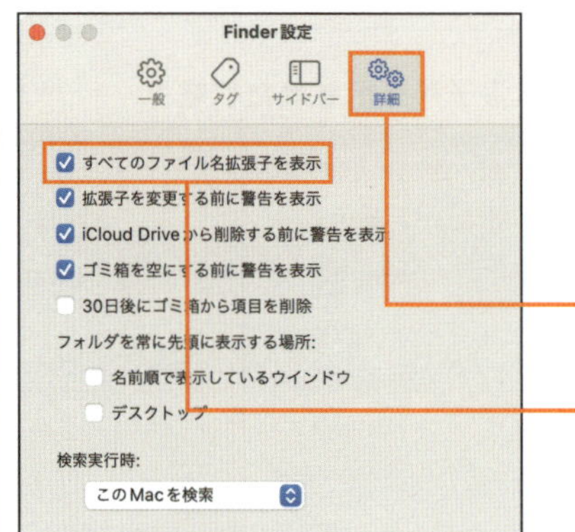

1 Finderから拡張子を表示する設定をする

1 Finderを開き、[Finder] - [設定]をクリック

2 [詳細]アイコンをクリック

3 [すべてのファイル名拡張子を表示]にチェックマークを付ける

Lesson 12

[初期設定]

Gitの設定をしましょう

このレッスンのポイント

最後にGitの設定をすれば、Gitを使う準備はすべて完了です。ユーザー名やメールアドレスをGitに設定して、誰がこのGitを使っているのかがわかるようにしましょう。また、使用するエディターなども設定します。

》Gitの設定をするgit configコマンド

Gitの設定をするには**git config**というコマンドを利用します。**--global**オプションを付けることで、ホームディレクトリの**.gitconfig**というファイルに設定が保存されていきます。また、設定の確認もできます。

Gitの設定をするコマンド

```
$ git config --global user.name ichiyasa-g-3
```

git configコマンド　--globalオプション　設定項目名　設定値

設定値の一覧を確認する

```
$ git config --list
```

--listオプション

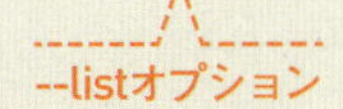

特定の設定値を確認する

```
$ git config user.name
```

設定を確認したい項目名

この設定は、必ず実施しましょう！

》ユーザー名とメールアドレスを登録する

最初にユーザー名とメールアドレスを登録しましょう。**登録したユーザー名とメールアドレスはコミットに記録され、誰がコミットしたかを明らかにすることができます**。将来的にリポジトリを複数人で共有する際、ここで設定したユーザー名とメールアドレスがリモートリポジトリのアカウントとひも付けられることが多いです。そのため、適当な値を設定するのではなく、公開しても問題ない自身のメールアドレスを設定しましょう。

1 ユーザー名を設定する

ユーザー名を登録するには、git configコマンドの設定項目名をuser.nameとします❶。ここでは「ichiyasa-g-3」をユーザー名に設定していますが、実際に使用するものへ置き換えて入力してください。

```
$ git config --global user.name ichiyasa-g-3
```

1 コマンドを入力して Enter キーを押す

```
ichiyasa@DESKTOP-T3EDE55 MINGW64 ~
$ git config --global user.name ichiyasa-g-3

ichiyasa@DESKTOP-T3EDE55 MINGW64 ~
$
```

ユーザー名が登録されます。

2 メールアドレスを設定する

続いてuser.emailを指定してメールアドレスを設定します。ここでは「ichiyasa-g-3@example.com」としていますが、実際に使用するものへ置き換えて入力してください。

```
$ git config --global user.email ichiyasa-g-3@example.com
```

1 コマンドを入力して Enter キーを押す

```
ichiyasa@DESKTOP-T3EDE55 MINGW64 ~
$ git config --global user.email ichiyasa-g-3@example.com
```

メールアドレスが登録されます。

3 設定内容を確認する

設定を確認するには、git configコマンドに--listオプションを付けて実行します。設定項目が一覧で表示されるので、先ほど登録したuser.nameとuser.emailの値を確認してみましょう。

```
$ git config --list
```

1 コマンドを入力して Enter キーを押す

```
ichiyasa@DESKTOP-T3EDE55 MINGW64 ~
$ git config --list
diff.astextplain.textconv=astextplain
filter.lfs.clean=git-lfs clean -- %f
filter.lfs.smudge=git-lfs smudge -- %f
filter.lfs.process=git-lfs filter-process
filter.lfs.required=true
http.sslbackend=openssl
http.sslcainfo=C:/Program Files/Git/mingw64/etc/ssl/certs/ca-bundle.crt
core.autocrlf=true
core.fscache=true
core.symlinks=false
pull.rebase=false
credential.helper=manager
credential.https://dev.azure.com.usehttppath=true
init.defaultbranch=master
user.name=ichiyasa-g-3
user.email=ichiyasa-g-3@example.com
```

user.nameとuser.emailの値を見て正しく設定されていることを確認します。

Point git configの結果が途中までしか表示されないとき

git configコマンドで設定の一覧を確認していてウインドウに結果が表示しきれないときは、ウインドウの一番下に「:」(コロン)が表示された状態になります。このとき、キーボードの上下キーを押すことでウインドウの表示をスクロールできます。表示をやめるときはQキーを押すとコマンドラインに戻ります。

```
filter.lfs.process=git-lfs filter-process
filter.lfs.required=true
http.sslbackend=openssl
http.sslcainfo=C:/Program Files/Git/mingw64/etc/ssl/certs/ca-bun
core.autocrlf=true
core.fscache=true
core.symlinks=false
pull.rebase=false
credential.helper=manager
:
```

「:」が表示されているときはスクロールできます。

》利用するエディターを設定する

Gitの操作でメッセージを入力することがあります。ここではメッセージの入力時に先ほどインストールしたVisual Studio Codeがエディターとして開くように設定しましょう。他のエディターを利用したい場合は、手順1の"code"の部分に利用したいエディターのexeファイルのパスを設定してください。

1 Visual Studio Codeを設定する

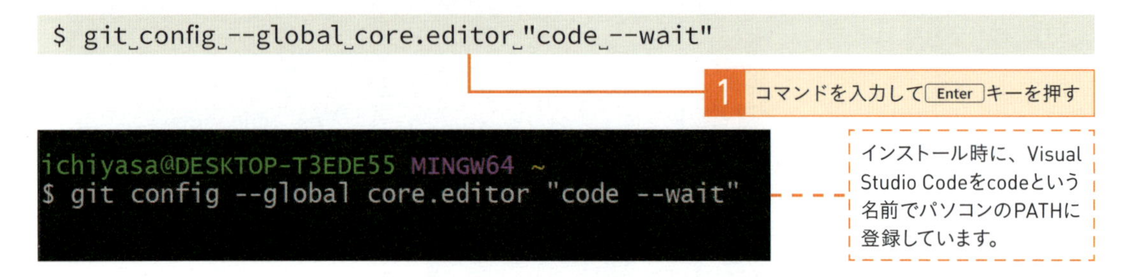

2 設定を確認する

git configコマンドの後ろに設定項目名を入力すると設定した値を確認できます。core.editorの値を確認してみましょう。

Point 設定を削除したい場合は

Gitに登録した設定項目を削除する場合は--unsetオプションに設定項目名を指定して実行します。

```
$ git config --global --unset 設定項目名
```

》デフォルトブランチを設定する

Chapter 1で「ブランチ」の概要について確認しました（P.27参照）。リポジトリを作成すると、自動で最初のブランチが作られ、これを「デフォルトブランチ」と呼びます。ブランチにはそれぞれ名前を付けることができ、インストール時のデフォルトブランチ名は「master」と設定されていますが、現在は「main」という名前を使うのが一般的です。ここではデフォルトブランチ名を「main」に設定しましょう（P.143参照）。

1 デフォルトブランチ名を設定する

```
$ git config --global init.defaultBranch main
```

1 コマンドを入力して Enter キーを押す

```
ichiyasa@DESKTOP-T3EDE55 MINGW64 ~
$ git config --global init.defalutBranch main
```

mainが設定されます。

2 設定内容を確認する

```
$ git config init.defaultBranch
```

1 コマンドを入力して Enter キーを押す

```
ichiyasa@DESKTOP-T3EDE55 MINGW64 ~
$ git config init.defalutBranch
main
```

init.defaultBranchにmainが設定されていることを確認します。

One Point

リモートリポジトリと接続できない場合のプロキシ設定

会社などの内部ネットワークからインターネットに接続する場合、プロキシサーバーというサーバーを経由することがあります。皆さんが会社でGitを利用しており、リモートリポジトリと接続できないという問題が発生した場合、プロキシサーバーが原因かもしれません。
その場合は、Gitにプロキシサーバーの設定をする必要があります。

プロキシ環境でGitを利用する場合の設定

```
$ git config --global http.proxy http://example.com:8080
```

プロキシサーバーURL:ポート番号

プロキシに認証が必要な場合

```
$ git config --global http.proxy http://username:password@example.com:8080
```

プロキシサーバーのユーザー名:パスワード@プロキシサーバーURL:ポート番号

Lesson 13

[GUIクライアントの紹介]

GUIクライアントを知りましょう

このレッスンのポイント

これまでコマンドを使ってファイルとフォルダーの操作やGitの設定をしてきました。本書では今後もコマンドを使って操作していきますが、コマンドでの操作に慣れない方のためにGUIクライアントについても紹介します。

》コマンドに慣れない場合はGUIクライアントを使おう

本書ではCUIクライアントとコマンドを使って解説をしていきますが、「どうしてもCUIの操作になじめない……」と感じる方もいるかと思います。そういう場合は、無理をせずGUIクライアントを試してみてください。ファイルやフォルダーの操作には、WindowsのエクスプローラーやmacOSのFinderを利用してかまいません。大切なのは使うツールではなく、Gitで何ができるのかを理解し、実際にバージョン管理ができる状態になることです。GitのGUIクライアントはたくさんあり、GitのGUIクライアントの紹介ページでも多くのツールが紹介されています。きっと使いやすいツールが見つかるはずです。

GitのGUIクライアント紹介ページ

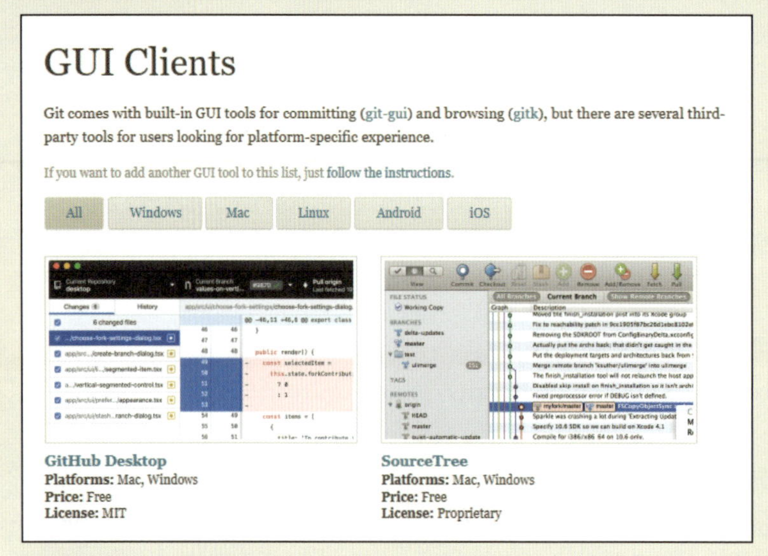

https://git-scm.com/downloads/guis

このLessonでは「ツールの数が多すぎて選べない！」という方のために、いくつかツールを紹介していきます。

》Git操作専用ツール

まずは、Git操作専用のツールを紹介します。GitのGUIクライアントの紹介ページに掲載されているツールは、ほぼこのカテゴリに当てはまります。有名なものに、Atlassian社が提供している「Sourcetree」(https://www.sourcetreeapp.com/) やGitHub社が提供している「GitHub Desktop」(https://desktop.github.com/) などがあります。

GitHub Desktop

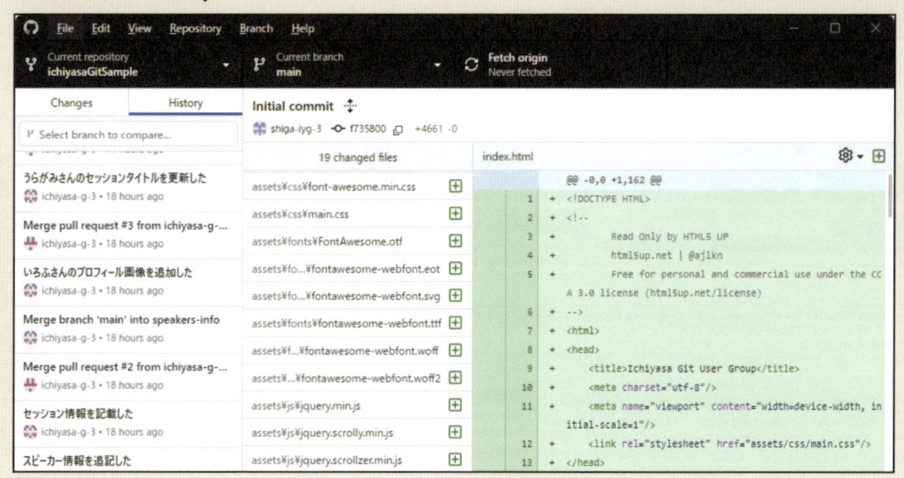

》エディターや統合開発環境(IDE)のプラグイン

次に、エディターや統合開発環境(IDE)のプラグインを紹介します。
先ほどインストールしたMicrosoft社の「Visual Studio Code」や、Sublime社の「Sublime Text」(https://www.sublimetext.com/)、JetBrains社が提供している「IntelliJ IDEA」などの各種IDE(https://www.jetbrains.com/)といった高機能エディターやIDEには、Gitを操作するためのプラグインが用意されています。これらを利用すると「プログラミングをして、作っているプログラムをGitでバージョン管理する」までを1つのツールで行えるので便利です。

Visual Studio CodeのGitツール

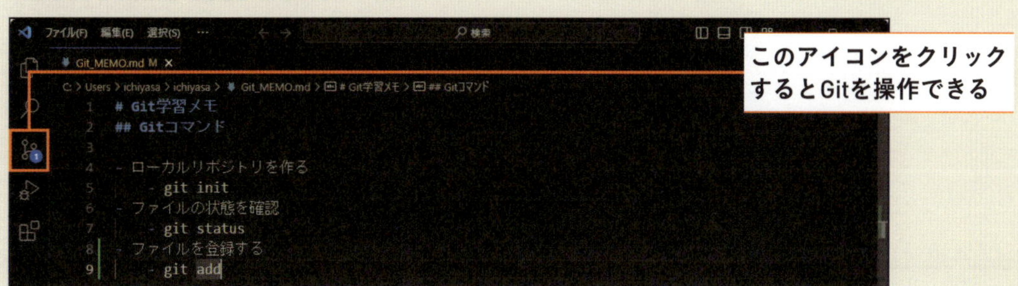

》Gitに組み込まれているGUIツール

GitにもGUIツールが付属しており、gitkやgit guiなどのコマンドで起動します。gitkは過去のコミットを確認できるツールで、git guiはコミットを作成するためのツールです。どちらも、次のChapterでローカルリポジトリを作ってから実行してください。

gitk：過去のコミットを確認できる

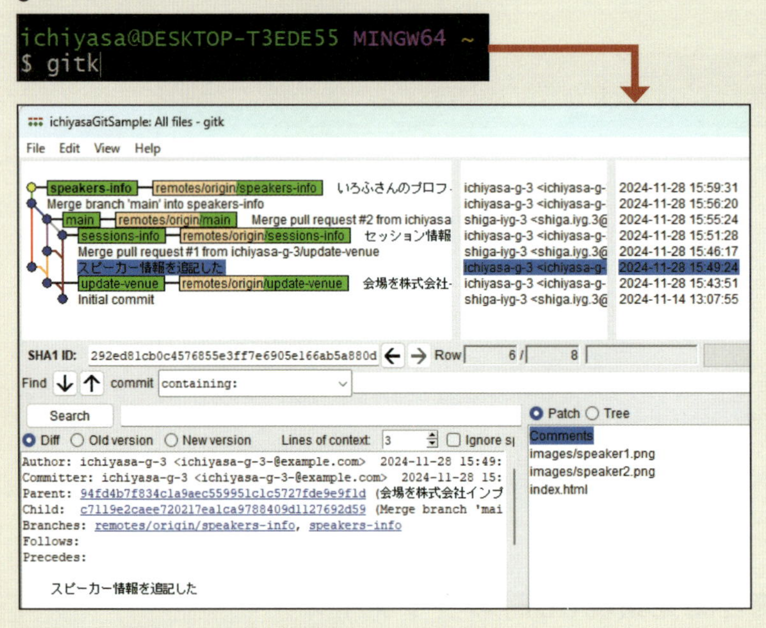

「gitk」はChapter 3で解説するgit logやgit diffなどのコマンドをGUIツールで操作できます。状況確認に役立つツールです。

git gui：コミットを作成する

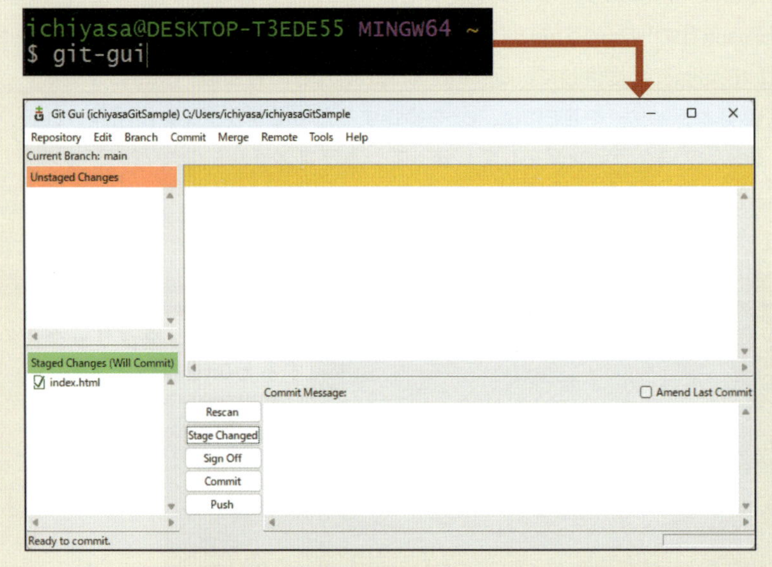

「git gui」はChapter 3で解説するgit addやgit commitなどのコマンドをGUIツールで操作できます。

Chapter

3

ファイルを バージョン管理 してみよう

準備がすべて終わったので、いよいよ本格的にGitの操作をしていきます。ローカルリポジトリを作って、実際にコミットの作成までやってみましょう。

Lesson 14

[Gitコマンドの概要]

ローカルリポジトリでの操作を知りましょう

このレッスンのポイント

このChapter全体を通して、ローカルリポジトリに対する操作を学んでいきます。覚えなければいけないことは多いですが、これを覚えれば自分専用のローカルリポジトリでバージョン管理をするために必要なGitの知識を身に付けられます。

》ローカルリポジトリでの操作を知ろう

Gitを実際に使いはじめる前に、このChapterで何を学ぶのかを整理しておきましょう。たくさんあるように感じますが、使用頻度が高くて最低限覚える必要があるのはステージングエリアへの登録（git add）とコミットの作成（git commit）を行うコマンドです。その他に、現在の状態を確認するコマンド（git status）もよく使います。少しずつ使えるコマンドを増やしていきましょう。

このChapterで使用するコマンド

リポジトリの作成

git init …………………… ローカルリポジトリを作成する

コミットの作成

git add …………………… ステージングエリアに変更を登録する
git commit …………… コミットを作成する
git rm …………………… Git管理下のファイルやディレクトリを削除する

状態の確認

git status ……………… ローカルリポジトリの状態を確認する
git diff …………………… 各エリアの差分を確認する
git log …………………… コミットの履歴を確認する

状態の復元

git restore …………… ワークツリーの変更を取り消す
git restore --staged … ステージングエリアに追加した変更をワークツリーへ戻す

次のLessonからは、実際に手を動かしてそれぞれの操作を学んでいきます。

》ローカルリポジトリを作成する

git initコマンドを実行すると、そのディレクトリにローカルリポジトリが作られます。
この作業だけでGitでバージョン管理をするための準備は完了し、ディレクトリに配置したファイルはuntrackedという状態になります。ファイルはすべてワークツリーに配置されてしまうので、Gitで管理したくないファイルは.gitignoreファイルを作成して、ファイルを指定します。

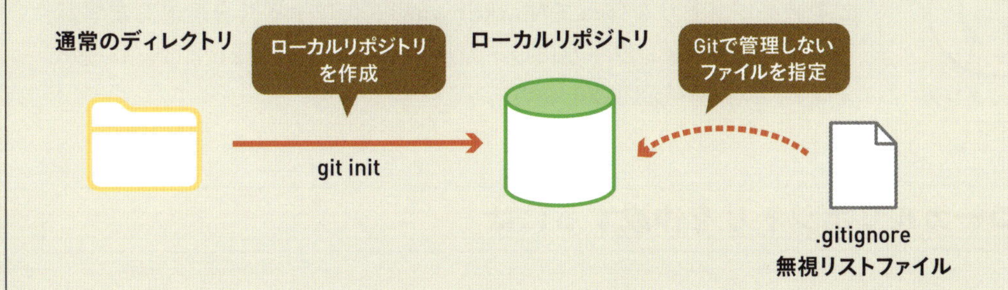

》コミットするためのコマンド

ワークツリーに配置されたファイルは、git addコマンドでステージングエリアに登録し、git commitコマンドでコミットします。
それぞれのエリアの状況がわからなくなったときは、git statusコマンドやgit diffコマンド、git logコマンドなどで状態を確認できます。

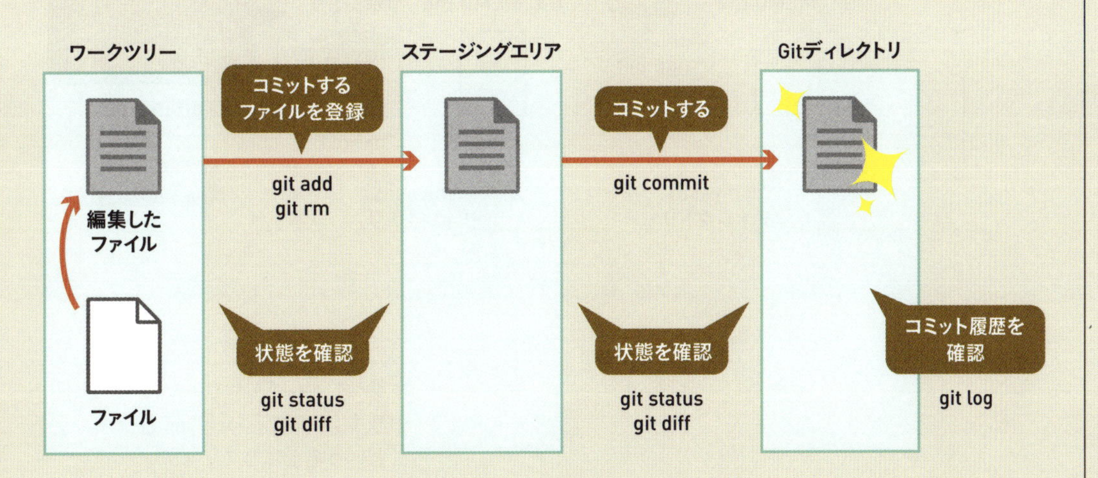

Lesson 15

[ローカルリポジトリの作成]

ローカルリポジトリを作りましょう

このレッスンのポイント

このLessonでは、ローカルリポジトリを実際に作っていきましょう。まずディレクトリを作ってMarkdown形式のファイルを配置します。そして、そのディレクトリにローカルリポジトリを作成します。作成後はその状態を確認しましょう。

》ローカルリポジトリを作成するには

本書ではMarkdownファイル（P.79参照）に学習した内容をメモして、そのファイルをバージョン管理しながらGitを学んでいきます。まずはホームディレクトリに「ichiyasa」ディレクトリを作成し、そこに「Git_MEMO.md」というMarkdownファイルを保存します。「ichiyasa」ディレクトリにローカルリポジトリを作成したら、いったんその状態を確認してみましょう。

ファイルの置き場所

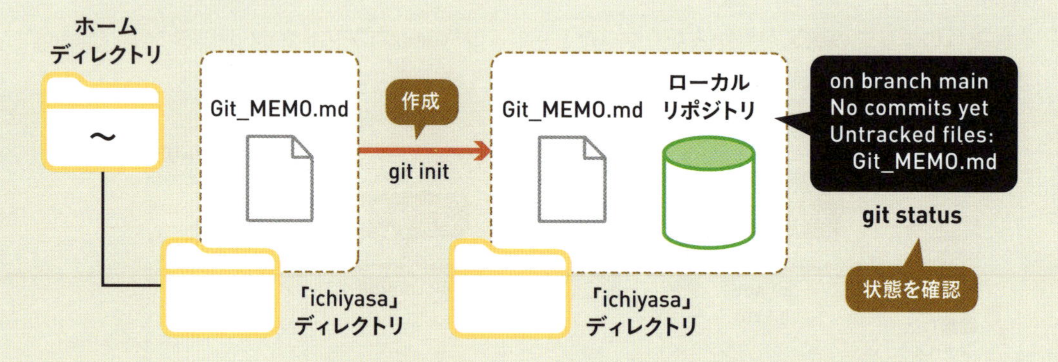

本書は『いちばんやさしいGit&GitHubの教本』なので、「ichiyasa」ディレクトリという名前にしています。

》Gitで管理するファイルを用意する

1 「ichiyasa」ディレクトリを作成する

Git Bash（macOSではターミナル）を起動して、ホームディレクトリに「ichiyasa」ディレクトリを作ります。Chapter 2で解説したディレクトリ移動のcdコマンドと、ディレクトリ作成のmkdirコマンドを使いましょう❶。

```
$ cd ~
$ mkdir ichiyasa
```

1 これらのコマンドを1行ずつ入力して Enter キーを押す

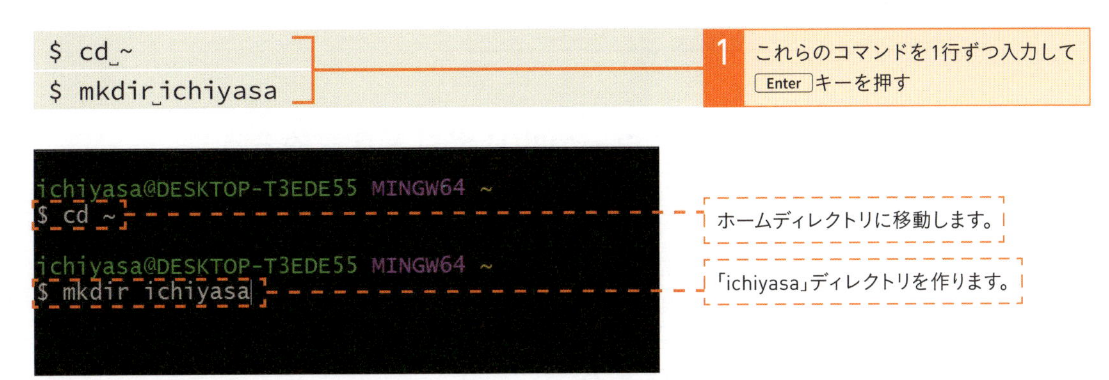

2 「Git_MEMO.md」ファイルを作成する

Visual Studio Codeを起動し、テキストファイルを作成して内容を入力し、「ichiyasa」ディレクトリに保存しましょう。その際、Markdownファイルは**文字コードを「UTF-8」にしてください。「UTF-8」以外だとMarkdown用のビューワーなどで表示したときに文字化けする場合があります。**Visual Studio Codeを使用していればデフォルトの文字コードは「UTF-8」になりますが、別のエディターを使用している場合は、文字コードに「UTF-8」を設定するように注意してください。

```
# Git学習メモ
## Gitコマンド
```

1 Markdown形式のテキストを入力

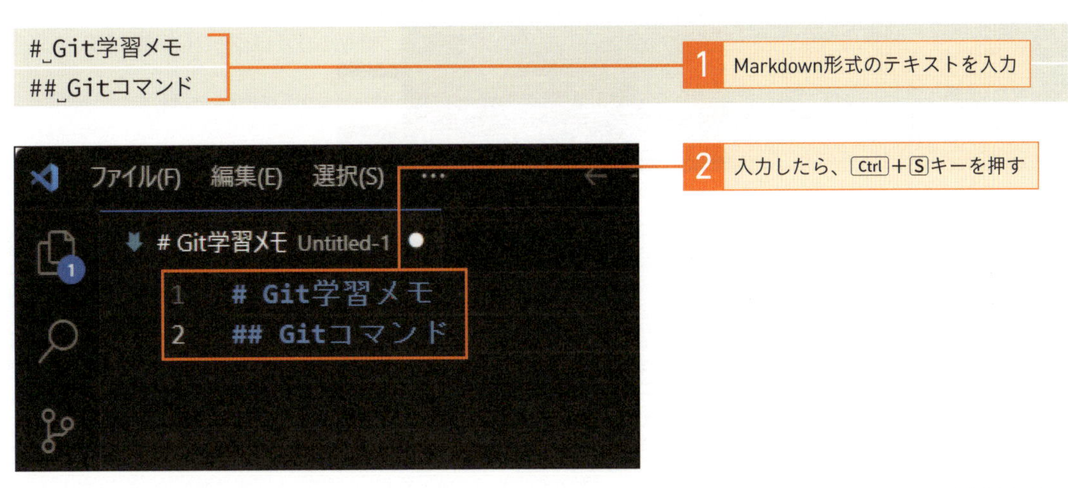

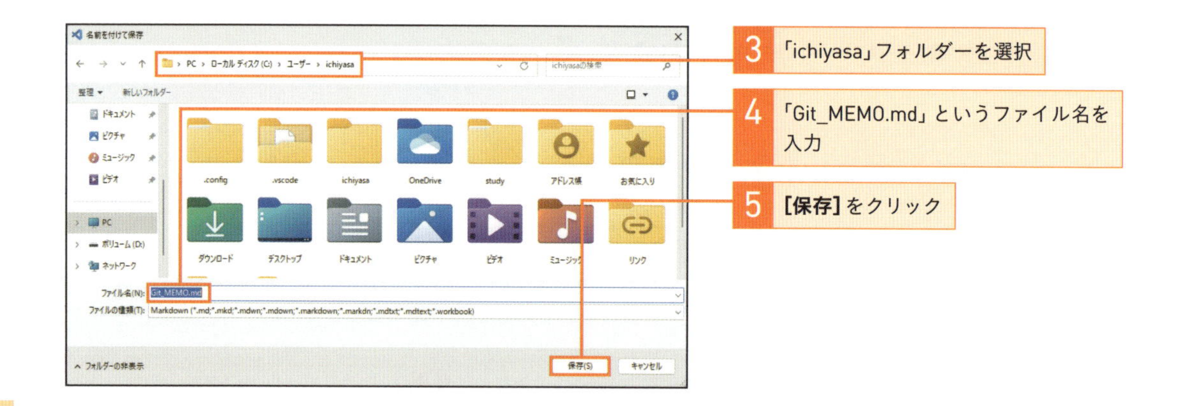

》「ichiyasa」ディレクトリにローカルリポジトリを作ろう

ローカルリポジトリには.gitというディレクトリが自動生成されています。
ls -aコマンドで、ディレクトリの存在を確認してみましょう。

1 ローカルリポジトリを作成する

先ほど作成した「ichiyasa」ディレクトリに移動して、ローカルリポジトリを作成します。
git initコマンドを実行してみましょう❶。
このコマンドによってmainという名のブランチが作られます（ブランチについては Chapter 5参照）。

```
$ cd ichiyasa
$ git init
```

1 これらのコマンドを1行ずつ入力して Enter キーを押す

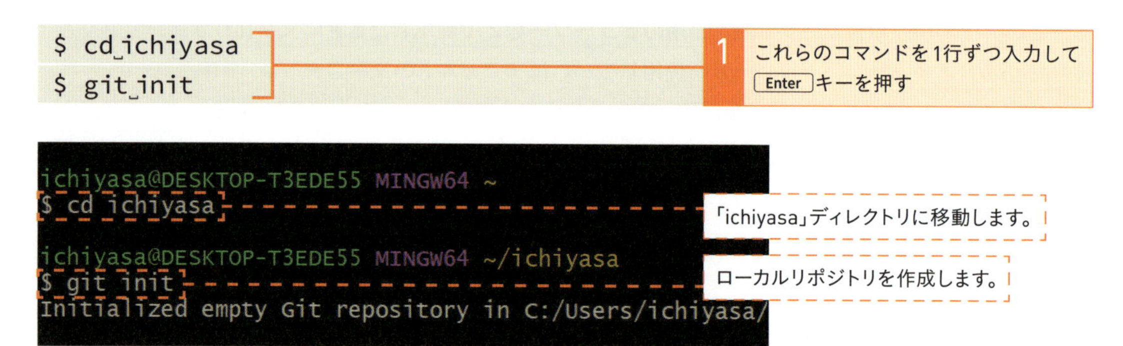

git config コマンドでデフォルトブランチ名を「main」に設定したので、mainブランチが作られます(P.67参照)。

2 ディレクトリ内を確認する

lsコマンドでディレクトリの中にあるものを表示してみましょう。-aオプションで非表示ディレクトリも表示します❶。

Point ローカルリポジトリの内容

git initコマンドを実行すると、先ほど作成した「Git_MEMO.md」ファイルと別に、「.git」というディレクトリが自動作成されます。「.git」ディレクトリにはGitの情報が保管されているので削除してはいけません。

》ローカルリポジトリの状態を確認しよう

ディレクトリに置いたファイルはワークツリーに配置されていることになります。その状態を確認してみましょう。ローカルリポジトリの状態を確認するには、git statusコマンドを実行します❶。

```
$ git status
```

1 「git status」と入力して Enter キーを押す

```
ichiyasa@DESKTOP-T3EDE55 MINGW64 ~/ichiyasa (main)
$ git status
On branch main

No commits yet

Untracked files:
  (use "git add <file>..." to include in what will be committed)
        Git_MEMO.md

nothing added to commit but untracked files present (use "git add" to track)
```

Git_MEMO.mdはGitの管理下にないので、Untracked filesとして表示されます。

Point git statusコマンドの実行結果の見方

git statusコマンドの結果を見てみましょう。現時点では「Git_MEMO.md」ファイルを作成しただけなので、Gitの管理下にはファイルが登録されていません。
登録されていないファイルは「Untracked files」という扱いになるので、「Untracked files:（中略）Git_MEMO.md」と表示されています。

git statusの結果の例

```
On branch main

No commits yet

Untracked files:
   (中略)
        Git_MEMO.md
```

- On branch main：ブランチについての情報（Chapter 5参照）
- No commits yet：一度もコミットしていない場合に表示される
- Untracked files: Git_MEMO.md：untracked（追跡されていない）のファイルを表す

```
On branch main

No commits yet

Changes to be committed:
   (中略)
        new file:   Git_MEMO.md
```

- new file: Git_MEMO.md：staged（ステージングエリアに追加済み）のファイルを表す

```
On branch main
Changes not staged for commit:
   (中略)
        modified:   Git_MEMO.md
```

- modified: Git_MEMO.md：modified（変更済み）のファイルを表す

```
On branch main
nothing to commit, working tree clean
```

- nothing to commit, working tree clean：すべてコミットされ、そのあとに変更したファイルがないunmodified（変更されていない）状態を表す

git statusの結果はChapter 1のLesson 5で説明した4つの状態を表しています。

One Point

Markdownで構造を持つ文章を書こう

Markdownは「見出し」や「段落」「箇条書き」などの**構造を持つ文章**を書くためのファイル形式です。オープンソースのソフトウェアの多くは、説明のためにREADME.mdなどのMarkdownファイルを添付しています。HTMLよりもシンプルな記述ルールになっており、手軽に構造を持つ文章を書けます。
Markdownで記載した文章はそのままでもテキストエディターで読めますが、変換ツールを使用してMarkdownをHTMLやPDFにしたり、Markdown用のビューワーを使用したりすれば、より読みやすくなります。Visual Studio CodeにもMarkdownのビューワー機能が付いており、Ctrl＋K＋V（macOSでは command＋K＋V）キーで表示できます。

Visual Studio CodeのMarkdownビューワー

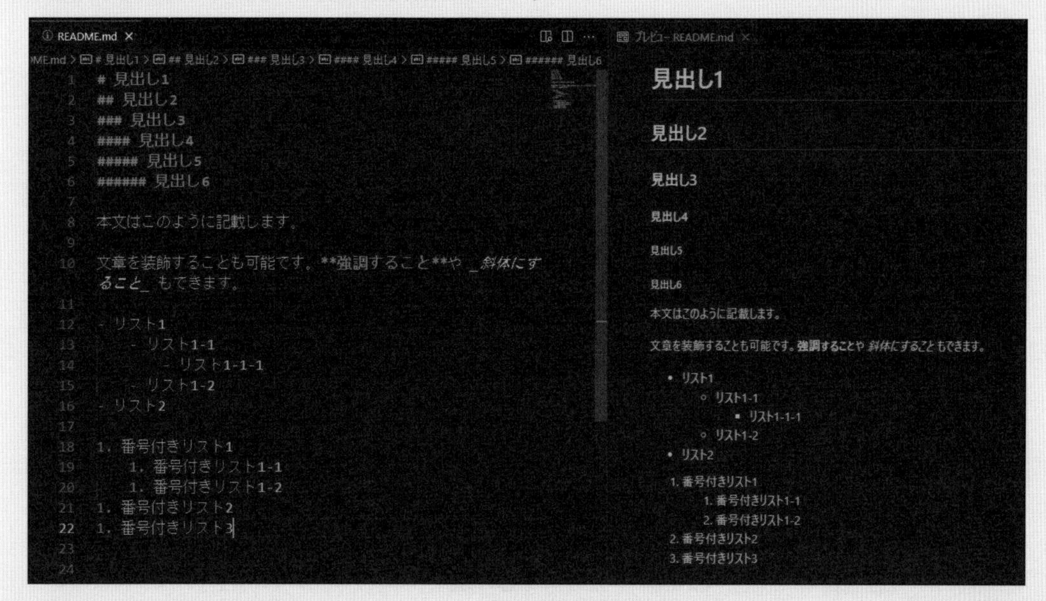

Markdownでは、見出しの前には半角の「#」と半角スペースを、箇条書きの前には半角の「-」と半角スペースを付けます。

Lesson 16

[ステージングエリアへの登録]

ステージングエリアに登録しましょう

このレッスンのポイント

いよいよ、バージョン管理を実践していくLessonに入りました。最初のステップとして、先ほど作成した「Git_MEMO.md」をステージングエリアに登録します。パスの指定次第では、複数のファイルを同時に登録することもできます。

》ファイルをステージングエリアに登録しよう

「Git_MEMO.md」ファイルをステージングエリアに登録してみましょう。ステージングエリアとは、コミットするファイルを登録する場所のことでしたね。ステージングエリアへファイルを登録するには、**git addコマンド**を使います。

コマンドのあとにファイルやディレクトリのパスを書くと、指定したファイルや指定したディレクトリ配下のファイルをステージングエリアに登録できます。

ワークツリーからステージングエリアへ登録する

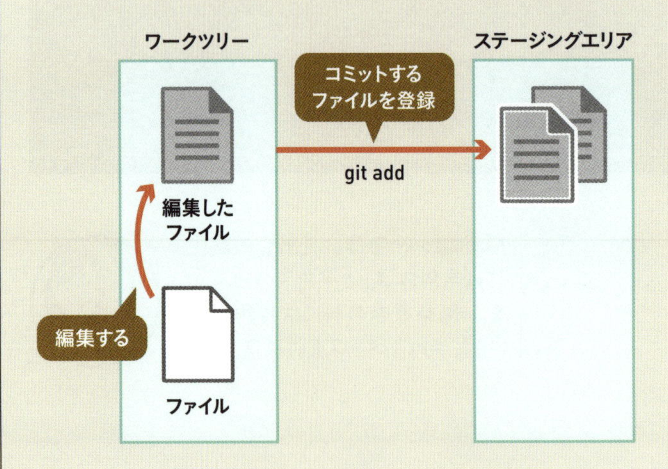

ステージングエリアに登録するコマンド

```
$ git add Git_MEMO.md
```

git addコマンド　ファイルパスまたはディレクトリパス

》ファイルやディレクトリの便利な指定方法を知ろう

ファイルの数が多い場合に1つずつファイルを指定したり、カレントディレクトリに登録したいファイルがない場合にわざわざ移動したりするのは大変ですよね。そのようなときのために、相対パスの使い方に慣れておきましょう。git addコマンドにファイルパスを指定した場合はそのファイルだけが登録されますが、ディレクトリパスを指定した場合は**ディレクトリ配下のファイルすべてを登録できます**。このルールを覚えておけば、ファイル指定は簡単になります。

git addコマンドの利用例

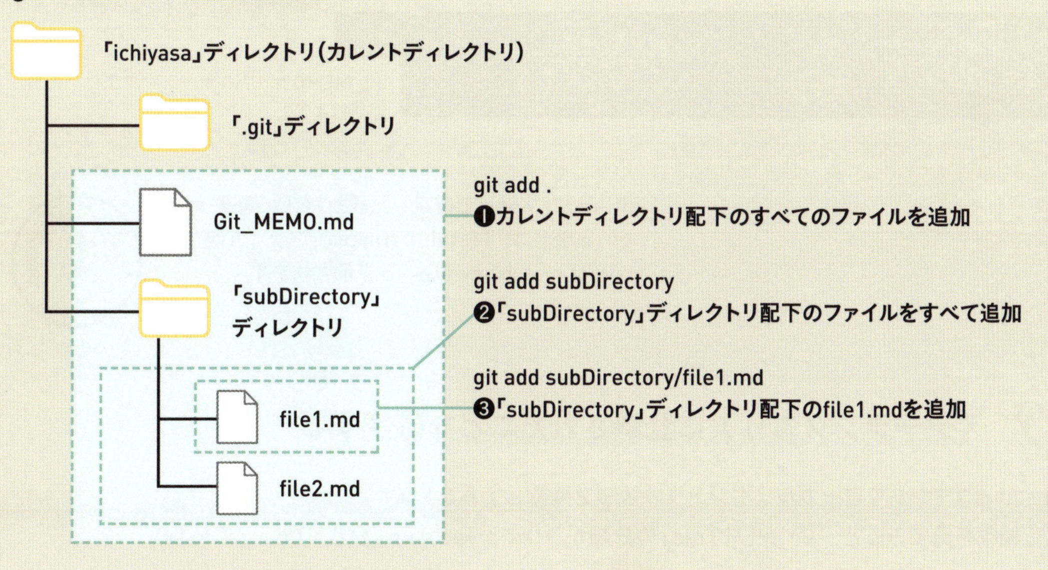


```
$ git add .
```

1 カレントディレクトリ配下のすべてのファイルを追加

```
$ git add subDirectory
```

2 「subDirectory」ディレクトリ配下のすべてのファイルを追加

```
$ git add subDirectory/file1.md
```

3 「subDirectory」ディレクトリ配下のfile1.mdを追加

「git add .」を使うと、カレントディレクトリ配下のすべてのファイルをまとめて追加できて便利です。

》ファイルをステージングエリアに登録する

1 git addコマンドでステージングエリアに登録する

git addコマンドを使って「Git_MEMO.md」ファイルをステージングエリアに登録しましょう。
ここでは相対パスで指定します。絶対パスも利用できますが、相対パスのほうが簡単です。

```
$ git add Git_MEMO.md
```

1 「git add Git_MEMO.md」と入力して Enter キーを押す

```
ichiyasa@DESKTOP-T3EDE55 MINGW64 ~/ichiyasa (main)
$ git add Git_MEMO.md
```

Git_MEMO.mdがステージングエリアに登録されます。

git addコマンドで指定した相対パスが間違っている場合は、「fatal: pathspec 'ファイル名' did not match any files」と表示されます。

2 ステージングエリアに登録されたことを確認する

git statusコマンドでローカルリポジトリの状態を確認してみましょう。
実行結果を見てみると、「Git_MEMO.md」の分類が「Untracked files:」から「Changes to be committed:」に変わっていますね。「Git_MEMO.md」の前に「new file:」と書かれており、「Git_MEMO.md」が新しいファイルとしてステージングエリアに登録されたことがわかります。

```
$ git status
```

1 「git status」と入力して Enter キーを押す

```
ichiyasa@DESKTOP-T3EDE55 MINGW64 ~/ichiyasa (main)
$ git status
On branch main

No commits yet

Changes to be committed:
  (use "git rm --cached <file>..." to unstage)
        new file:   Git_MEMO.md
```

「Changes to be committed:」と表示されています。

「new file」と表示されています。

Lesson 17

[ファイルの差分確認]

ファイルの差分を確認しましょう

このレッスンのポイント

ファイルの修正前と修正後の違いを「差分」といいます。差分を見て意図しない変更がないか確認することはとても重要です。このLessonでは、ワークツリーとステージングエリアや、ステージングエリアとGitディレクトリの差分を確認する方法を紹介します。

》ファイルの差分を確認する方法を知ろう

ファイルの差分の確認方法も学びましょう。差分の確認には**git diffコマンド**を使用します。このコマンドによってさまざまな差分を確認できますが、今回は代表的な使い方を紹介します。まず、git diffコマンドに何もオプションを付けずに実行すると、ワークツリーとステージングエリアの差分を確認できます。

そして --cachedオプションを付けるとステージングエリアとGitディレクトリの差分を確認できます。

差分が表すもの

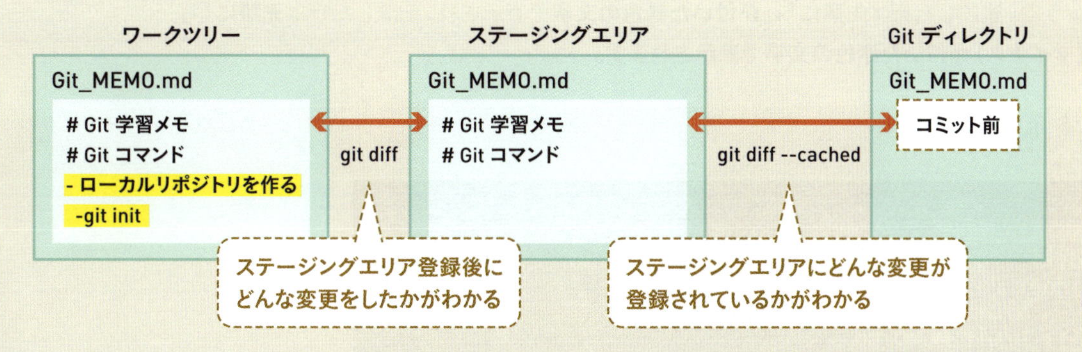

ファイルの差分を見て、意図しない変更が含まれていないか確認しましょう。

》ファイルの差分を確認してみよう

1 ファイルの差分を確認する準備をする

では、実際に差分を確認する準備として、「Git_MEMO.md」ファイルを変更しましょう❶。
この変更によって、ステージングエリアに登録した状態とワークツリーの状態が変わります。

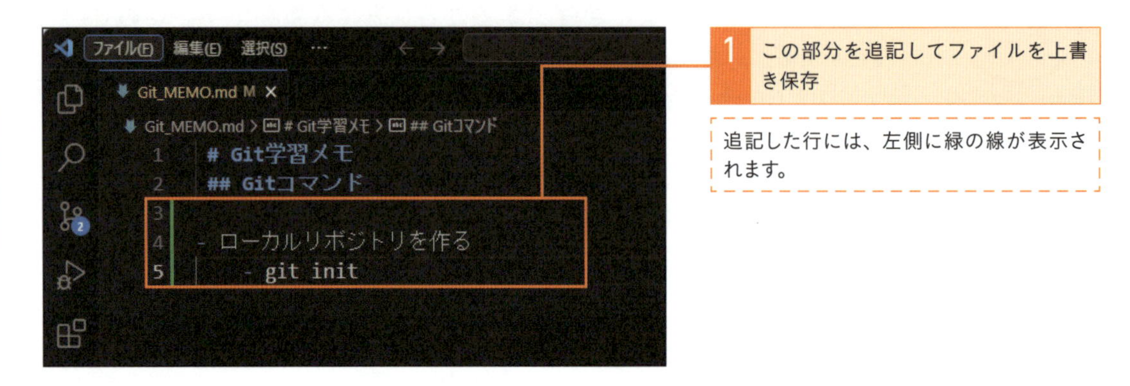

2 ワークツリーとステージングエリアの差分を確認する

git diffコマンドを実行して、ワークツリーとステージングエリアの差分を確認してみましょう❶。追加した行は**先頭に「+」が付いた緑色の文字**で表示され、削除した行は**先頭に「-」(マイナス)が付いた赤色の文字**で表示されます。

```
$ git diff
```

1 「git diff」と入力して Enter キーを押す

```
ichiyasa@DESKTOP-T3EDE55 MINGW64 ~/ichiyasa (main)
$ git diff
diff --git a/Git_MEMO.md b/Git_MEMO.md
index 2a3fcae..5629460 100644
--- a/Git_MEMO.md
+++ b/Git_MEMO.md
@@ -1,2 +1,5 @@
 # Git学習メモ
-## Gitコマンド
\ No newline at end of file
+## Gitコマンド
+
+- ローカルリポジトリを作る
+    - git init
\ No newline at end of file
```

赤色の文字は行が削除されていることを示します。

緑色の文字は行が追加されていることを示します。

Point 改行を追加すると行が変更されたと見なされる

実行結果を見てみると、「Git_MEMO.md」ファイルの2行目の「## Gitコマンド」は、文章を変えていないのに行が削除されたことを意味する赤文字で表示されていますね。
これは、2行目の文末に改行が追加されているので、「## Gitコマンド（改行なし）」という行が削除されて、「## Gitコマンド（改行あり）」という行が追加されたと見なされるためです。

3 ステージングエリアとGitディレクトリの差分を確認する

続いて、git diffコマンドに--cachedオプションを付けて実行しましょう❶。コマンドを実行するとステージングエリアとGitディレクトリ（前回のコミット）の差分が表示されます。まだ一度もコミットを実行していないので、ステージングエリアのファイルに書かれている行だけが表示されています。ワークツリーでの変更はステージングエリアに登録前なので、こちらの結果には表示されていませんね。

```
$ git␣diff␣--cached
```

1 「git diff --cached」と入力して Enter キーを押す

```
ichiyasa@DESKTOP-T3EDE55 MINGW64 ~/ichiyasa (main)
$ git diff --cached
diff --git a/Git_MEMO.md b/Git_MEMO.md
new file mode 100644
index 0000000..2a3fcae
--- /dev/null
+++ b/Git_MEMO.md
@@ -0,0 +1,2 @@
+# Git学習メモ
+## Gitコマンド
\ No newline at end of file
```

ステージングエリアに登録された時点のGit_MEMO.mdの内容が表示されています。

コミット前には、ステージングエリアが想定どおりの状態になっているのか確認しましょう。ちなみに、Visual Studio CodeのGitプラグインでも差分を確認できます(P.69参照)。

One Point

テキストファイルとバイナリファイル

ファイルは大きく分けて、文字のデータだけが格納されている「テキストファイル」と、それ以外の多くの情報を持つ「バイナリファイル」の2種類があります。テキストファイルは、Windowsの「メモ帳」やmacOSの「テキストエディット」、「Visual Studio Code」などで表示できるファイルが当てはまります。このLessonで編集しているMarkdownファイルはテキストファイルに当てはまります。バイナリファイルは、画像ファイルやMicrosoft Excelファイルのような、専用のアプリケーションで開く形式のファイルです。Gitではテキストファイルとバイナリファイルの両方をバージョン管理できます。しかし、Gitの機能を最大限に活用できるファイルはテキストファイルです。たとえば**バイナリファイルではgit diffコマンドでファイルの差分を確認できません。**
下の図は、Microsoft Excelファイルの差分を確認した結果です。
「note.xlsx」というファイルが変更されたことはわかりますが、どういう変更をしたのかはgit diffコマンドでは確認できません。

バイナリファイル（Excelファイル）の差分を確認すると……

```
ichiyasa@DESKTOP-T3EDE55 MINGW64 ~/columns (main)
$ git diff
diff --git a/note.xlsx b/note.xlsx
index 37e65d7..e5c2426 100644
Binary files a/note.xlsx and b/note.xlsx differ
```

最終行のメッセージは「バイナリファイルa/note.xlsxとb/note.xlsxが異なる」という意味です。バイナリファイルではファイルが同じか異なるかしかわかりません。

Lesson 18

[コミットする]

ファイルをコミットしましょう

このレッスンのポイント

それではファイルをコミットしてみ ましょう。コミットには、「そのコミットがどういう内容なのか」を説明するコミットメッセージを書きます。このLessonでは、エディターを使ってコミットする方法と、より素早くコミットする方法の2つを紹介します。

》ローカルリポジトリにコミットしよう

ステージングエリアに登録している「Git_MEMO.md」ファイルをコミットしましょう。コミットするには、**git commitコマンド**を利用します。
コミットする際に、**そのコミットでの変更内容を説明するコミットメッセージ**を書く必要があります。コマンドを実行すると、登録しておいたテキストエディター（本書ではVisual Studio Code）が開きます。**コミットメッセージ**を書くとコミットが完了します。

ローカルリポジトリにファイルをコミットする

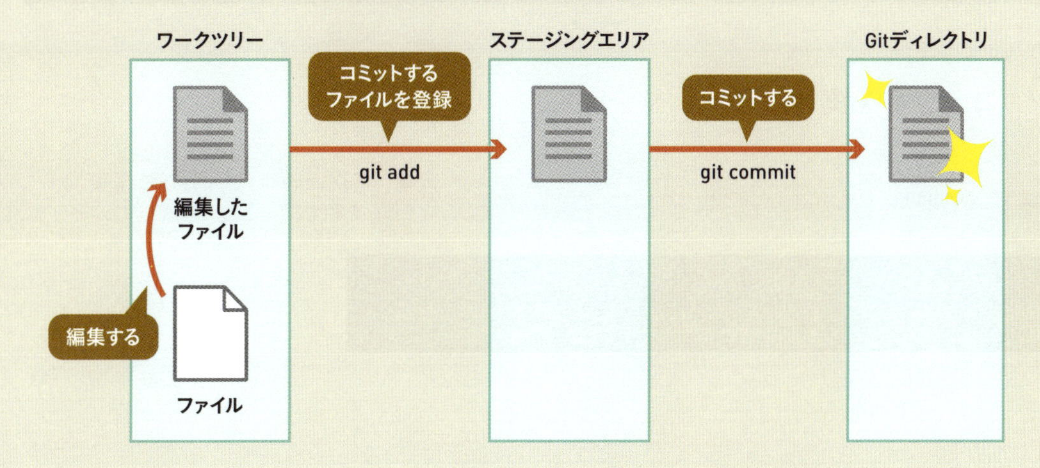

コミットメッセージを「日本語で書くか、英語で書くか」「1行で書くか、複数行で書くか」などは、チームの方針に合わせましょう。

》「Git_MEMO.md」ファイルをコミットする

まずは複数行のコミットメッセージを書いてコミットしてみましょう。コミットメッセージを書いてファイルを保存し、Visual Studio Codeを閉じると、コミットが完了します。

1 ローカルリポジトリの状態を確認する

```
$ git status
```

1 「git status」と入力して Enter キーを押す

```
ichiyasa@DESKTOP-T3EDE55 MINGW64 ~/ichiyasa (main)
$ git status
On branch main

No commits yet

Changes to be committed:
  (use "git rm --cached <file>..." to unstage)
        new file:   Git_MEMO.md

Changes not staged for commit:
  (use "git add <file>..." to update what will be committed)
  (use "git restore <file>..." to discard changes in working directory)
        modified:   Git_MEMO.md
```

Git_MEMO.mdがステージングエリアに登録されています。

ワークツリーにGit_MEMO.mdの変更があります（ステージングエリアに登録していない変更）。

2 コミットを実行する

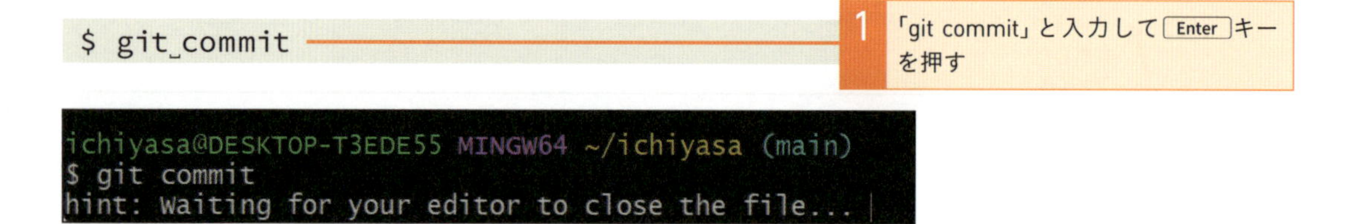

1 「git commit」と入力して Enter キーを押す

Visual Studio Codeが自動的に開かない場合は、Gitのcore.editorの設定を見直してください（P.66参照）。

3 Visual Studio Codeが開く

自動的にVisual Studio Codeが開きます。

この時点ではコミットについての説明が入力されています。

先頭が「#」の行はコメント行です。コミットメッセージには反映されません。

4 コミットメッセージを書く

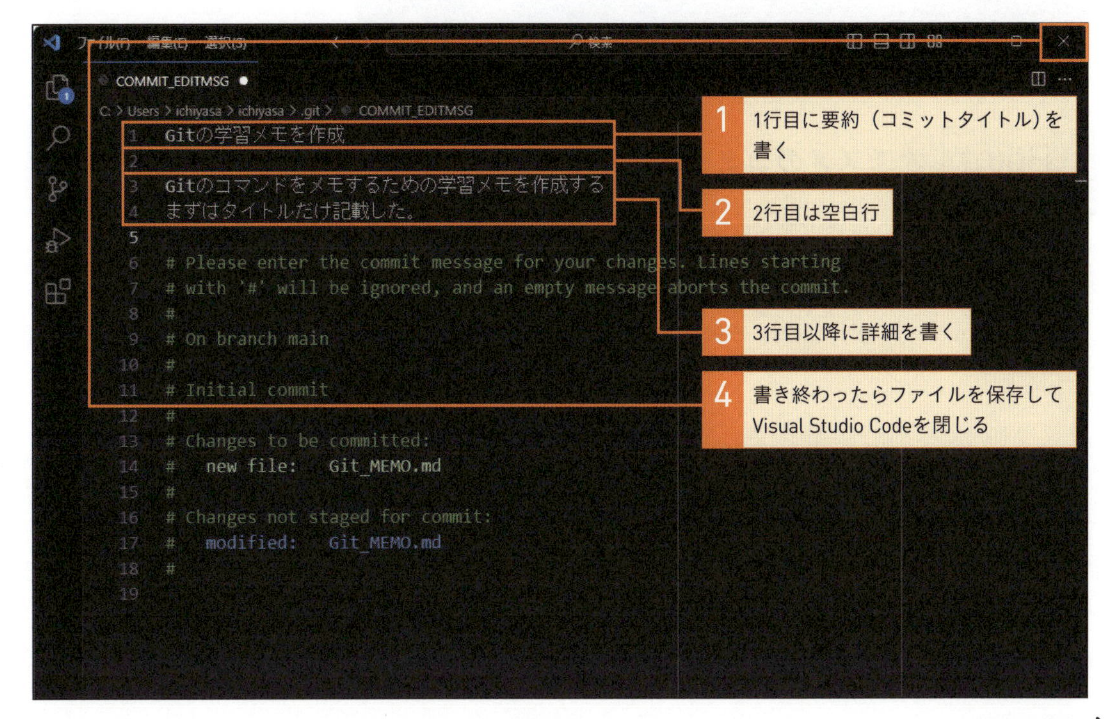

5 コミットが完了する

Visual Studio Code を閉じると、コミットが完了し、結果がコマンドラインに表示されます。

```
ichiyasa@DESKTOP-T3EDE55 MINGW64 ~/ichiyasa (main)
$ git commit
[main (root-commit) e09e081] Gitの学習メモを作成
 1 file changed, 2 insertions(+)
 create mode 100644 Git_MEMO.md
```

コミットメッセージのタイトルや、追加したファイルの情報が表示されます。

6 ローカルリポジトリの状態を確認する

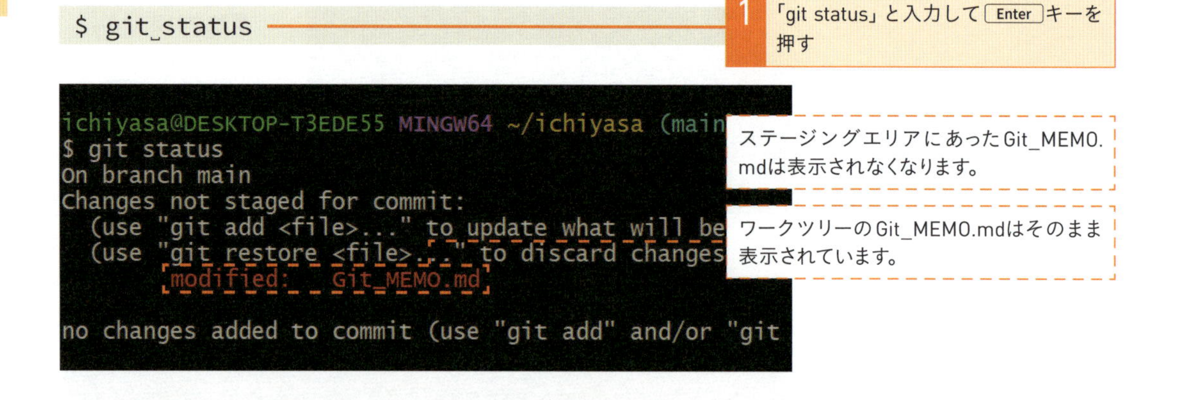

Point オススメのコミットメッセージの形式

コミットメッセージは1行で簡潔に書くことも、複数行を使って詳細を書くこともできます。複数行で書く場合は1行目に変更内容を要約した短い文章を書き、2行目を空白行にして3行目以降に詳細な説明を書く方法が、Gitの公式サイトに書かれているオススメの書き方です（参考：https://git-scm.com/docs/git-commit#_discussion）。複数行で書いた場合は、1行目の内容がコミットタイトルとして扱われます。

》コミットメッセージが1行のときに素早くコミットする

コミットメッセージが1行の場合は、Visual Studio Codeを開かずに素早くコミットできます。「Git_MEMO.md」を変更してステージングエリアに登録し、-mオプションを利用してコミットしてみましょう。

1 「Git_MEMO.md」ファイルを変更する

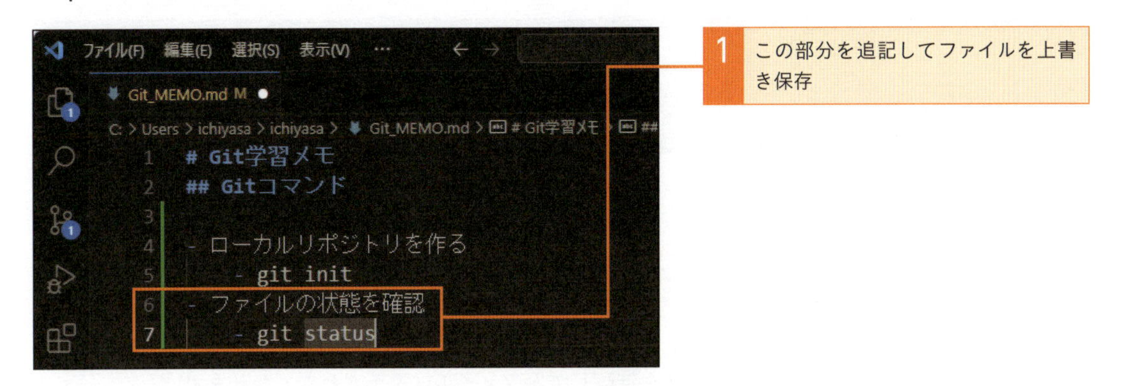

2 ファイルをステージングエリアに登録する

```
$ git␣add␣Git_MEMO.md
```

1 コマンドを入力して Enter キーを押す

```
ichiyasa@DESKTOP-T3EDE55 MINGW64 ~/ichiyasa (main)
$ git add Git_MEMO.md
```

3 ステージングエリアの状態を確認する

```
$ git␣status
```

1 「git status」と入力して Enter キーを押す

```
ichiyasa@DESKTOP-T3EDE55 MINGW64 ~/ichiyasa (main)
$ git status
On branch main
Changes to be committed:
  (use "git restore --staged <file>..." to unstage)
        modified:   Git_MEMO.md
```

ステージングエリアに登録されています。

4 ファイルをコミットする

git commitコマンドに**-mオプションを付けると、コマンドラインから直接コミットメッセージを指定できます**。コミットメッセージは「"」(ダブルクォーテーション) で囲みましょう❶。

```
$ git commit -m "ローカルリポジトリの作成とステータスの確認コマンドを記載"
```

1 コマンドを入力して Enter キーを押す

```
ichiyasa@DESKTOP-T3EDE55 MINGW64 ~/ichiyasa (main)
$ git commit -m "ローカルリポジトリの作成とステータスの確認コマンドを記載"
[main 7bfa2e5] ローカルリポジトリの作成とステータスの確認コマンドを記載
 1 file changed, 6 insertions(+), 1 deletion(-)
```

コミットされて結果が表示されます。

5 ステータスを確認する

変更をすべてコミットすると、ステータスを確認してもファイルは表示されなくなります。その代わりに「nothing to commit, working tree clean」(コミットすべきものは何もない、ワークツリーはクリーンだ) と表示されます。

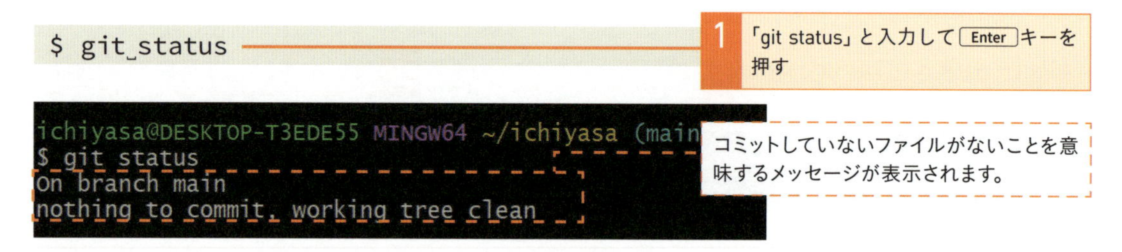

Point コミットされるのはその時点でのファイルの状態

今回は「Git_MEMO.md」を2回コミットしましたが、そこに疑問を感じる方もいるかもしれませんね。コミットされるのは、git addコマンドで**ステージングエリアに登録した時点のファイル**です。登録後にワークツリーで行った変更は含まれていません。新しい変更をステージングエリアに登録するためには、もう一度git addコマンドを実行する必要があります。

Lesson 19

[操作を取り消す]

ローカルリポジトリでの操作を取り消しましょう

このレッスンのポイント

不要な変更をしていることに気が付いて最後のコミットまで状態を戻したくなったり、誤ってステージングエリアに登録したものを取り消したくなったりすることがあります。このLessonでは、そのような変更を取り消す方法を2つ紹介します。

》変更を取り消したくなるシチュエーションとは？

ここまでにステージングエリアへの登録など、コミットするまでの一連の流れを説明してきました。しかし、ファイルを間違えて登録してしまった場合など、**変更を取り消したくなる**こともあると思います。このLessonでは、**git restoreコマンド**を使って、ワークツリーへの変更を取り消す方法とステージングエリアへの変更を取り消す方法について紹介します。ワークツリーへの変更の取り消しでは、**ファイルの状態が直前のコミット（または直前のステージングエリアへの登録）に戻ります。**ステージングエリアへの変更の取り消しは、ファイルの状態はそのままで**ステージングエリアへの登録だけを取り消します。**

git restore --stagedとgit restore

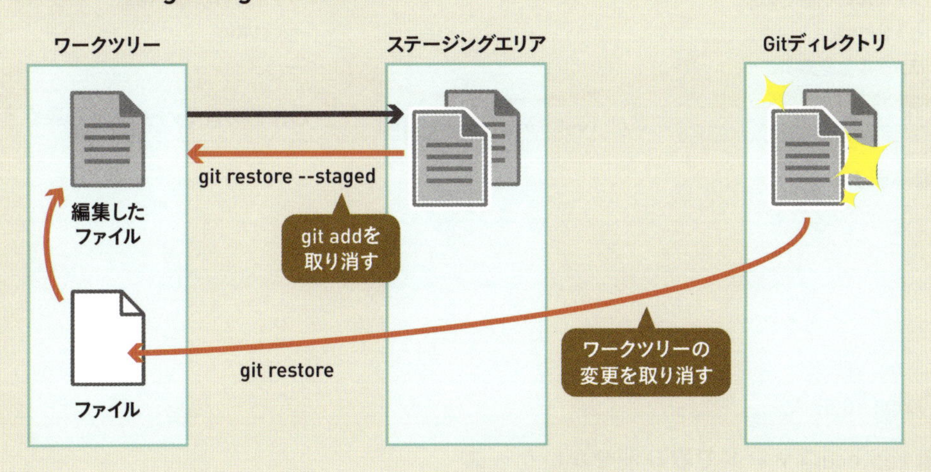

変更の取り消しといっても、エディターの「元に戻す」機能とは違います。

》git restoreコマンドでワークツリーの変更を取り消す

ファイルをいろいろと変更してしまったけれど、やっぱり直前にコミットした状態まで戻したくなった場合は、**git restore コマンドを使ってワークツリーの変更を取り消せます**。
このコマンドを使えば、現在の作業内容を簡単に直前の状態に戻せるため、試行錯誤しながら編集を進める際も安心です。思い切って変更を加えても、あとからすぐに元に戻せるので、余計なことを気にせず編集作業に集中できます。
ただし、このコマンドは「まだ git add していない変更」だけが対象です。すでに git add でステージングエリアに登録した変更は取り消せないので注意しましょう。

ワークツリーの変更を取り消すコマンド

```
$ git restore Git_MEMO.md
```

git restoreコマンド　ファイルパスまたはディレクトリパス

P.96から行う取り消し作業

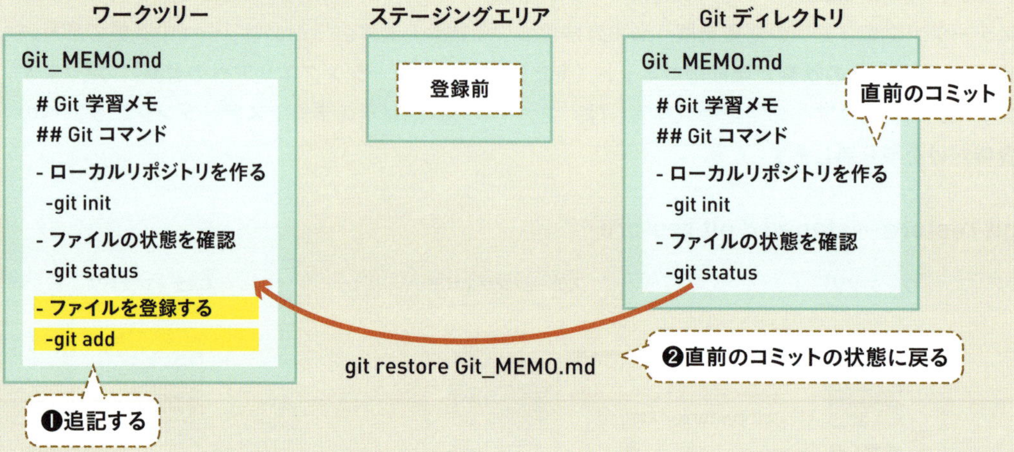

One Point

git restoreコマンドで取り消せないケース

git restoreコマンドで操作を取り消せない場合もあります。代表的なケースは、**ファイルを新規作成したときやファイル名を変更したとき**です。ファイルを新規作成したときはエラーが発生し、ファイルがそのまま残ってしまいます。また、ファイル名を変更したときは、変更前のファイルと変更後のファイルの両方が残ってしまいます。どちらのケースも不要なファイルは自分で削除します。

One Point

新しく追加されたgit restoreとgit switchコマンド

git restoreコマンドは、ワークツリーの変更を取り消すために導入された比較的新しいコマンドです。このコマンドが登場する前は、git checkout コマンドを使っていました。git checkout は、ワークツリーの変更を取り消すだけでなく、特定のコミットにワークツリーの状態を切り替えたり、ブランチの作成・ブランチの切り替えをしたりといった幅広い操作を1つのコマンドで実行できるものでした。しかし、多くの操作ができるのは便利ですがわかりづらさもありました。
そこで、操作をわかりやすくするために導入されたのが、git restoreとgit switchコマンドです。git restoreは、ワークツリーやステージングエリアの変更を取り消すためのコマンドで、git switchはブランチの切り替えができるコマンドです。それぞれのコマンドでできることが少ないので、役割が明確でシンプルです。
なお、この2つのコマンドはまだ正式版ではなく、実験的な段階にあります。そのため、今後動作が変わる可能性もあります。しかし、現時点でgit statusを実行すると、すでにgit restoreの使用が推奨されており、今後、新しいコマンドの利用が一般的になっていくと考えられるため、本書でもこれらの新しいコマンドを使用して説明していきます。

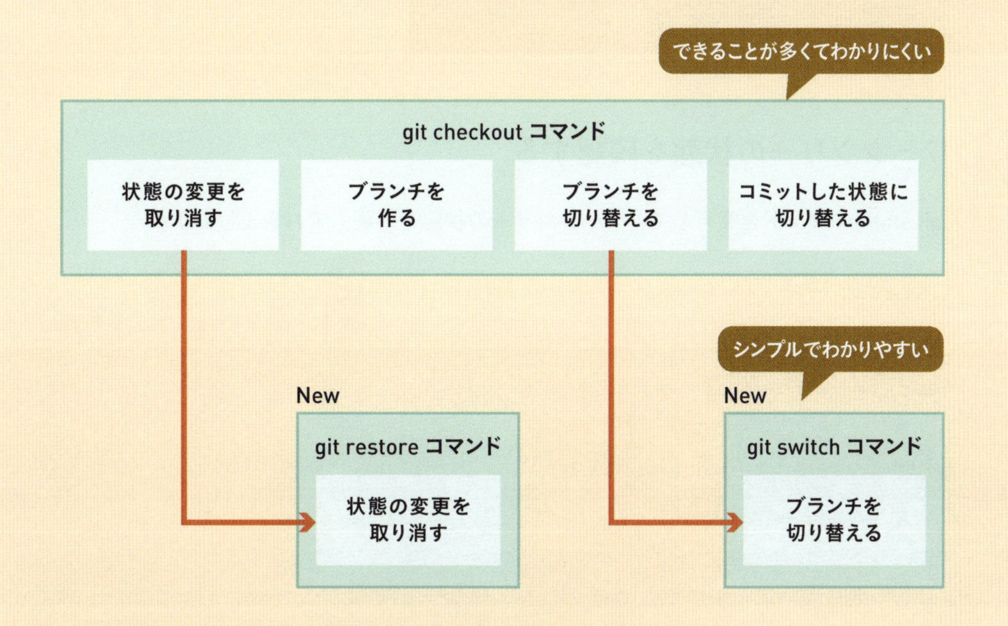


```
ichiyasa@DESKTOP-T3EDE55 MINGW64 ~/ichiyasa (main)
$ git status
On branch main
Changes not staged for commit:
  (use "git add <file>..." to update what will be committed)
  (use "git restore <file>..." to discard changes in working directory)
        modified:   Git_MEMO.md

no changes added to commit (use "git add" and/or "git commit -a")
```

git restoreコマンドでファイルの変更を取り消せることが表示されています

》「Git_MEMO.md」ファイルへの変更を取り消す

1 「Git_MEMO.md」ファイルを変更する

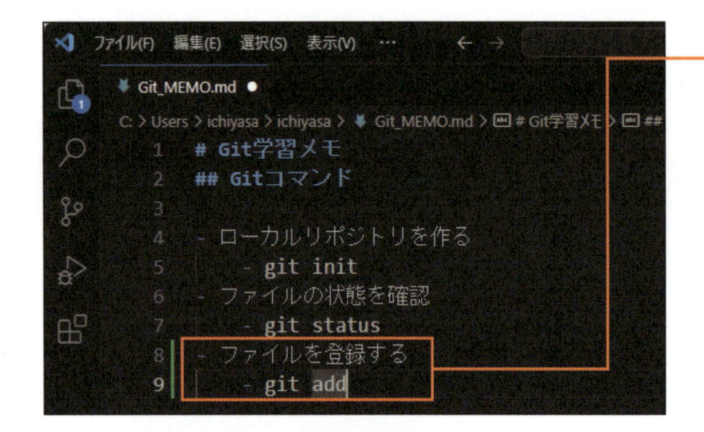

1 この部分を追記してファイルを上書き保存

2 ワークツリーの状態を確認する

いったんgit statusコマンドを実行して、ワークツリーの状態を確認しておきましょう❶。

```
$ git status
```

1 「git status」と入力して Enter キーを押す

```
ichiyasa@DESKTOP-T3EDE55 MINGW64 ~/ichiyasa (main)
$ git status
On branch main
Changes not staged for commit:
  (use "git add <file>..." to update what will be committed)
  (use "git restore <file>..." to discard changes in working directory)
        modified:   Git_MEMO.md

no changes added to commit (use "git add" and/or "git commit -a")
```

ステージングエリアに登録されていない変更が表示されます。

ステータスを確認したときに、「use "git restore <file>..." to discard changes in working directory」(ワークツリーの変更を捨てるには「git restore <file>」を使え)と表示されています。このように、Gitは操作のヒントを表示してくれることがあります。

3 ワークツリーの変更を取り消す

```
$ git restore Git_MEMO.md
```

1 コマンドを入力して Enter キーを押す

```
ichiyasa@DESKTOP-T3EDE55 MINGW64 ~/ichiyasa (main)
$ git restore -- Git_MEMO.md
```

4 ワークツリーの状態を確認する

```
$ git status
```

1 「git status」と入力して Enter キーを押す

```
ichiyasa@DESKTOP-T3EDE55 MINGW64 ~/ichiyasa (main)
$ git status
On branch main
nothing to commit, working tree clean
```

変更が取り消され、ワークツリーにはコミットしているファイルがないと表示されます。

5 ファイルを確認する

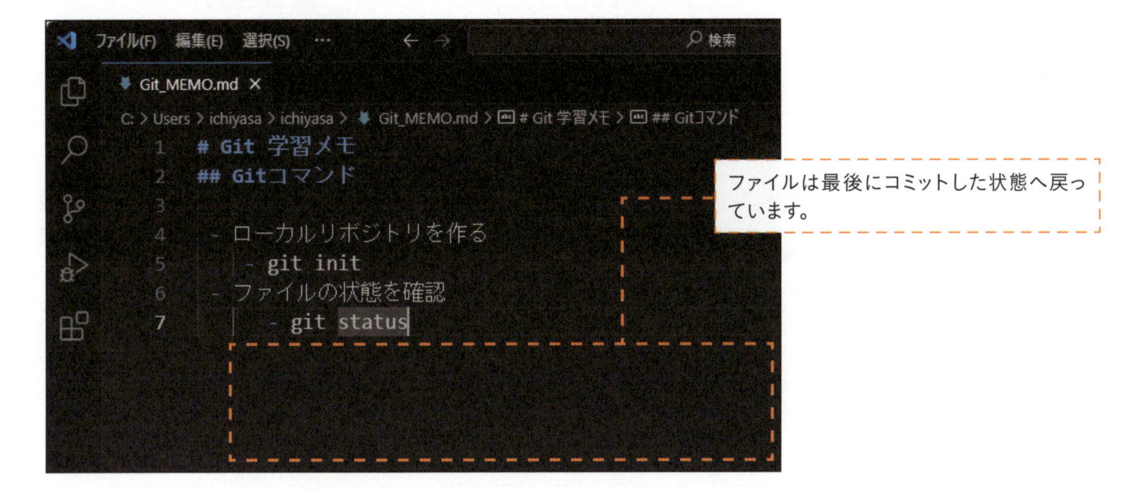

厳密にいうと、git restoreコマンドは最後にコミットした状態ではなく、ステージングエリアの状態に戻すコマンドです。ステージングエリアにファイルの状態が登録されたままになっていると想定どおりの動作になりません。そのような場合は、次で学ぶ --staged オプションを使いましょう。

》ステージングエリアへの登録を取り消す

間違ってファイルの状態をステージングエリアに登録してしまったときには**git restoreコマンドの--stagedオプション**を使って操作を取り消せます。たとえば、ファイルAとファイルBを両方ステージングエリアに登録した後に、まだファイルAはコミットする準備ができていないことに気づいたとします。このコマンドを使うことで、ファイルAだけをステージングエリアからワークツリーに戻せます。そうすることで、ファイルBだけをコミットできます。
このように、ステージングエリアの変更を取り消す操作が簡単にできるので、不要なファイルをコミットするリスクを減らせます。

ステージングエリアへの登録を取り消すコマンド

```
$ git restore --staged Git_MEMO.md
```

git restoreコマンド　--staged オプション　ファイルパスまたはディレクトリパス

次のページで行う取り消し作業

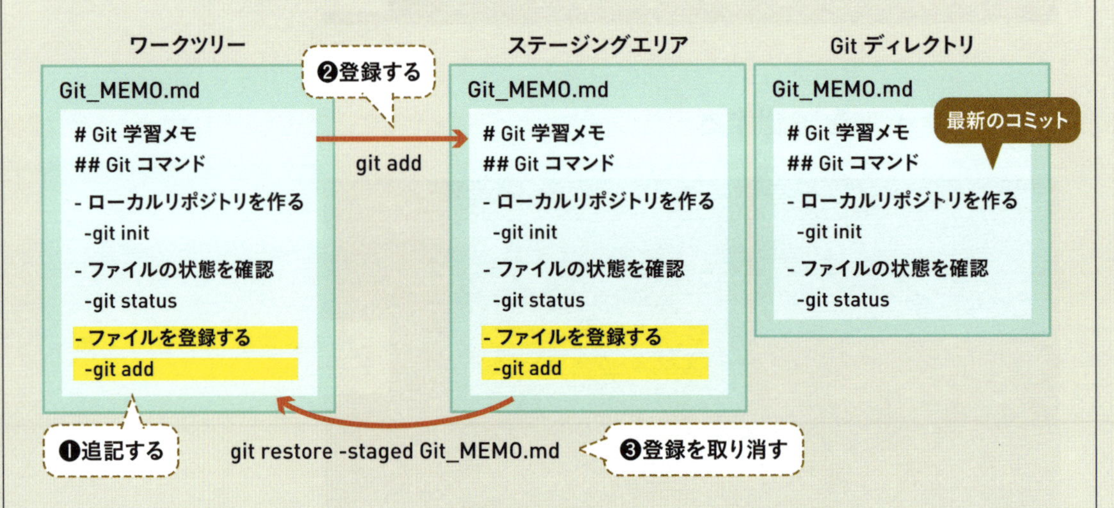

One Point

git restore コマンドで一気に変更を取り消す

git restore コマンドを使って、ワークツリーの変更を取り消す方法と、ステージングエリアの変更を取り消す方法をそれぞれ学びました。もし、ワークツリーとステージングエリアの変更を同時に取り消したい場合は、git restore コマンドに --staged と --worktree の両方のオプションを付けて実行します。たとえば、git restore --staged --worktree Git_MEMO.md を実行すると、ワークツリーとステージングエリアの両方で、Git_MEMO.md ファイルの変更が取り消されます。

》ステージングエリアへの登録を取り消す

1 「Git_MEMO.md」ファイルを変更する

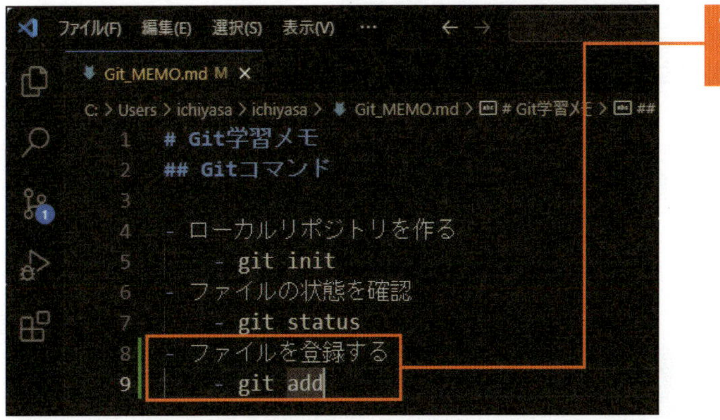

1 この部分を追記してファイルを上書き保存

2 ファイルをステージングエリアに登録する

```
$ git add Git_MEMO.md
```

1 コマンドを入力して Enter キーを押す

```
ichiyasa@DESKTOP-T3EDE55 MINGW64 ~/ichiyasa (main)
$ git add Git_MEMO.md
```

3 ローカルリポジトリの状態を確認する

```
$ git status
```

1 「git status」と入力して Enter キーを押す

ステージングエリアに登録されたことを確認しましょう。メッセージを見ると「use "git restore --staged <file>..."to unstage」(アンステージするには「git restore --staged <file>..."」を使え)と表示されています。

```
ichiyasa@DESKTOP-T3EDE55 MINGW64 ~/ichiyasa (main)
$ git status
On branch main
Changes to be committed:
  (use "git restore --staged <file>..." to unstage)
        modified:   Git_MEMO.md
```

ステージングエリアにファイルが登録されていることが確認できます。

4 ステージングエリアへの登録を取り消す

```
$ git restore --staged Git_MEMO.md
```

1 コマンドを入力して Enter キーを押す

```
ichiyasa@DESKTOP-T3EDE55 MINGW64 ~/ichiyasa (main)
$ git restore --staged Git_MEMO.md
```

5 ローカルリポジトリの状態を確認する

```
$ git status
```

1 「git status」と入力して Enter キーを押す

```
ichiyasa@DESKTOP-T3EDE55 MINGW64 ~/ichiyasa (main)
$ git status
On branch main
Changes not staged for commit:
  (use "git add <file>..." to update what will be committed)
  (use "git restore <file>..." to discard changes in working directory)
        modified:   Git_MEMO.md

no changes added to commit (use "git add" and/or "git commit -a")
```

「Git_MEMO.mdはステージングエリアに登録されていない」と表示されます。

6 「Git_MEMO.md」ファイルを確認する

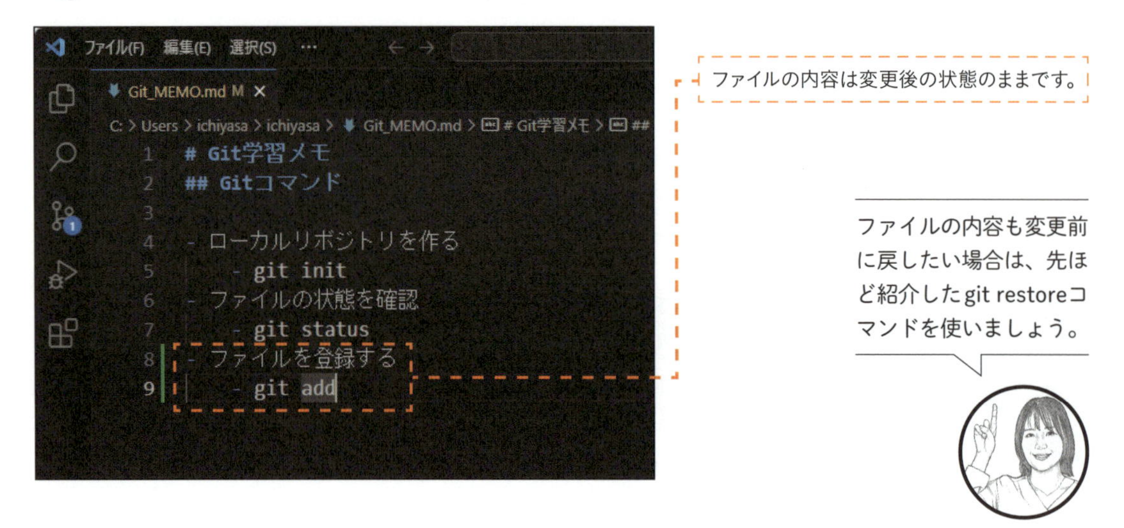

ファイルの内容は変更後の状態のままです。

ファイルの内容も変更前に戻したい場合は、先ほど紹介したgit restoreコマンドを使いましょう。

》ファイルを修正してコミットする

1 「Git_MEMO.md」ファイルを変更する

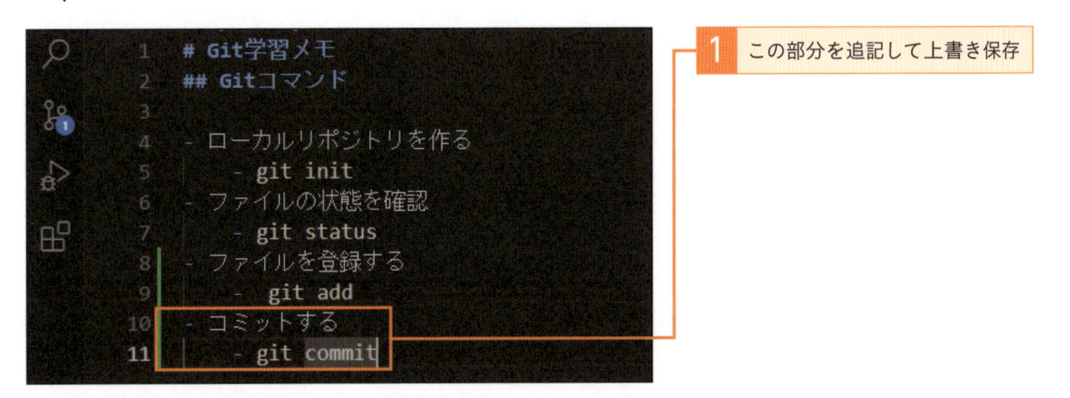

2 ファイルをステージングエリアに登録し、コミットする

```
$ git␣add␣Git_MEMO.md
$ git␣commit␣-m␣"ステージングエリアの登録とコミットのコマンドを追加"
```

1 これらのコマンドを1行ずつ入力して Enter キーを押す

```
ichiyasa@DESKTOP-T3EDE55 MINGW64 ~/ichiyasa (main)
$ git add Git_MEMO.md

ichiyasa@DESKTOP-T3EDE55 MINGW64 ~/ichiyasa (main)
$ git commit -m "ステージングエリアの登録とコミットのコマンドを追加"
[main e351469] ステージングエリアの登録とコミットのコマンドを追加
 1 file changed, 5 insertions(+), 1 deletion(-)
```

3 ローカルリポジトリの状態を確認する

```
$ git␣status
```

1 「git status」と入力して Enter キーを押す

```
ichiyasa@DESKTOP-T3EDE55 MINGW64 ~/ichiyasa (main)
$ git status
On branch main
nothing to commit, working tree clean
```

ファイルの変更がコミットされています。

ファイルを想定通りの内容に修正したらコミットしましょう。

Lesson 20

[ファイルを削除する]

Gitの管理下にあるファイルを削除しましょう

このレッスンのポイント

Gitの管理下にあるファイルは、エクスプローラーなどで削除しただけでは不十分です。削除をステージングエリアに登録し、コミットしなければいけません。git rmコマンドを使うと、ファイルの削除とステージングエリアへの登録をコマンド1つで実行してくれます。

》Git管理下のファイルを削除しよう

git rmコマンドはGitで管理しているファイルやディレクトリを削除するためのコマンドです。このコマンドを実行すると、ワークツリーからファイルやディレクトリを削除し、削除した状態をステージングエリアに登録します。そのあとでコミットすると削除作業が完了します。

git rmコマンドの働き

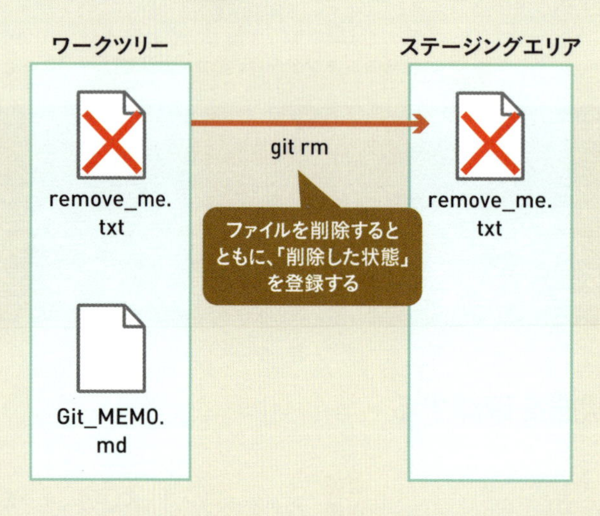

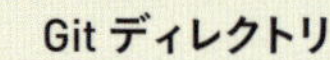

エクスプローラーやFinderでファイルやディレクトリを削除した場合は、git addコマンドを使って「ファイルを削除した状態」をステージングエリアに登録してください。git rmコマンドはそれらをまとめてやってくれるコマンドです。

》ディレクトリを削除するときは書き方が異なる

ディレクトリを削除するにはgit rmコマンドに-rオプションを指定します。「r」とはrecursive（再帰的）の略で、「指定したディレクトリの中にあるファイルやディレクトリに対して、削除の処理を繰り返し実行する」という意味を持ちます。-rオプションを付けないと中身があるディレクトリを削除できません。

ファイルやディレクトリを削除するコマンド

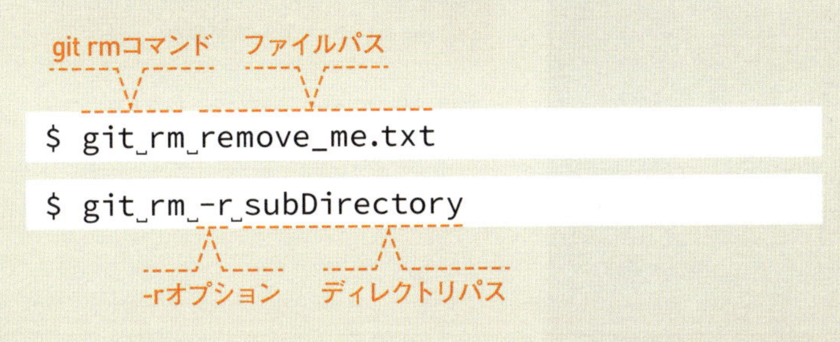

ディレクトリを削除するときは、-rオプションを忘れないようにしましょう。

》不要なファイルをわざと追加して削除する

git rmコマンドの使い方を学ぶために、次ページの手順ではいったん不要なファイル（remove_me.txt）を作成します。それをコミットしたあと、git rmコマンドで削除してみましょう。

次のページで行う取り消し作業

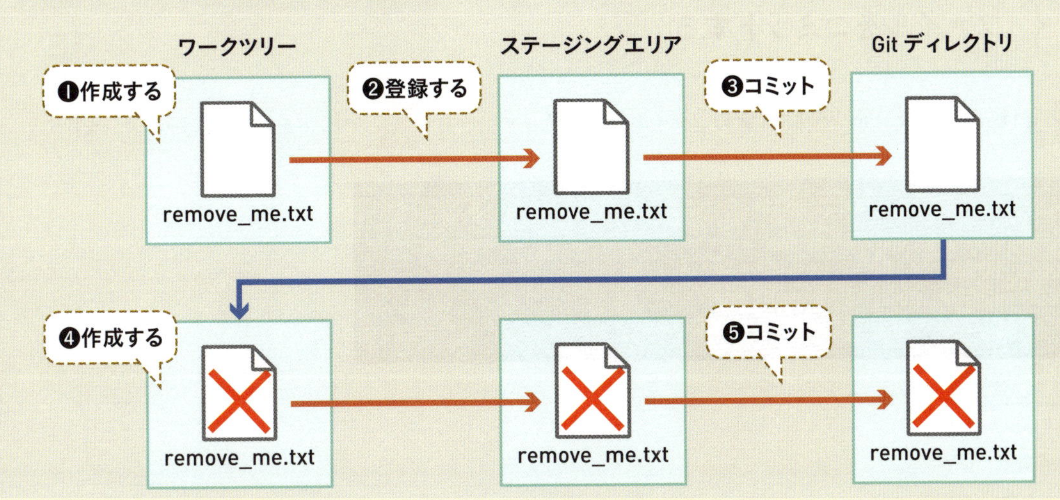

》「remove_me.txt」ファイルを用意する

1 削除するファイルを作成する

Visual Studio Codeを起動してファイルを新規作成し、「remove_me.txt」という名前で保存します❶。削除を試すためのものなので中身は入力しません。

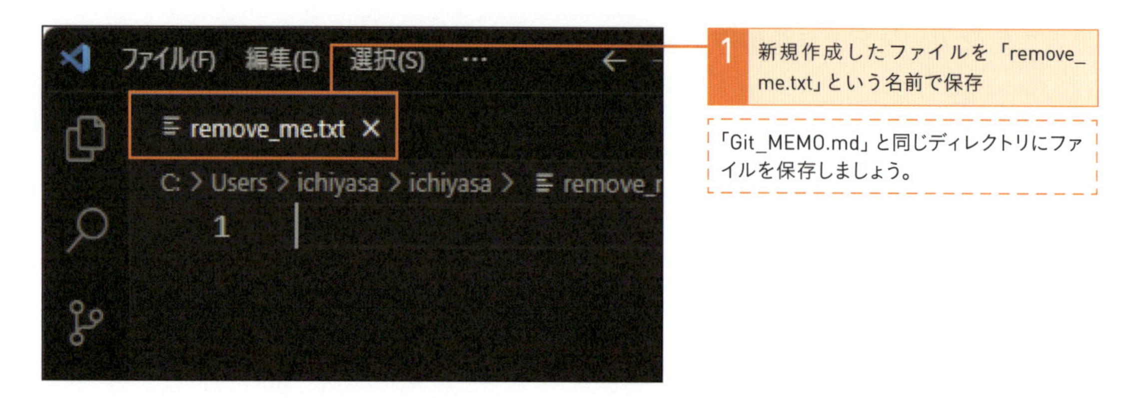

2 ファイルをステージングエリアに登録する

```
$ git add remove_me.txt
```

1 コマンドを入力して Enter キーを押す

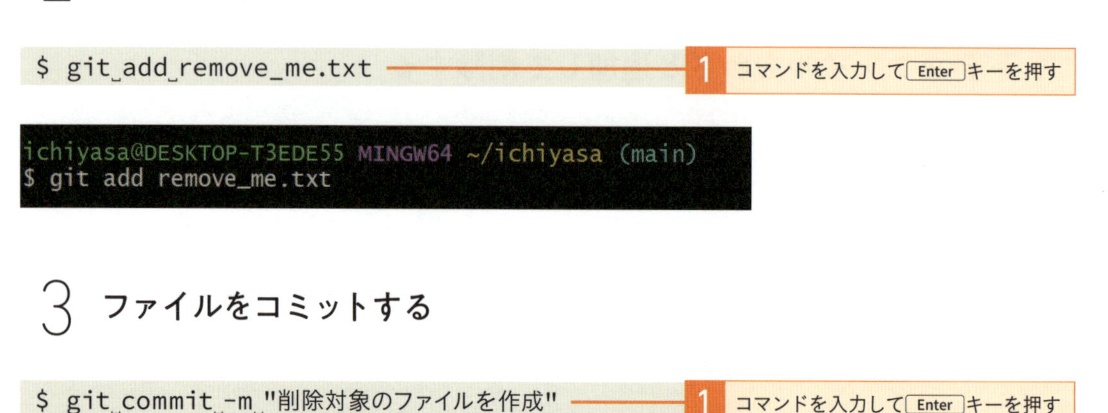

3 ファイルをコミットする

```
$ git commit -m "削除対象のファイルを作成"
```

1 コマンドを入力して Enter キーを押す

```
ichiyasa@DESKTOP-T3EDE55 MINGW64 ~/ichiyasa (main)
$ git commit -m "削除対象のファイルを作成"
[main 609e128] 削除対象のファイルを作成
 1 file changed, 1 insertion(+)
 create mode 100644 remove_me.txt
```

4 ディレクトリにあるファイルを確認する

```
$ ls
```

1 「ls」と入力して Enter キーを押す

```
ichiyasa@DESKTOP-T3EDE55 MINGW64 ~/ichiyasa (main)
$ ls
Git_MEMO.md  remove_me.txt
```

「remove_me.txt」ファイルが存在しています。

》「remove_me.txt」ファイルを削除する

1 ファイルを削除する

```
$ git rm remove_me.txt
```

1 コマンドを入力して Enter キーを押す

```
ichiyasa@DESKTOP-T3EDE55 MINGW64 ~/ichiyasa (main)
$ git rm remove_me.txt
rm 'remove_me.txt'
```

2 ディレクトリにあるファイルを確認する

```
$ ls
```

1 「ls」と入力して Enter キーを押す

```
ichiyasa@DESKTOP-T3EDE55 MINGW64 ~/ichiyasa (main)
$ ls
Git_MEMO.md
```

「remove_me.txt」ファイルが削除されています。

git rmコマンドでファイルを削除してもコミットされたわけではありません。コミットしないとバージョン管理されないので、git rmコマンドの実行後にコミットすることを忘れないようにしましょう。

3 ファイルの状態を確認する

```
$ git status
```

1 「git status」と入力して Enter キーを押す

```
ichiyasa@DESKTOP-T3EDE55 MINGW64 ~/ichiyasa (main)
$ git status
On branch main
Changes to be committed:
  (use "git restore --staged <file>..." to unstage)
        deleted:    remove_me.txt
```

「remove_me.txt」ファイルの状態がdeletedとしてステージングエリアに登録されています。

4 ファイルを削除したことをコミットする

```
$ git commit -m "remove_me.txtファイルを削除する"
```

1 コマンドを入力して Enter キーを押す

```
ichiyasa@DESKTOP-T3EDE55 MINGW64 ~/ichiyasa (main)
$ git commit -m "remove_me.txtファイルを削除する"
[main 1315487] remove_me.txtファイルを削除する
 1 file changed, 1 deletion(-)
 delete mode 100644 remove_me.txt
```

削除したことがコミットされます。

One Point

改行コードの警告

git addコマンドの実行結果に「warning: in the working copy of 'ファイル名'」という警告が表示されることがあります。

これは、Gitのインストール時に指定した改行コードの設定が影響しており（P.37参照）、改行コードを「LF」で保存したファイルが、「CRLF」に変換されることがあると警告しています。ファイルの改行コードを変換したくない場合は、P.63で学んだgit configコマンドでcore.autocrlfの設定をfalseにしましょう。

```
$ git add -A
warning: in the working copy of 'Replacelist.json', LF will be replaced by CRLF the n
ext time Git touches it
warning: in the working copy of 'mesorny.css', LF will be replaced by CRLF the next t
ime Git touches it
warning: in the working copy of 'template.html', LF will be replaced by CRLF the next
 time Git touches it
```

Lesson 21

[Gitで管理しないファイルを設定]

Gitで管理しないファイルを設定しましょう

このレッスンのポイント

Gitで管理すべきではないファイルも存在します。そういうファイルはステージングエリアへ登録しないようにしましょう。このLessonでは、どのようなものを管理すべきでないのか紹介し、それらを無視するための設定方法について解説します。

》Gitで管理すべきでないファイル

Gitでバージョン管理すべきではないファイルというものが存在します。たとえば、アプリケーションをビルドする際に自動作成されるパッケージファイルやログファイル、ファイルをコピーしてリネームしたバックアップなどの一時ファイルは、Gitで管理すべきではありません。ログファイルはアプリケーションを実行するたびに出力されるものですし、パッケージファイルはビルドすれば作成されるものなので、あえてバージョン管理をする必要はありません。また、バックアップファイルはGitでバージョン管理をしていれば不要になりますよね。他にも、パスワードのようなセキュリティに関する情報が書かれたファイルも、Gitに登録するべきか必ず検討しましょう。Gitに登録したファイルは、**リモートリポジトリを共有しているメンバー全員に公開されてしまいます**。「リモートリポジトリを共有しているメンバーに見られてもいい情報なのか」を必ず意識するようにしましょう。

Gitで管理すべきではないファイル

- ログファイル
- パッケージファイル
- バックアップファイル

→ 自動生成される一次ファイルは管理不要

- WindowsのThumbs.db
- macOSの.DS_Store

→ OSのファイル管理のためのものなので不要

- パスワードが書かれたファイル

→ リモートリポジトリで共有すべきでない情報

不要なファイルがあると、リポジトリのサイズが大きくなったり、無駄なコミットやコンフリクトが発生したりと、いろいろな問題が起きます。

》Gitで管理しないファイルを設定しよう

ステージングエリアへ登録するときに、毎回Gitで管理したくないファイルを意識するのは大変ですし、ミスが発生する可能性もあります。そういうときのためにGitで管理しないファイルを設定できます。設定は簡単で、**.gitignoreファイル**というテキストファイルをローカルリポジトリに配置して、**そこに無視したいファイル名やディレクトリ名を書く**だけです。

.gitignoreファイルはローカルリポジトリ配下であればどこに置いてもいいですが、**.gitignoreファイルが配置されたディレクトリ配下のパスにしか効果がありません。**ローカルリポジトリ内のすべてのディレクトリに設定を反映するには「.git」ディレクトリと同じディレクトリに保存しましょう。

設定してしまえば、git statusコマンドでファイルが表示されることもなく、git addコマンドでディレクトリを指定したときにも、そのファイルは無視されます。

.gitignoreの配置場所

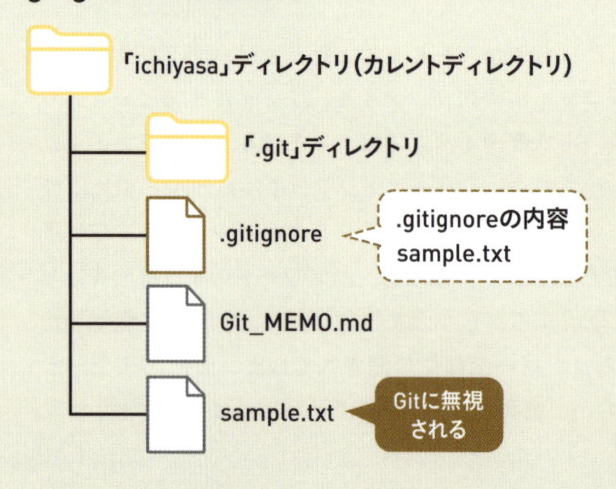

.gitignoreファイルは、その名のとおり「Gitが無視(ignore)する」設定をします。

.gitignoreの書き方

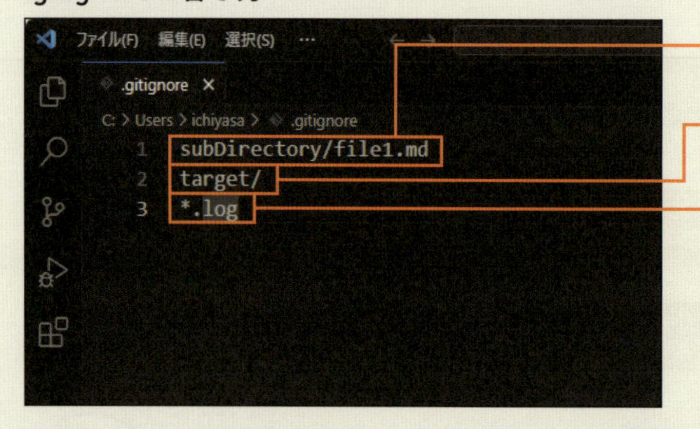

ファイル名を直接指定する

ディレクトリ名を指定する
(ディレクトリ全体が対象)

* (アスタリスク)を使えば、
ファイルの拡張子で指定できる

》.gitignoreファイルを作ってみよう

.gitignoreの効果を体感するために、Gitの管理から外したい「sample.txt」ファイルを作成し、.gitignoreファイルに指定して無視させてみましょう。

1 「sample.txt」ファイルを作成する

Visual Studio Codeを起動して、「sample.txt」という名前で保存します❶。「sample.txt」の中身は何も書かなくてかまいません。

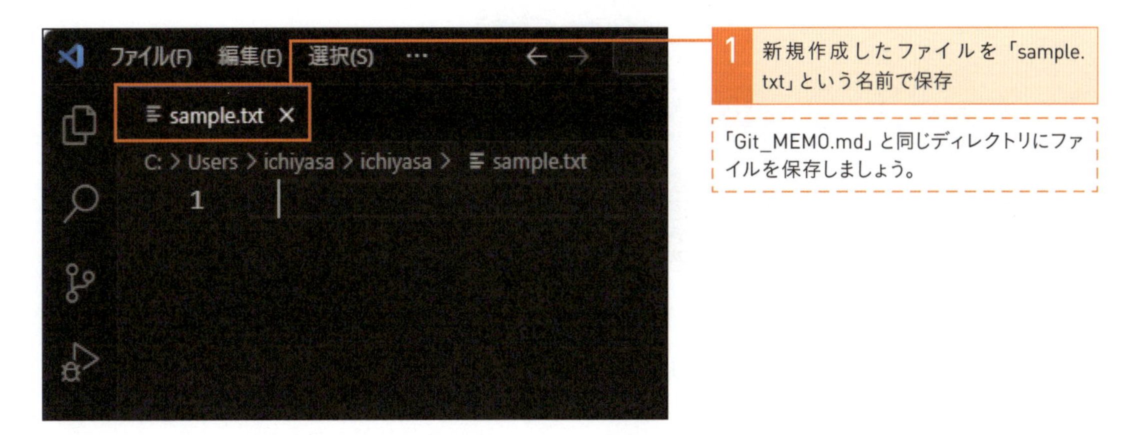

2 .gitignoreファイルを作る前の状態を確認する

```
$ git status
```

1 「git status」と入力して Enter キーを押す

```
ichiyasa@DESKTOP-T3EDE55 MINGW64 ~/ichiyasa (main)
$ git status
On branch main
Untracked files:
  (use "git add <file>..." to include in what will be committed)
        sample.txt

nothing added to commit but untracked files present (use "git add" to track)
```

「sample.txt」ファイルがUntracked filesに表示されています。

3 .gitignoreファイルを作成する

次に.gitignoreファイルを作成し、「sample.txt」を指定しましょう❶❷。なお、Windowsで.gitignoreファイルのようなファイル名が「.」(ドット) ではじまるファイルを作成する場合は、Visual Studio Codeからファイルを作成するようにしてください。それ以外の方法だと面倒な手間が発生することがあります。

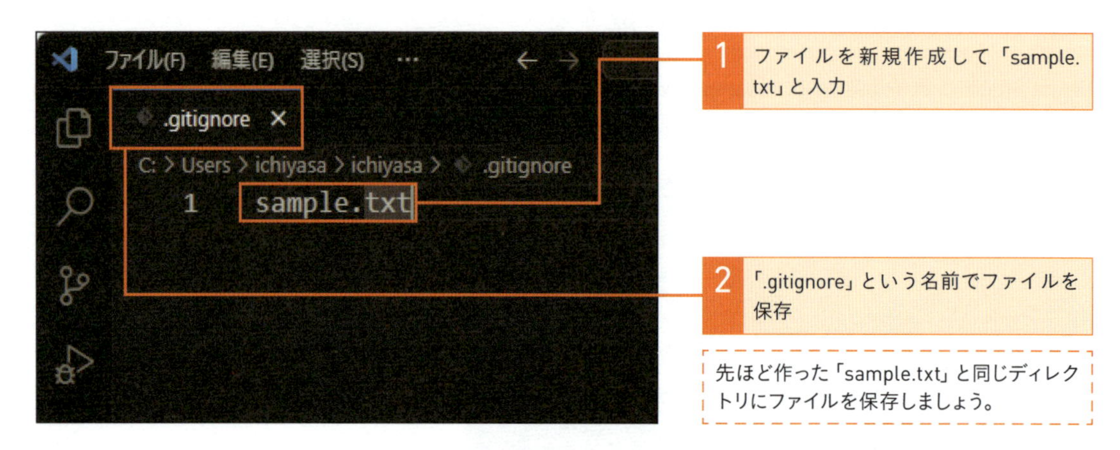

4 .gitignoreファイルを作ったあとの状態を確認する

.gitignoreに「sample.txt」を指定した前後でgit statusコマンドの実行結果が変わっています❶。
「sample.txt」が表示されなくなり、ファイルはGitから無視されるようになりました。

```
$ git status
```

1 「git status」と入力して Enter キーを押す

```
ichiyasa@DESKTOP-T3EDE55 MINGW64 ~/ichiyasa (mai
$ git status
On branch main
Untracked files:
  (use "git add <file>..." to include in what will be committed)
        .gitignore

nothing added to commit but untracked files present (use "git add" to track)
```

「sample.txt」ファイルが表示されなくなります。

.gitignoreファイルがUntracked filesに表示されます。

5 .gitignoreファイルをステージングエリアに登録する

```
$ git␣add␣.gitignore
```

1 コマンドを入力して Enter キーを押す

```
ichiyasa@DESKTOP-T3EDE55 MINGW64 ~/ichiyasa (main)
$ git add .gitignore
```

6 .gitignoreファイルをコミットする

```
$ git␣commit␣-m␣".gitignoreファイルを追加する"
```

1 コマンドを入力して Enter キーを押す

```
ichiyasa@DESKTOP-T3EDE55 MINGW64 ~/ichiyasa (main)
$ git commit -m ".gitignoreファイルを追加する"
[main 3a1ef6a] .gitignoreファイルを追加する
 1 file changed, 1 insertion(+)
 create mode 100644 .gitignore
```

.gitignoreファイルがコミットされました。

macOSでは「.DS_Store」ファイル、Windowsでは「Thumbs.db」ファイルが、フォルダーに作成されることがあります。これらのファイルはGitで管理する必要がないので、.gitignoreファイルに設定しておきましょう。

One Point

.gitignoreファイルのテンプレート

さまざまなプログラミング言語やツールのための.gitignoreファイルのテンプレートをGitHub社がオープンソースで公開しています。
.gitignoreファイルの書き方に迷ったら、こちらを参考にしてみましょう（https://github.com/github/gitignore）。

Lesson 22

[コミット履歴の確認]

コミットの履歴を確認しましょう

このレッスンのポイント

ローカルリポジトリに対して何度かコミットをしたときやリモートリポジトリから変更を反映したときに、どのような作業をしたのか確認したくなることがあると思います。そのようなときは、コミットの履歴を確認することで過去の作業を振り返ることができます。

》ローカルリポジトリのコミットの履歴を確認しよう

コミット履歴を確認するには**git logコマンド**を使用します。git logコマンドを実行すると、新しい順に、「コミットハッシュ」「誰がコミットをしたか」「コミットした日時」「コミットメッセージ」が表示されます。Chapter 1のコラムで紹介したとおり、「コミットハッシュ」はランダムな英数字で、これを利用することでコミットを特定できます。「誰がコミットをしたか」にはgit configコマンドで設定したユーザー名とメールアドレスが表示されます。

コミット履歴

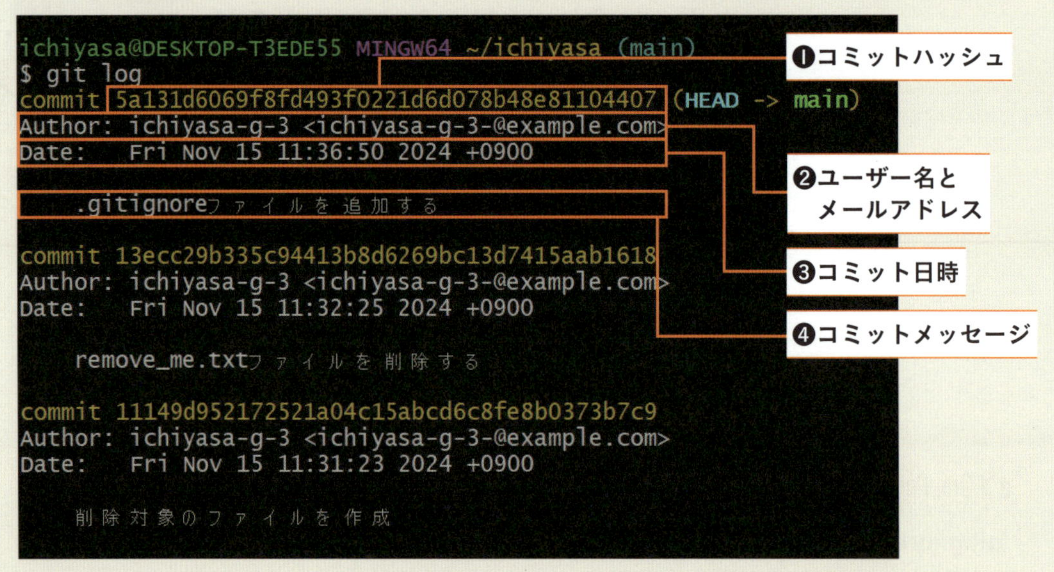

》コミット履歴を確認する

1 「ichiyasa」ディレクトリのコミット履歴を確認する

git logコマンドで、コミット履歴を確認できます❶。コミット履歴はたいていの場合、かなり長くなります。git logコマンドの実行結果がウインドウに入りきらないときは、ウインドウの一番下に「：」(コロン) が表示された状態になります。このとき、キーボードの上下キーを押すことで、ウインドウの表示をスクロールできます。

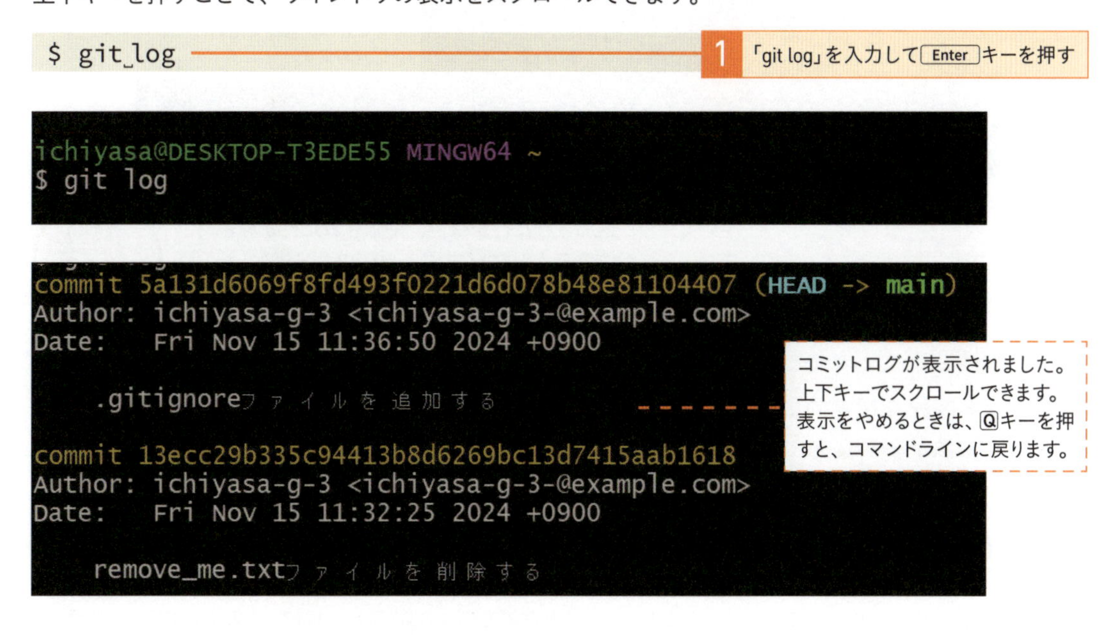

2 差分付きでコミット履歴を確認する

git logコマンドで履歴を確認する際、コミットメッセージだけでなく、もう少し作業内容の情報がほしいときもあるかと思います。そのようなときはgit logコマンドに**「-p」オプション**を付けることで、git diffコマンドのときに確認したようなファイルの差分を確認できます❶。

```
$ git log -p
```

1 「git log -p」と入力して Enter キーを押す

```
ichiyasa@DESKTOP-T3EDE55 MINGW64 ~
$ git log -p
```

Chapter 3 ファイルをバージョン管理してみよう

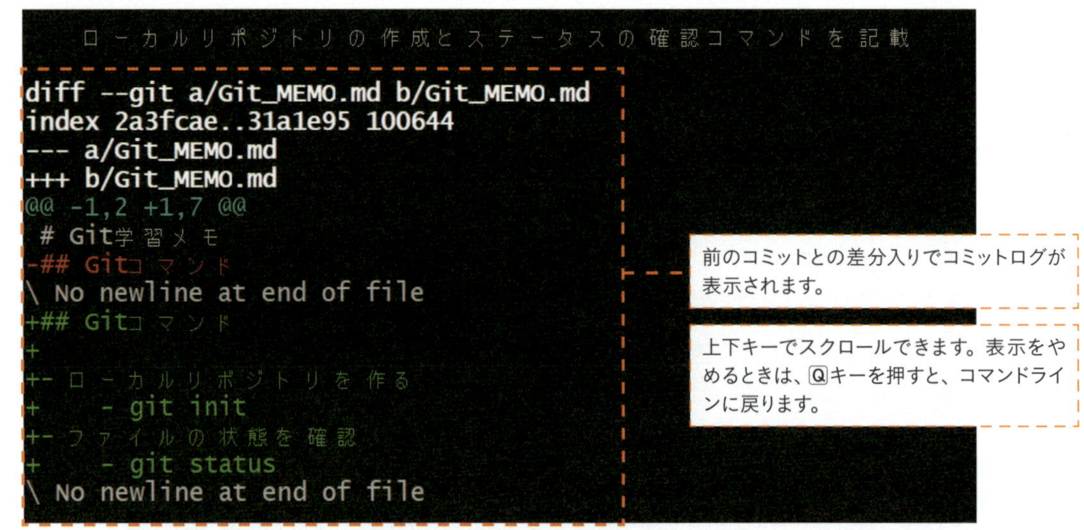

追加された行が緑色、削除された行が赤色で表示されています。git diffで確認したときと同じ見え方ですね(P.84参照)。

One Point

コミット履歴を視覚的に確認する

コミットの数が増えてくると、コマンドラインからでは特定のコミットを見つけるのが難しくなってしまいます。GUIクライアントを使えば、コミット履歴を視覚的に分かりやすく確認できます。たとえば、Visual Studio CodeにGit Historyプラグインをインストールすると、下の画像のようにコミット履歴を表示してくれます。

まずは、左のツールバーの[拡張機能]をクリックし、表示された左上の検索ボックスに「Git」と入力しましょう。表示された一覧の中から[Git History]を選択して[インストール]をクリックすると、プラグインがインストールされて利用できるようになります。

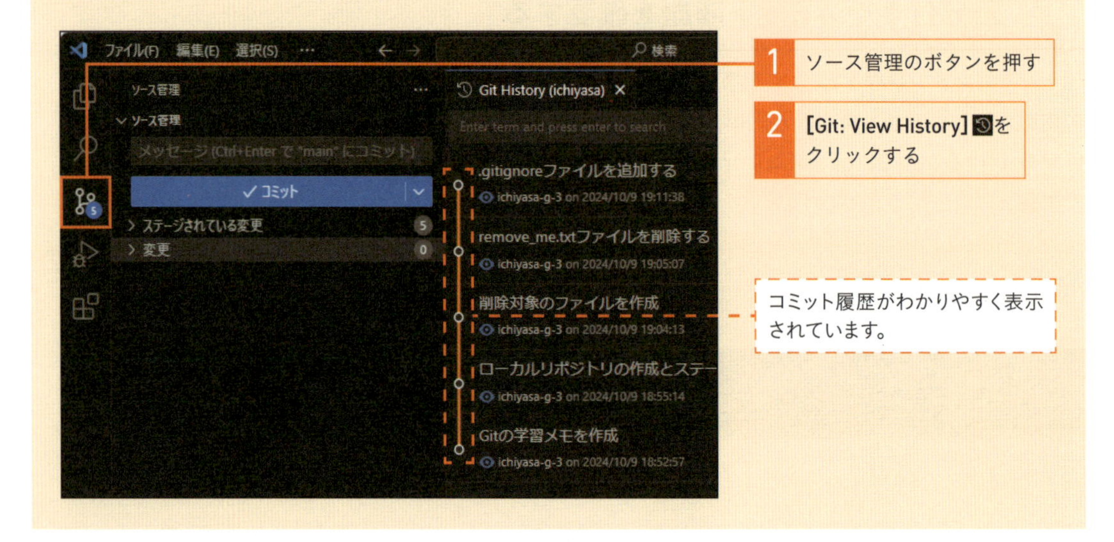

Chapter

4

GitHubのリポジトリを パソコンに取得しよう

今までのChapterでは個人作業がメインでしたが、ここからは複数人での共同作業について手を動かしながら学んでいきます。Gitのみならず、GitHubの使い方についても触れていくので、気持ちを切り替えて臨みましょう。

Lesson 23

[GitHubの登録]

GitHubを使う準備をしましょう

このレッスンのポイント

これ以降、最終Chapterまで、Gitと並んで本書が大きなテーマとしているGitHubというWebサービスを扱います。このLessonではその準備として、GitHubがどんなものかを理解してください。その後、実際に使っていくため、アカウントの作成を行いましょう。

》GitHubとは何かを知ろう

GitHub（https://github.com）は、多くの開発者に親しまれるWebサービスの名称です。**Gitのリポジトリを作成してソースコードをホスティングする**ことができ、インターネットに接続可能な環境であればどこにいても開発作業を行えます。また、複数人での共同作業がしやすいような機能を備えていることも大きな特徴です。こうした特徴は、これ以降のChapterで十分に体感できますので、楽しみにしていてくださいね。リポジトリは「プライベート」という設定（アクセスを許可した特定のユーザーのみが使用できる状態）にしない限り、**誰にでも閲覧できる状態（パブリック）でGitHub上に公開されます**。個人が趣味で作ったものから世界的な大企業が公開しているものまで、さまざまなリポジトリにアクセスすることができるので、ぜひいろいろと見てみてください。なお、有料プランでないと一部機能に制限がかかりますが、ほとんどの機能は無料で十分使うことができます。また、個人利用で有料・無料が選べるだけでなく、企業のような団体で使うのに適したエンタープライズ向けの有料プランも用意されています。

GitHubの利用イメージ

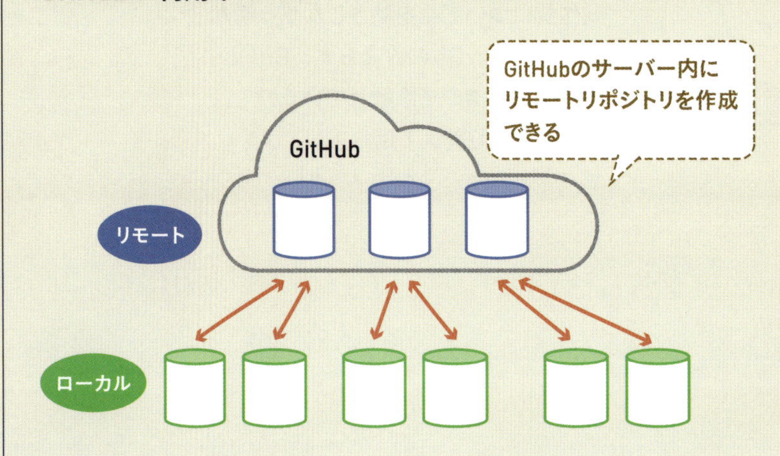

GitHubを使えば最小限の手間でリモートリポジトリを用意できます。

》アカウントを作成し、GitHubユーザーになろう

本書ではこれ以降、皆さんにも手を動かしていただきながらGitHubの活用方法を学習していきます。そのための第一歩として、GitHubのアカウントを作成しましょう。

1 アカウント作成を開始する

GitHub（https://github.com）にアクセスし❶、アカウントの作成をはじめます❷。

2 アカウントに必要な情報を設定する

使用したいユーザー名、メールアドレス、パスワードを入力します❶❷。なお、メールアドレスはメールアドレスは、Chapter 2でGitの設定を行った際に指定したものと同じにすることをおすすめします。ただし、リポジトリがパブリックの場合、クローン（P.132）することでGitに設定したメールアドレスが誰からでも閲覧可能となります。見られても問題ないメールアドレスを使いましょう。これらの情報は、今後GitHubへログインする際に必要となるので、紛失しないようにしましょう。

本書の例では「ichiyasa-g-3」というユーザー名と「ichiyasa-g-3@example.com」というメールアドレスで登録していますが、皆さんはご自身のメールアドレスとお好きなユーザー名を使ってくださいね。

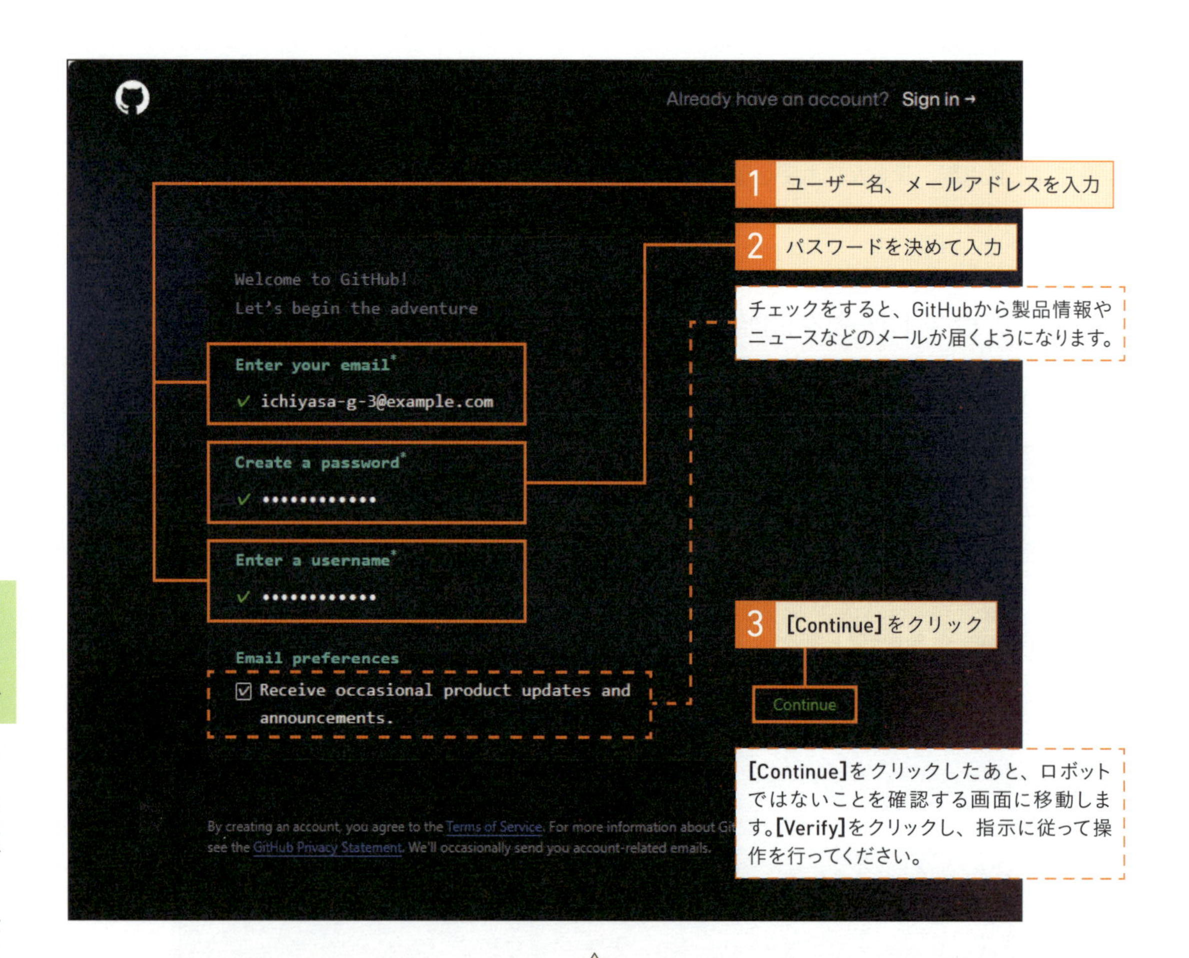

Point アカウント登録の注意点

ユーザー名は好きなものを設定できますが、すでにGitHubを使っている他のユーザーと同じものを使うことはできません。もし他のユーザーと重複した場合は入力欄の下に「Username XXX is not available.」というメッセージが表示されるので、別の値を入力しましょう。また、パスワードは短すぎたり簡単に予測されたりしないような、安全なものを設定しましょう。

3 メールアドレスを確認する

入力したメールアドレスに、アカウント確認用のパスコードが送られます。パスコードを入力して、認証を完了させましょう。

パスコードの入力が完了するとログイン画面に遷移します。登録時に入力したユーザー名（またはメールアドレス）とパスワードを使ってログインしましょう。

4 GitHubの用途などの情報を入力する

皆さん自身のことについていくつか質問されます❶❷。このステップは必須ではありません。飛ばしたい場合はページ下部の［skip personalization］をクリックすると、入力を行わずにアカウントの作成を続行します。

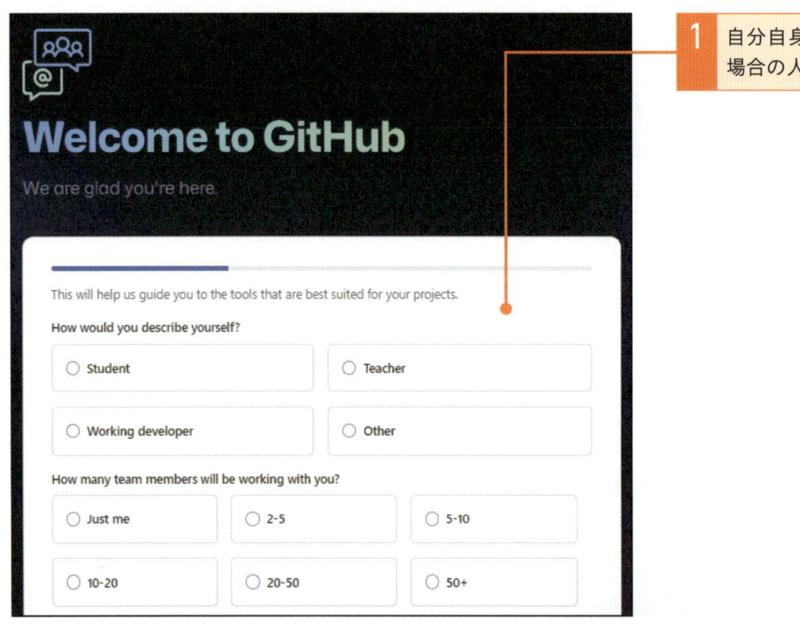

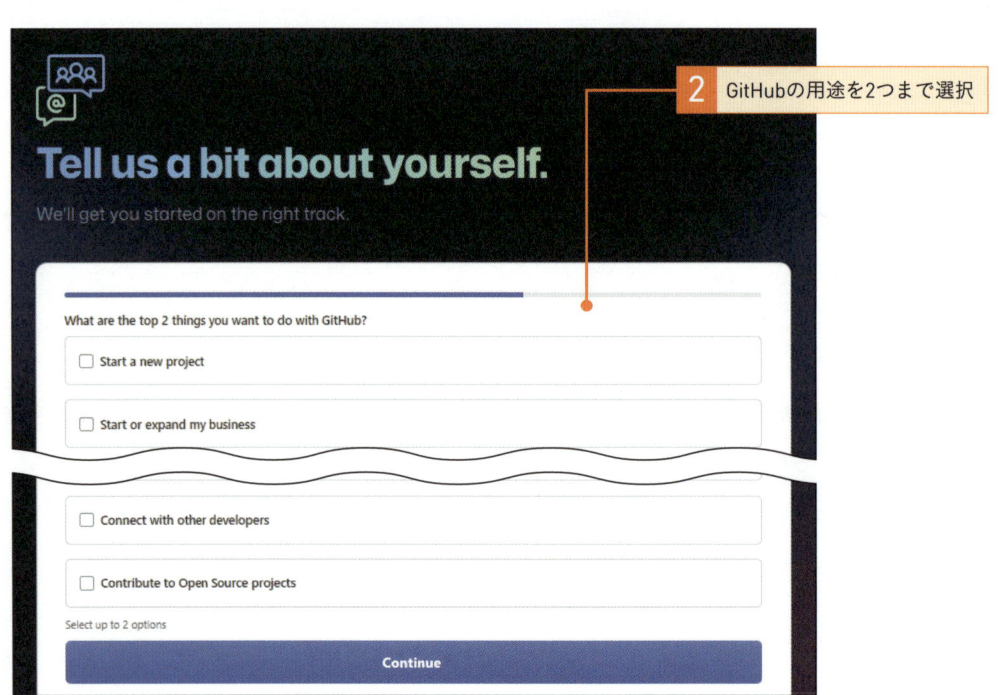

5 プランを選択し、アカウント作成を完了する

無料か有料か、プランを決めます。有料にしたい明確な理由がない限り、無料プランを選択しておきましょう❶。あとで必要になってから有料プランに変更することもできます。

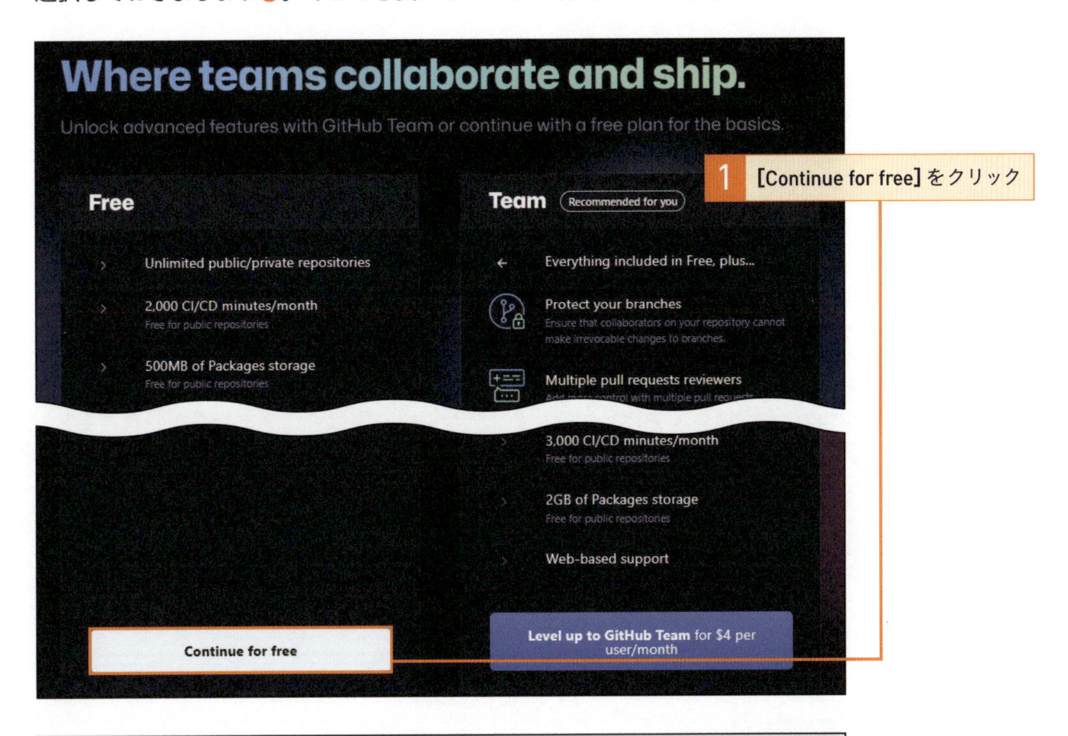

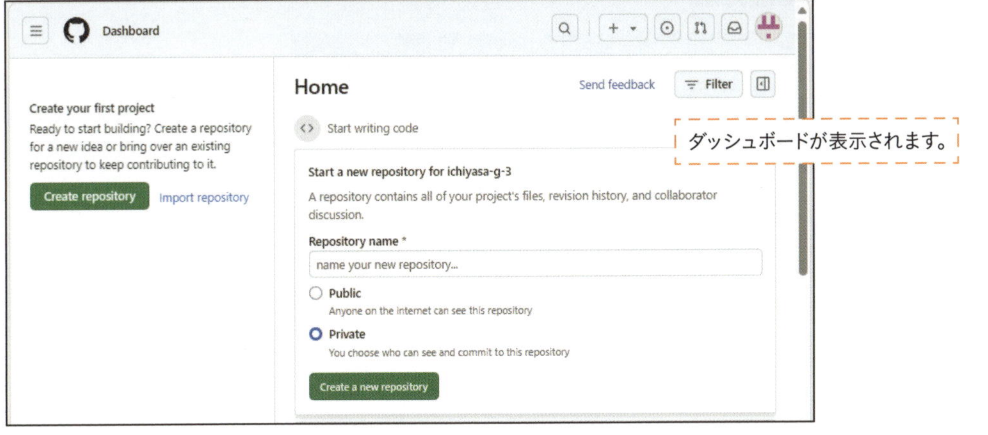

アカウント作成直後はログインした状態となっています。ログアウトした場合は、GitHubのページの右上に表示されている[Sign in] をクリックし、ユーザー名とパスワードを入力して再ログインしましょう。

Lesson 24

[GitHubの利用準備]

GitHubに公開鍵を設定しましょう

このレッスンのポイント

GitHubに対して操作を行う際、認証が必要になることがあります。このLessonでは、SSHというプロトコルを用いて認証するための設定を行います。慣れない操作もあるかもしれませんが、間違えないよう注意しましょう。

》Gitを使ってGitHubと認証する方法は2つある

手元のパソコンとGitHubとで通信してデータをやりとりするには、認証という手続きが必要となります。現在、GitHubで使用できる認証方式は2つあり、1つはHTTPSというプロトコルとパーソナルアクセストークン（P.128）を用いたユーザー認証です。もう1つは**SSHというプロトコルと公開鍵を用いたサーバー認証です。本書ではこちらを採用します**。いずれの方法も最初にコマンドラインやブラウザー上での設定が必要です。SSHを使う場合、最初の設定以降はコマンドライン上で**認証のためにユーザー名やパーソナルアクセストークンなどを入力する必要がないため**、GitHubに接続する際の手順が軽減できます。

通信プロトコルと認証方法

通信プロトコル	認証方法
SSH	公開鍵
HTTPS	ユーザー名とパーソナルアクセストークン

公開鍵による認証方式

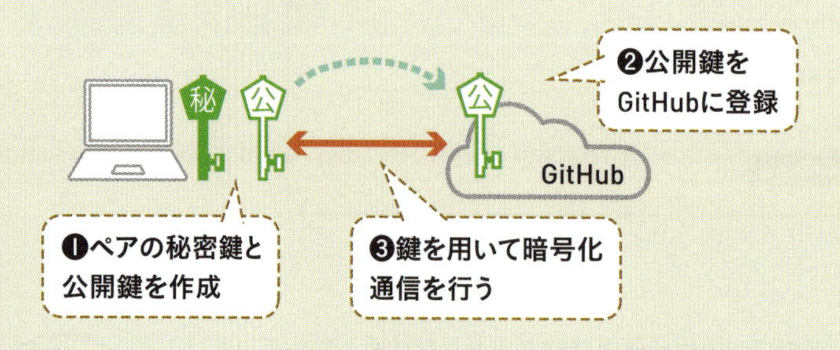

「SSH」や「公開鍵」の仕組みがわからなくても使うことはできますが、仕組みも理解できたほうが望ましいので、時間のあるときに調べてみてくださいね。

》SSH Keyを作成する

1 SSH Keyを生成する

以下のコマンドを実行して、鍵（SSH Key）を作成します。"ichiyasa-g-3@example.com"の部分は自分のメールアドレスに置き換えてください❶。

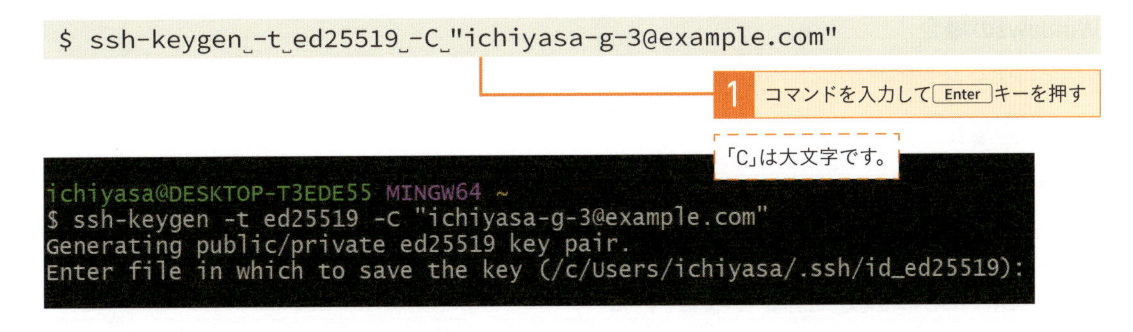

2 鍵の保存場所を確認する

「Enter file in which to save the key」と表示されたら、Enter キーを押してください❶。このときに表示される絶対パスは、生成した鍵の保存先です。

```
ichiyasa@DESKTOP-T3EDE55 MINGW64 ~
$ ssh-keygen -t ed25519 -C "ichiyasa-g-3@example.
Generating public/private ed25519 key pair.
Enter file in which to save the key (/c/Users/ichiyasa/.ssh/id_ed25519):
Created directory '/c/Users/ichiyasa/.ssh'.
```

1 Enter キーを押す

鍵の保存先の絶対パスが表示されます。

3 パスフレーズを入力する

続いて、「Enter passphrase」と表示されるので、パスフレーズ（パスワードのことだと思ってください。SSH Keyの管理に必要です）を入力します。GitHubのパスワードとは別の、今生成するSSH Key専用のパスフレーズを設定してください。なお、確認のため2回入力が必要です❶。

```
ichiyasa@DESKTOP-T3EDE55 MINGW64 ~
$ ssh-keygen -t ed25519 -C "ichiyasa-g-3@example.c
Generating public/private ed25519 key pair.
Enter file in which to save the key (/c/Users/ichi
Created directory '/c/Users/ichiyasa/.ssh'.
Enter passphrase for "/c/Users/ichiyasa/.ssh/id_ed25519" (empty for no passphrase):
```

1 パスフレーズを2回入力

パスフレーズは入力しても画面に表示されません。

》SSH KeyをGitHubに登録しよう

1 公開鍵をクリップボードにコピーする

生成した公開鍵をGitHubの設定画面に登録するために、次のコマンドを実行してクリップボードにコピーします。WindowsとmacOSでコマンドが異なります。

Windowsの場合

```
$ clip␣<␣/c/Users/ichiyasa/.ssh/id_ed25519.pub
```

macOSの場合

```
$ pbcopy␣<␣/Users/ichiyasa/.ssh/id_ed25519.pub
```

2 GitHubの設定画面を表示する

GitHubの［Settings］を開きます❶❷。左側のメニューより［SSH and GPG Keys］を選択したあと❸、［New SSH key］をクリックします❹。

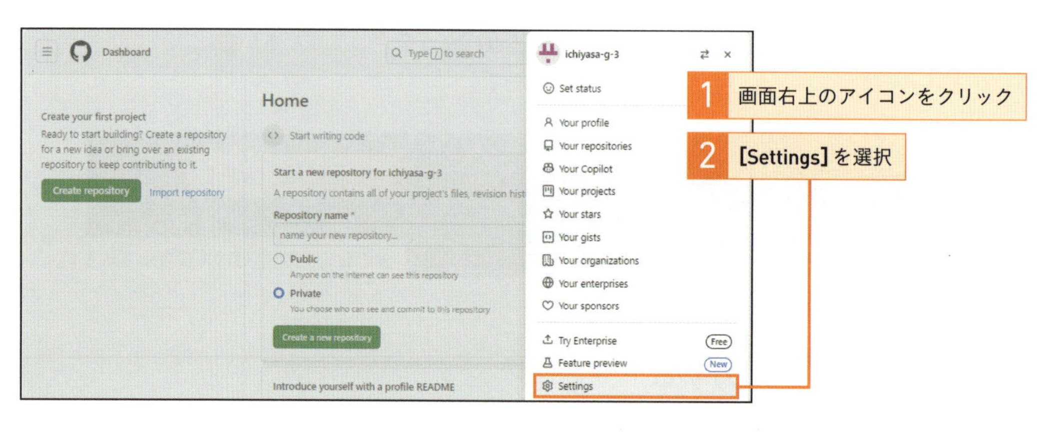

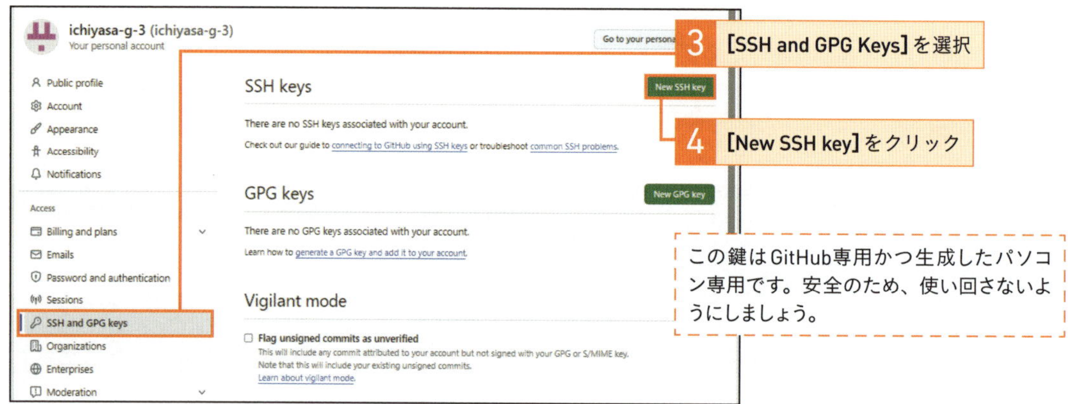

この鍵はGitHub専用かつ生成したパソコン専用です。安全のため、使い回さないようにしましょう。

3 公開鍵を貼り付ける

[Title] を入力します❶。内容は自由ですが、あとで見たときにどのパソコンで発行したキーなのかがわかる情報を入力するのがオススメです。[Key type] は [Authentication Key] を選択し❷、[Key] のフィールドに公開鍵をペーストします❸。入力が完了したら、[Add SSH key] をクリックしましょう❸。

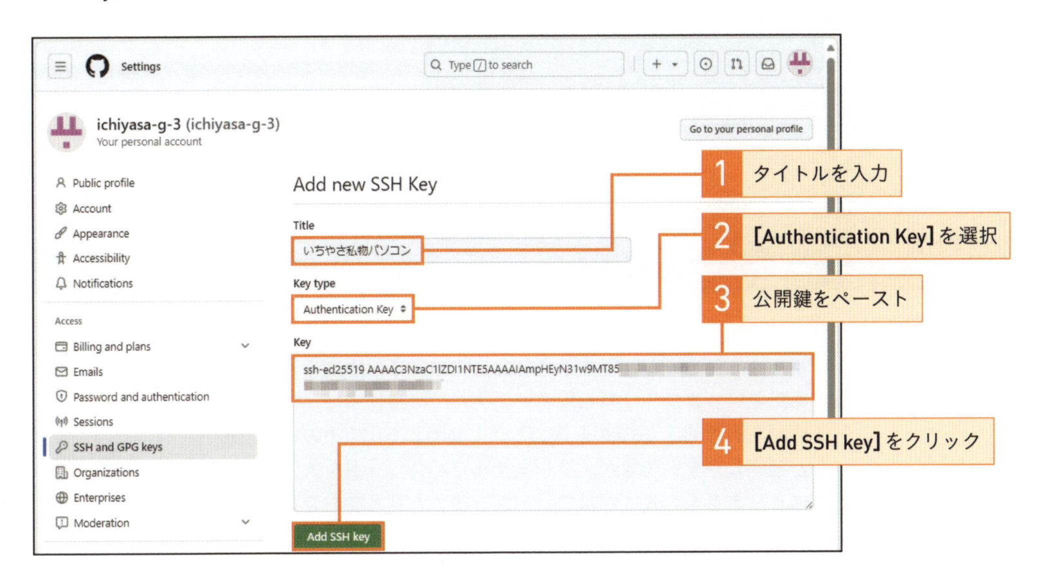

》正しく設定できたことを確認しよう

1 確認用のコマンドを入力する

鍵の設定がうまくいったことを確認するため、次のコマンドを実行してください❶。「Are you sure you want to continue connecting (yes/no/[fingerprint])?」と問われたら「yes」と入力します❷。

```
$ ssh␣-T␣git@github.com
```

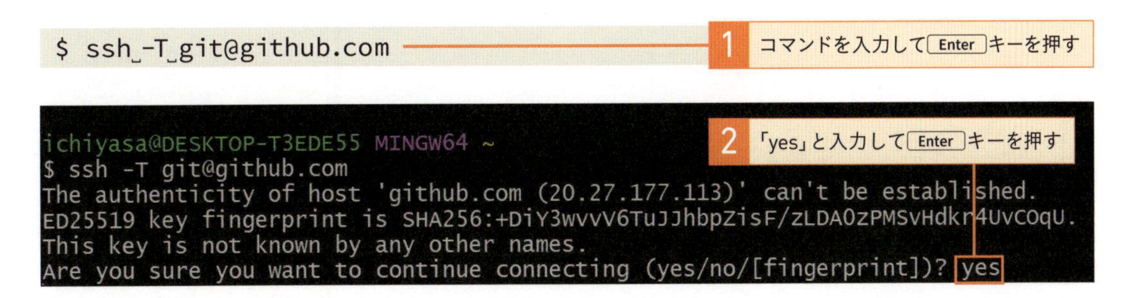

2 パスフレーズを入力する

続いて先ほど設定したパスフレーズを入力してください❶。「Hi ユーザー名！ You've successfully authenticated」と表示されたら設定は成功です。

```
ichiyasa@DESKTOP-T3EDE55 MINGW64 ~
$ ssh -T git@github.com
The authenticity of host 'github.com (20.27.177.11
ED25519 key fingerprint is SHA256:+DiY3wvvV6TuJJhb
This key is not known by any other names.
Are you sure you want to continue connecting (yes/
Warning: Permanently added 'github.com' (ED25519) t
Enter passphrase for key '/c/Users/ichiyasa/.ssh/id_ed25519':
Hi ichiyasa-g-3! You've successfully authenticated, but GitHub does not provide
shell access.

ichiyasa@DESKTOP-T3EDE55 MINGW64 ~
$
```

1 パスフレーズを入力して Enter キーを押す

「You've successfully authenticated」と表示されたら設定は成功しています。

「Permission denied」と表示されたら失敗です。手順をやり直してください。また、これ以降ターミナルでの操作中にパスフレーズを聞かれたら、この値を入力しましょう。GitHubのパスワードと混同しやすいですが、ターミナルでパスワードを入力する機会はありません。必ずパスフレーズを使うと覚えておきましょう。

One Point

Settingsメニューでさまざまな設定ができる

今回は公開鍵の設定を紹介しましたが、Settingsメニューでできることは他にもあります。たとえば、プロフィールの設定をして自分がどんな人物なのか伝えたり、メールで通知を受ける内容をカスタマイズしたり、いろいろと自分好みの設定が可能です。また、二段階認証を有効化するといった、安全にサービスを使うための機能も備わっています。

Settingsメニューのプロフィール設定画面

ichiyasa-g-3 (ichiyasa-g-3)
Your personal account
Go to your personal profile

Public profile / Account / Appearance / Accessibility / Notifications
Access: Billing and plans / Emails / Password and authentication / Sessions / SSH and GPG keys / Organizations

Public profile
Name: ichiyasa
Your name may appear around GitHub where you contribute or are mentioned. You can remove it at any time.
Public email: Select a verified email to display
You can manage verified email addresses in your email settings
Bio: Tell us a little bit about yourself
You can @mention other users and organizations to link to them.
Profile picture / Edit

Lesson 25

[リモートリポジトリのフォーク]

サンプルプロジェクトを自分のアカウントの管理下にコピーしましょう

このレッスンのポイント

実際に手を動かしながら複数人での共同開発やGitHubの使い方について理解していただくため、サンプルプロジェクトとそれを使ったシナリオを用意しました。まずは、サンプルプロジェクトを皆さんのGitHubアカウントの管理下に置いてみましょう。

》Chapter4～7で扱うシナリオと登場人物を知ろう

ここからは皆さんには「イチヤサさん」という、シナリオの主人公役となってもらいます。イチヤサさんは、外部から講師を招いて初心者向けのGit勉強会を開催することにしました。イベントを盛り上げるため参加者を多く募ろうと、案内用に**イベント概要を記載したWebページを作る**ことが決まっています。ページの大枠はサークル内のシガさんが作ってくれたので、完成に向けてメンバー数名で協力して作業することになりました。もちろん、Webページを構成するHTMLやCSSなどのファイルはGitで管理し、共同作業にはGitHubを用います。GitHub上のリポジトリは同じくサークルメンバーのヤギさんが用意済みです。皆さんはイチヤサさんとして、ヤギさんが作成したリポジトリを取得することから作業に着手していただきます。

GitとGitHubを利用して共同作業を進めていく

》フォーク機能でGitHub上のリポジトリを複製する

これからシナリオを進めるにあたって、Webページを構成するHTMLやCSSなどを、Gitで管理された状態で取得する必要がありますね。本書では、必要なファイルの用意やリポジトリの作成でなるべくつまずかないよう、サンプル用のリモートリポジトリをあらかじめ用意しておきました（これ以降、「サンプルプロジェクト」と呼びます。さきほど紹介したシナリオに当てはめると、ヤギさんが用意したリポジトリだと思ってください）。皆さんにはそれを複製して学習を進めてもらいます。

GitHubは、**リポジトリを複製する「フォーク」という機能を提供しています**。フォークを活用することで、複製元となるオリジナルのリポジトリに影響を与えることなく、ファイルに変更を加えることができます。一般的なのは、共同開発をしたいリポジトリをフォークし、フォークした先で変更を加えたあと、最終的にフォーク元のオリジナルへその変更を反映させるという使い方です。ただし今回は、**フォークした先のみで作業を行う**ので、一度フォークしたらオリジナルのことは忘れてしまって大丈夫です。

フォーク機能を利用した編集の流れ

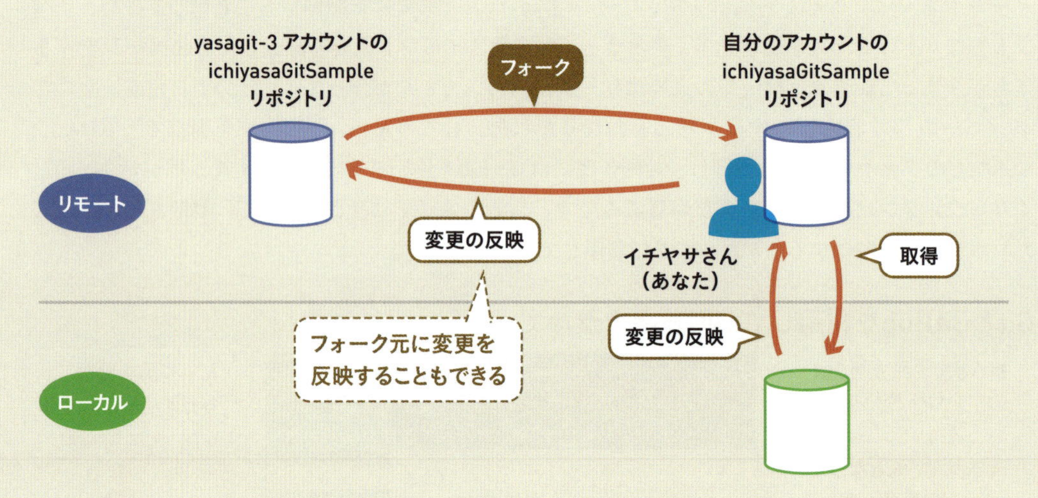

> **One Point**
>
> **IDとパスワードによる認証は廃止された**
>
> HTTPSを使う際、以前はGitHubのユーザー名とパスワードを入力して認証することもできました。しかし、セキュリティ向上を主な理由としてこの方法は2021年8月に廃止されています。代わりとなるのがパーソナルアクセストークン(PAT)ですが、設定にGitHubの基本的な知識が必要となること、筆者の経験上SSHも多く使われていることなどから本書ではSSHを採用しました。PATの設定方法も公式ドキュメントがあるので、興味のある方は調べてみてください。

実際に手を動かしてシナリオを進めよう

これ以降、登場人物となったつもりで操作しながら読み進めていただくことをオススメします。シナリオの都合上、シガさんの操作は別のアカウントが必要となる箇所があるので以下のいずれかの方法をとってください。ただし、1つ目を選んだ場合もChapter 7のみ1人2役やっていただいた方が理解が進むはずです。GitHubアカウントは1つで大丈夫です。

・シガさんの操作は本書で読んで確認するのみとし、実行しない（メインの操作しか体験できませんが、素早く読み進められ手順もシンプルです）
・別のGitHubアカウントを作成し、全員分の操作を1人で行う（アカウントを切り替えながらの操作が煩雑で時間がかかりますが、紹介する全パートを体験できます）
・友達や仕事仲間などと一緒にそれぞれの役をやってみる（1人で学習する場合は不可能ですが、最も現実に近い形を実現できます）

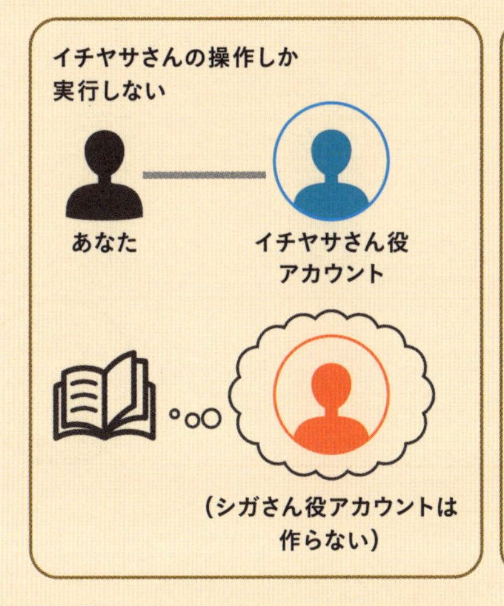

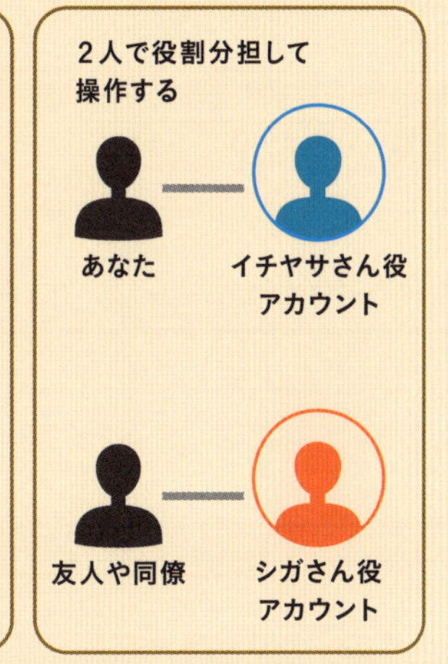

ここからはチーム作業を想定した内容となるので、どうしても1人ではやりづらい部分も出てきます。皆さんの目的や学びやすさに合った方法を見つけてください。
ちなみに、1人で2アカウントを使う場合はブラウザーの「シークレットウインドウ」を活用するのもオススメです。

》サンプルプロジェクトをフォークしよう

1 複製元のリポジトリでフォークを開始する

複製元のリポジトリを表示した状態で❶、右上にある［Fork］をクリックしてください❷。すると、フォークで作成するリポジトリの設定画面が表示されます。

［Owner］は自分のアカウント名になっていることを確認しましょう❸。［Repository name］［Description］にはそれぞれリポジトリ名、説明を入力します❹❺。特に希望がなければ編集不要です。コピーするブランチの指定はチェックしたままでかまいません❻。Chapter 5でブランチを学んだら、このチェックボックスの意味も理解できるようになるはずです。

サンプル用のリモートリポジトリのURL

https://github.com/yasagit-3/ichiyasaGitSample

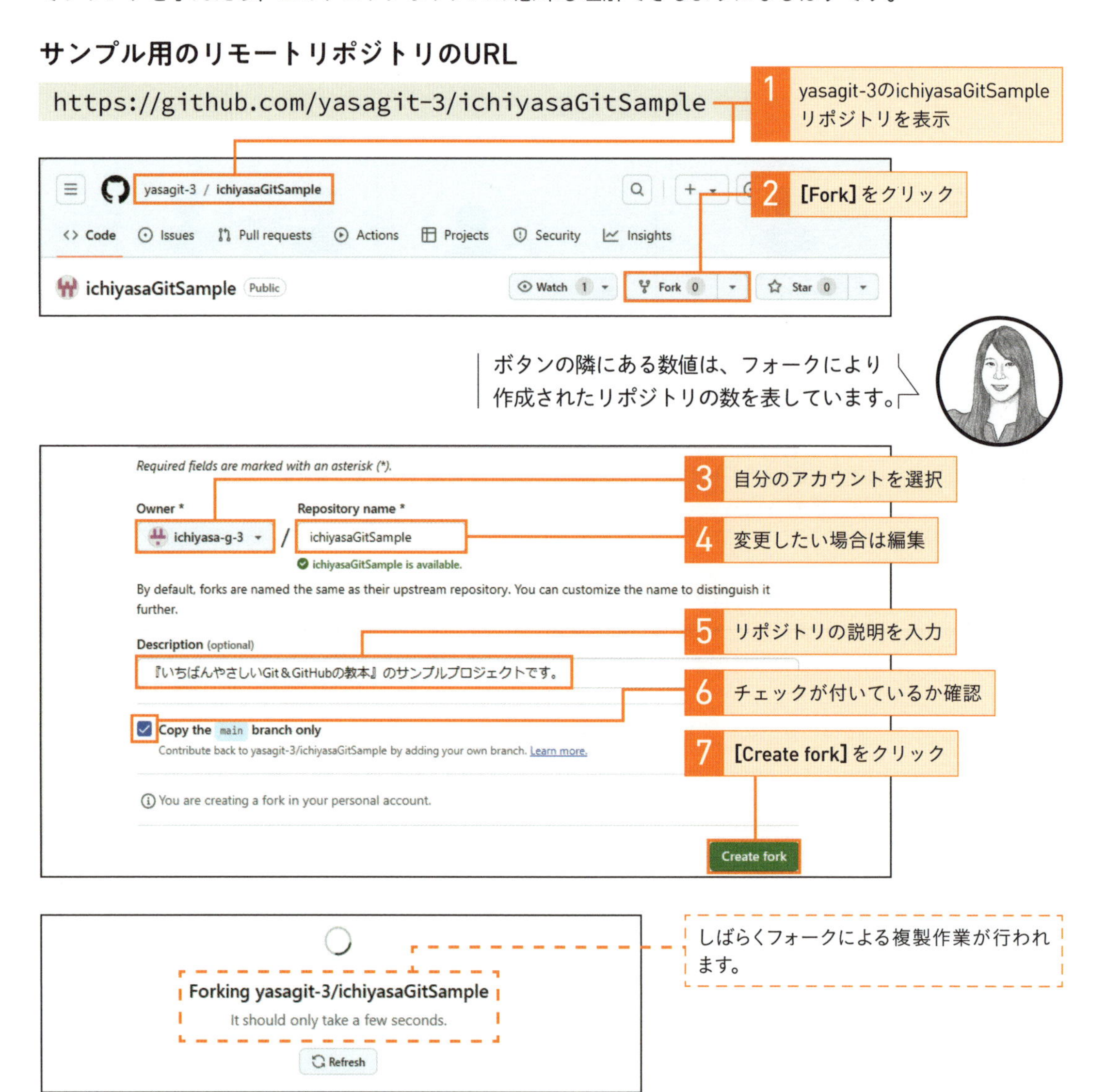

2 フォークが完了した

フォークが完了すると、フォークにより作成されたリポジトリの画面が開かれた状態となります。内容が同じなので一見同じものに見えますが、自分のアカウントのページに変わっています。

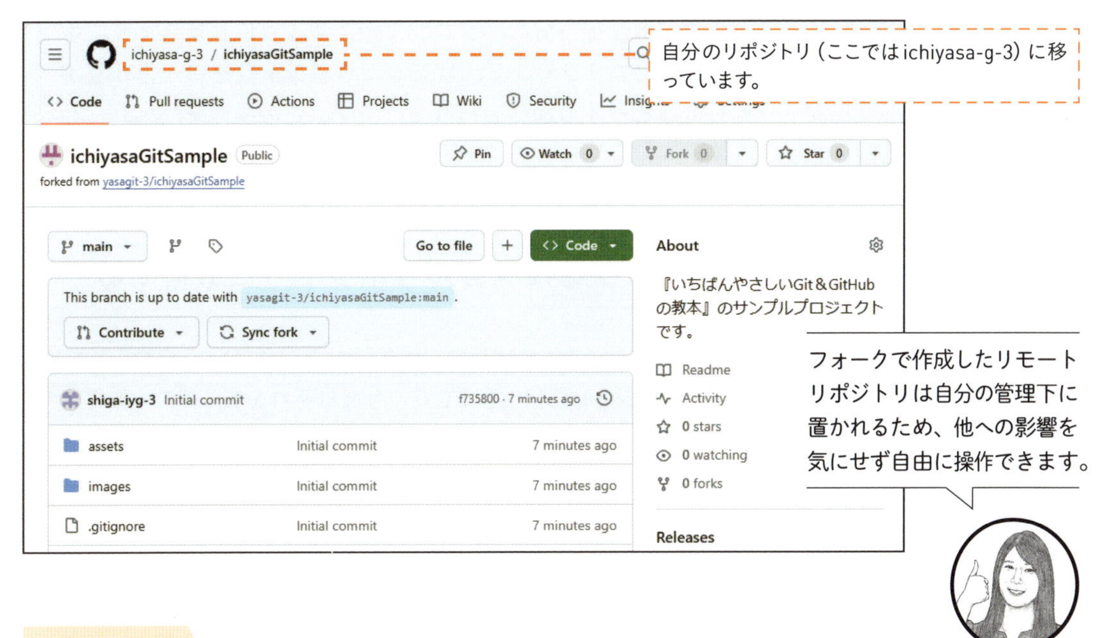

One Point

[Code]タブでどんなリポジトリか見てみよう

リポジトリの画面を開くと、ページ上部にあるいくつかのタブのうち［Code］が選択された状態になります。ここでは、リポジトリの簡単な説明、管理しているファイルのフォルダー構成、URLなどを確認することができます。また、右下にはカラフルなバーがあり、リポジトリ内のファイルがどんな言語で書かれているかの割合が見られるようになっています。[Code]タブは、いわばリポジトリのプロフィールが見られるようなページなのです。

使用言語ごとの割合を示すバー

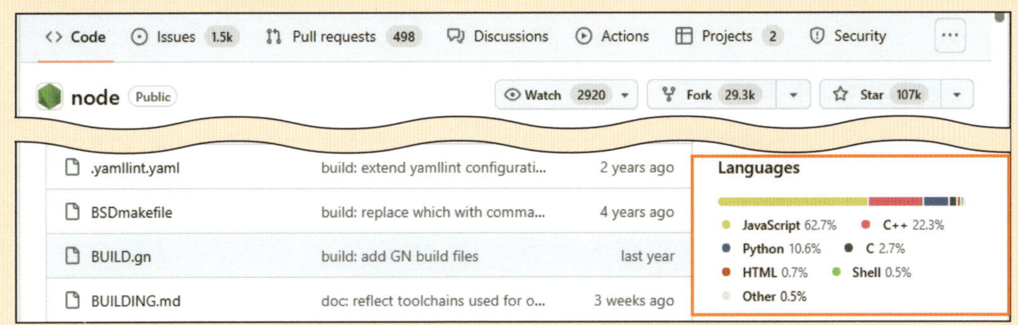

Lesson 26

[リモートリポジトリのクローン]

イベント案内ページをパソコンに取得しましょう

このレッスンのポイント

リモートリポジトリを自分のパソコンで使えるようにしましょう。手順は簡単で、たった1コマンド、リモートリポジトリをローカルリポジトリとしてコピーする操作を行うだけです。この操作を「クローン」といいます。

》シガさんが作成したページをローカルリポジトリに取得する

シガさんはWebページのソースコードをGitHubに公開してくれました。1つ前のLessonでそれを複製して、イチヤサさん（あなた）のリポジトリを作成しました。今度はそれを自分のローカルリポジトリとして取得し、開発の準備を整えます。この操作は**git cloneコマンド**で行います。

クローンでリモートリポジトリを作成する

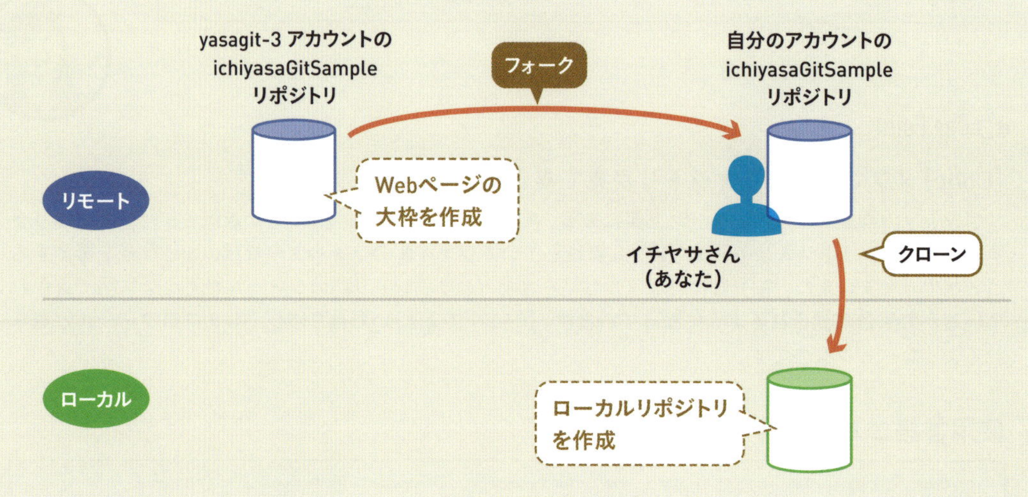

git cloneコマンドの使い方

```
$ git clone git@github.com:ichiyasa-g-3/ichiyasaGitSample.git
```

git cloneコマンド

GitHubからコピーするクローン用URL

》リモートリポジトリをクローンしよう

1 リモートリポジトリのURLを取得する

はじめに、リモートリポジトリを特定するためのURLをGitHubで取得しましょう。フォークしたリポジトリのページで［Code］をクリックし❶、［SSH］のタブを選択してから❷、クリップボードにコピーしましょう❸。

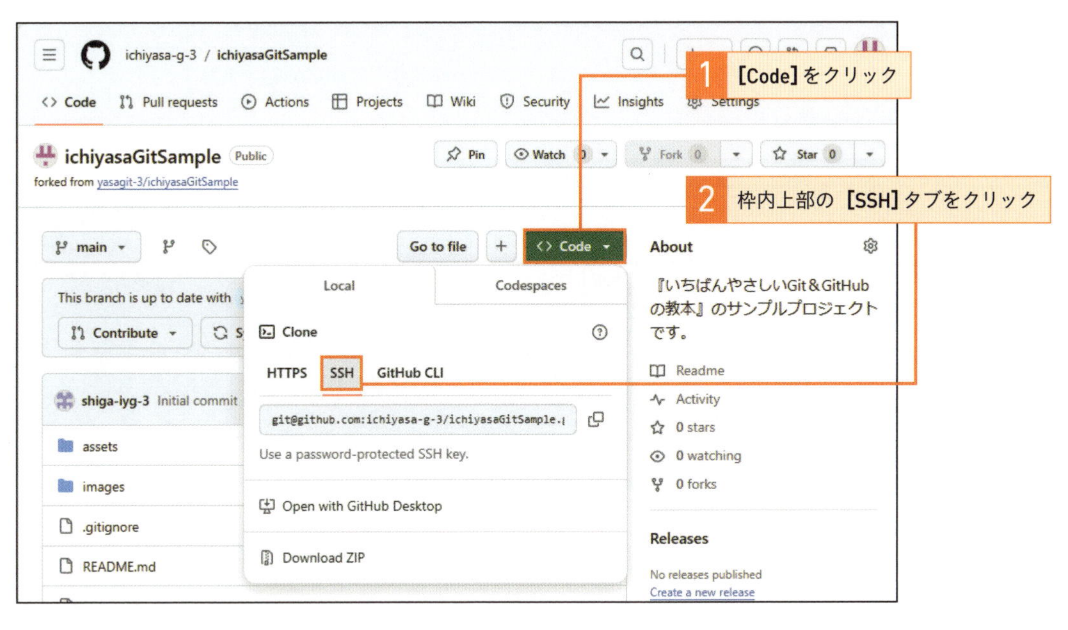

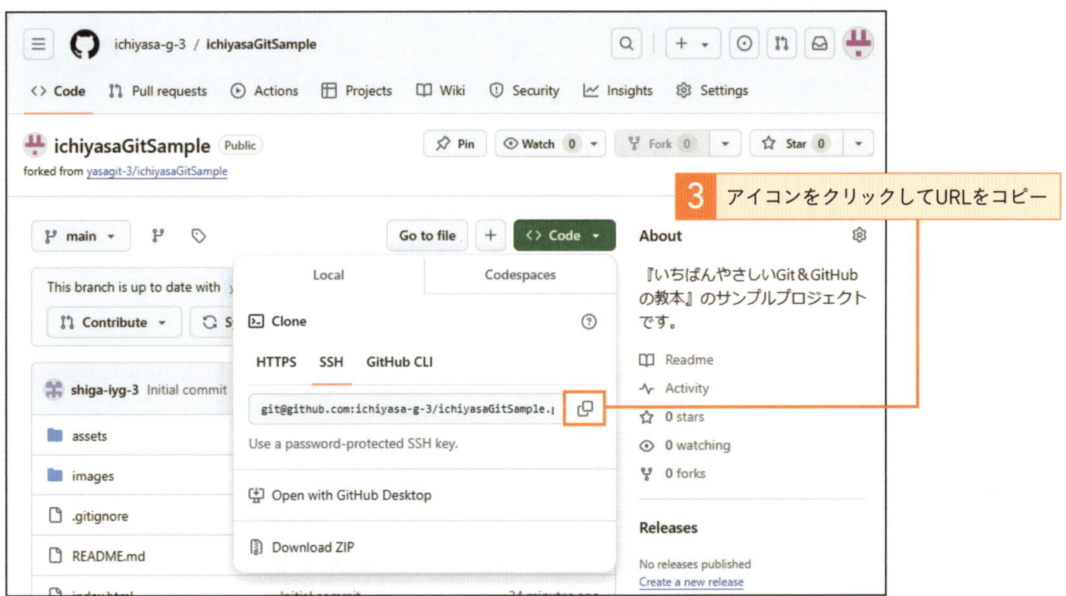

2 クローンを実行する

git cloneコマンドでクローンを実行しましょう❶。パラメーターに前ページでコピーしたリモートリポジトリのURLを指定して実行すると❷、ローカルリポジトリとしてコピーが作成されます。Git Bashで貼り付けを行うには、画面上を右クリックしてメニューから[Paste]を選択するか、Shift + Insertキーを押します。macOSのターミナルの場合は右クリックして「ペースト」するか、command + Vキーを使いましょう。

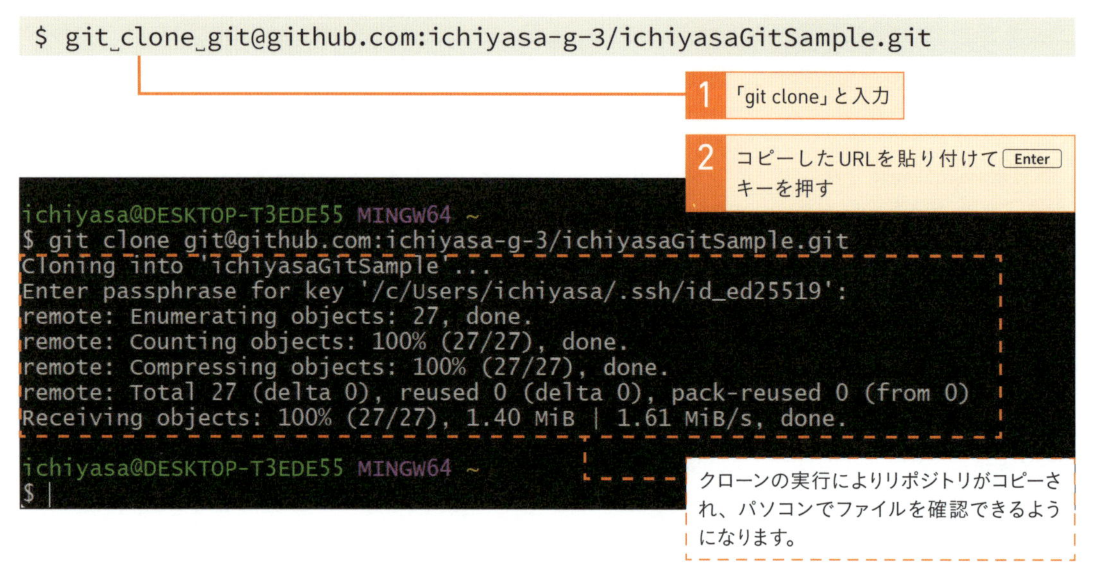

Chapter 3では、git initコマンドを使ってリポジトリを作成する方法を説明しました。ここで説明するgit cloneコマンドはもう1つの作成方法です。

3 クローンされたリポジトリのディレクトリに移動する

ホームディレクトリの直下でgit cloneコマンドを実行したため、その中に「ichiyasaGitSample」ディレクトリが作られているはずです。そこがローカルリポジトリなのでcdコマンドでディレクトリ内に移動しましょう❶。

```
$ cd ichiyasaGitSample/
```

1 コマンドを入力して Enter キーを押す

```
ichiyasa@DESKTOP-T3EDE55 MINGW64 ~
$ cd ichiyasaGitSample/

ichiyasa@DESKTOP-T3EDE55 MINGW64 ~/ichiyasaGitSample (main)
$
```

作成されたディレクトリに移動します。

》リモートリポジトリの設定を確認しよう

git remoteコマンドを使うと、リモートリポジトリの設定を確認したり変更したりすることができます。ここでは、先ほどクローンしたリポジトリが設定されていることを確認してみましょう。URL情報を確認できる-vオプションを付けて実行すると、「origin」という文字のあとに先ほど指定したURLが2回表示されるはずです。

git remoteコマンド

```
$ git␣remote␣-v
```

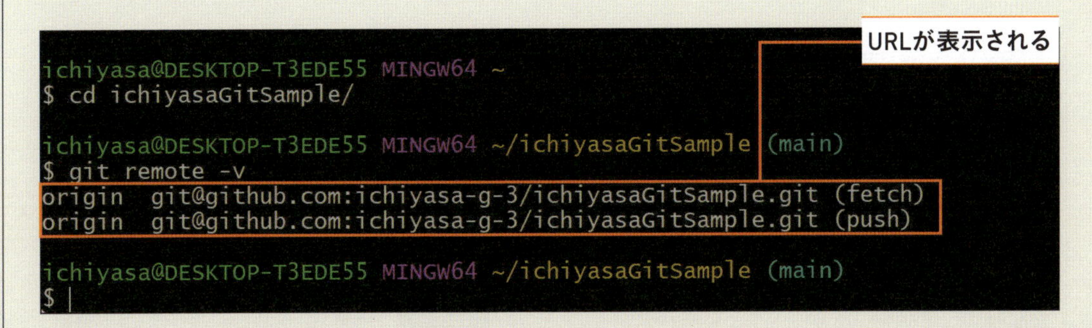

》originはリモートリポジトリを表している

git remoteコマンドの実行結果を見ると、「origin」という文字が表示されています。これはクローン元のリモートリポジトリを表す名前です。実はGitでは、1つのローカルリポジトリに対してリモートリポジトリを複数設定できるので、それぞれを識別するために名前が必要です。**クローンすると、クローン元のリポジトリにはGitが初期値として「origin」という名前を付けます**。この名前はあとから変更することも可能ですが、慣習的にoriginのまま使います。今後もコマンドのパラメーターとしてoriginを指定する場面が多々ありますが、**どのリモートリポジトリに対して操作するのか**を明確にするためだと覚えておきましょう。

リモートリポジトリを表す名前

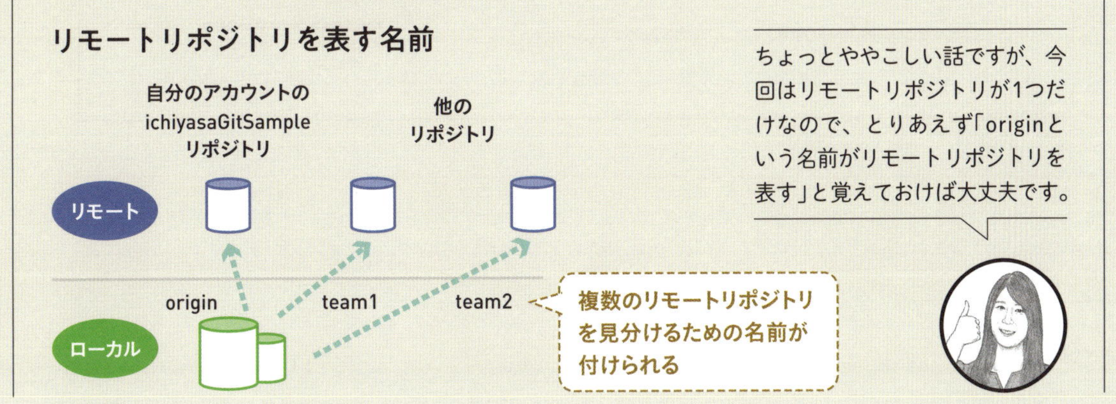

ちょっとややこしい話ですが、今回はリモートリポジトリが1つだけなので、とりあえず「originという名前がリモートリポジトリを表す」と覚えておけば大丈夫です。

One Point

GitHubがコマンドで操作できるようになった

本書ではGitHubの操作をブラウザー上で行っていますが、2020年9月に正式リリースされた「GitHub CLI」を使うとコマンドでも扱うことができます（CLIはコマンドラインインターフェースの略）。GitHub上のリポジトリや、あとのChapterで紹介するプルリクエストやIssue（イシュー）などを管理できるので、ターミナルとブラウザーを行き来する頻度を減らせます。

クローンをする際に［HTTPS］、［SSH］の他に［GitHub CLI］のタブがあったのにお気付きでしょうか。ここでGitHub CLIをローカルで実行するためのコマンドをコピーできます。

ただし、あくまでGitHubを使うためのツールであり、これまで学んできたようなGitの操作ができるわけではないので注意しましょう。

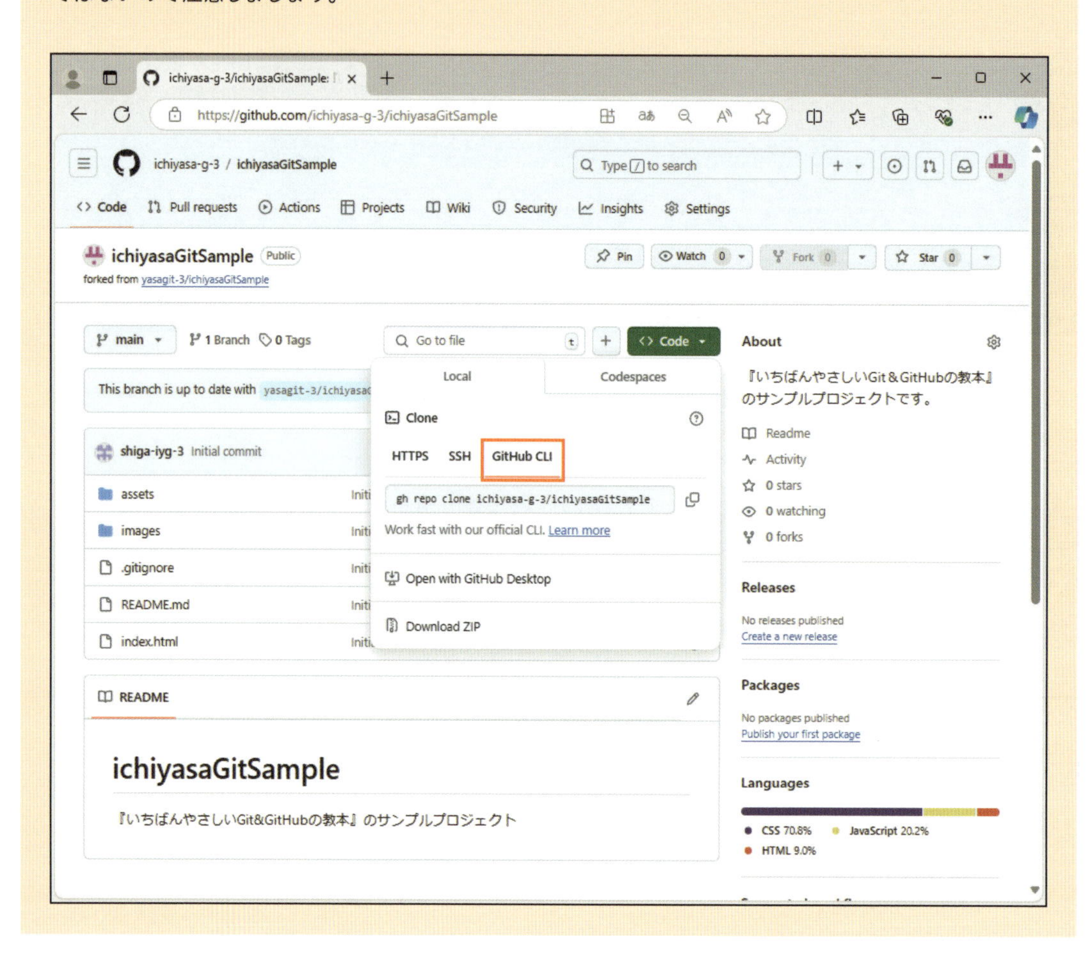

One Point

GitHubでリポジトリを新規作成する方法

フォークを利用してリポジトリを作成する方法を説明しましたが、新規でリポジトリを作成する方法も知っておきましょう。リポジトリの名前や公開／非公開設定など、最低限の入力だけ済ませればすぐに作ることができます。

リポジトリ作成画面を利用して新規リポジトリを作成

以前はプライベート（非公開）リポジトリの作成が有料でしたが、2019年より無料になりました。利用者としては嬉しい変更ですね。

Lesson 27

[開発環境の準備]

Webページの編集作業をするための準備をしましょう

このレッスンのポイント

最後に、クローンで取得したサンプルプロジェクトを編集したり、Webページとして表示したりする手順を説明します。ここまで済ませれば本格的な共同開発へ移ることができるので、楽しみにしていてくださいね。

》サンプルプロジェクトをVisual Studio Codeで編集しよう

Markdownファイルを扱っていたこれまでのChapterとは異なり、Chapter 5以降は主な編集対象がHTMLファイルとなります。しかし、Visual Studio Codeで作業をしていくことに変わりはありません。Visual Studio Codeはマウス操作で起動してもいいのですが、コマンドラインから起動して、Gitの操作からスムーズに切り替える方法を紹介します。**本書の手順（P.56）に沿ってVisual Studio Codeをインストールしていれば、WindowsでもmacOSでもcodeコマンドで起動できます。**

codeコマンドの使い方

```
$ code␣/c/Users/ichiyasa/ichiyasaGitSample
```

Visual Studio Codeの作業フォルダーにするディレクトリパス

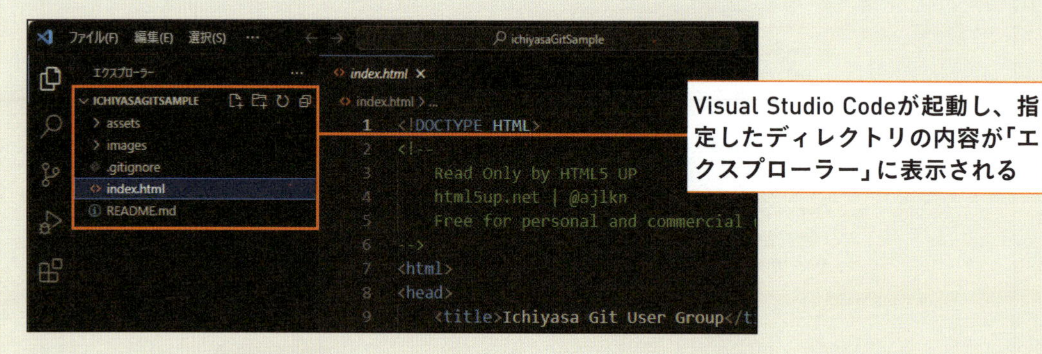

》コマンドラインからVisual Studio Codeを起動する

1 codeコマンドを入力する

codeコマンドのあとにディレクトリパスを書きます。すでにローカルリポジトリのディレクトリを表示している場合は、**カレントディレクトリを表す相対パスの「.」(ドット)を指定する**だけで済みます❶。

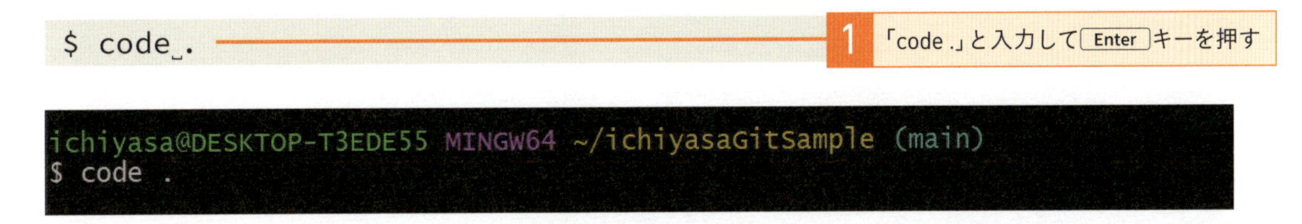

2 Visual Studio Codeでファイルを開く

ディレクトリを指定して起動すると、左側のエクスプローラーにそのディレクトリ内のファイルやディレクトリが表示されます。ファイル名をクリックして素早く開くことができます❶。

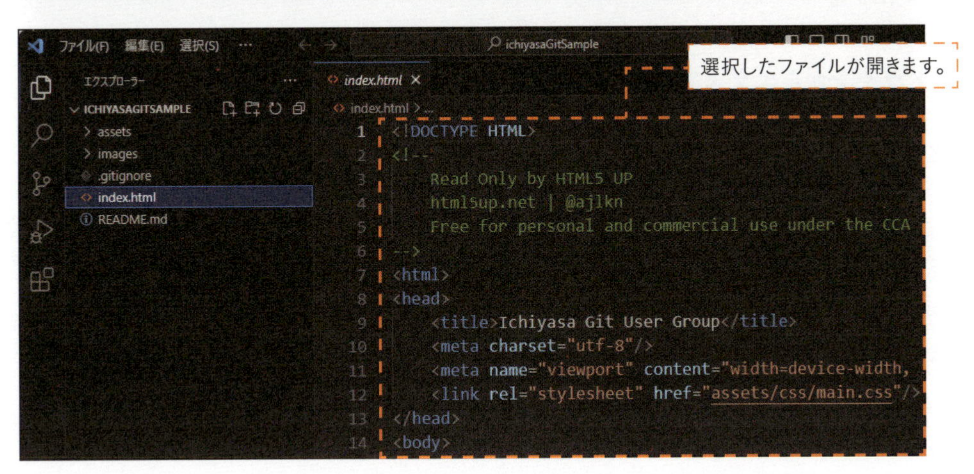

》ブラウザーでWebページの表示を確認しよう

Visual Studio CodeでHTMLを見るだけでなく、ブラウザーでWebページとしての見た目を確認しながら進めるとイメージしやすいはずです。先ほどクローンで取得したファイルのうち、index.htmlをブラウザーで開いてみてください。WindowsならエクスプローラーやmacOSならFinderでクローンしたディレクトリ（フォルダー）を開き、ファイルをダブルクリックしてください。

イベント用Webページの表示イメージ

HTMLの知識はなくても心配無用です。本書のまねをしながら進めてくださいね。

One Point

コマンドラインからエクスプローラーやFinderを起動する

エクスプローラーやFinderも、パスを指定してコマンドを実行するとコマンドラインから起動できます。何度もクリックしてディレクトリを移動する必要がなくなるのでオススメです。これも絶対パス／相対パスのいずれでも指定が可能ですが、ここでは絶対パスを使っています。

Windowsの場合

```
$ start␣/c/Users/ichiyasa/ichiyasaGitSample
```

macOSの場合

```
$ open␣/Users/ichiyasa/ichiyasaGitSample
```

Chapter

5

ブランチを使って ファイルを更新しよう

GitHubを用いたメジャーな作業フローで、イベントページの更新作業を行います。フローを実践する中で、ブランチという重要な機能についても学びます。しっかり手を動かして使いこなせるようになってくださいね。

Lesson 28

[ブランチの基本]

ブランチとは何かを理解しましょう

このレッスンのポイント

ブランチは、同じリポジトリ内で並行して異なる作業をする際に役立つ重要な機能です。Gitを用いた開発を進める上では習得が必須といえるでしょう。ここでは、まず基本をおさえるために、ブランチそのものについて解説します。

》ブランチで並行作業がしやすくなる

ブランチは簡単にいうと、**Gitで記録する履歴を枝分かれさせる**ための機能です。英語でbranchが「枝」を意味することをふまえると、わかりやすいネーミングですね。これまでは、コミットが一直線に並ぶようなイメージのみ紹介してきましたが、それだけでは不便なことも多々あります。たとえば、**同時に複数の異なる作業をしたい場合、内容ごとに別々に管理ができたほうが望ましい**です。また、アプリケーション開発をしていて、本番環境とテスト環境それぞれで異なるバージョンを動かしたいときも、ブランチを活用することでバージョンの切り替えが容易にできます。

ブランチによる枝分かれのイメージ

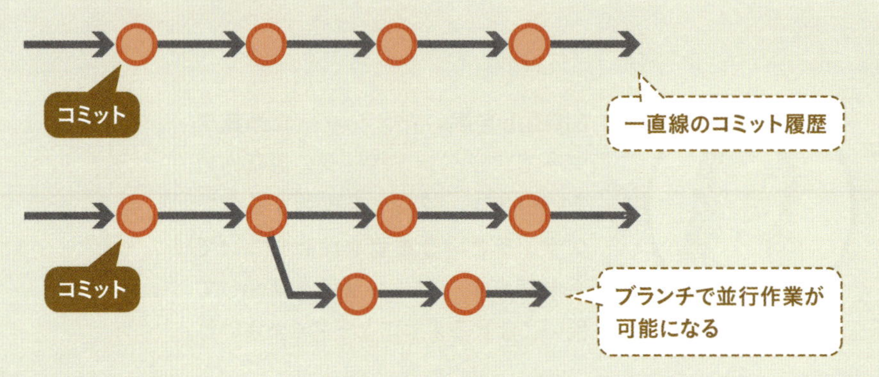

ブランチはGitの大きな強みです。使いこなせると、できることの幅がぐっと広がりますよ。

Chapter 5 ブランチを使ってファイルを更新しよう

》ブランチを統合することを「マージ」と呼ぶ

枝分かれさせたブランチは、任意のタイミングで統合できます。この作業を**「マージ」と呼びます。**マージのタイミングや方法はさまざまですが、このあとの実践パートで紹介します。

ブランチのマージ

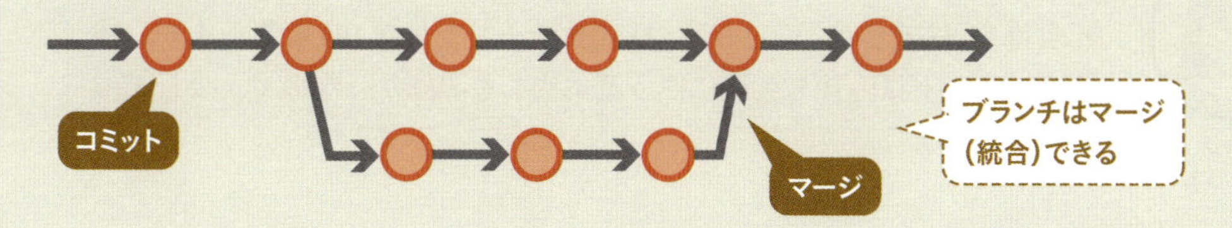

》これまで使っていたのはmainブランチ

実は、これまでもすでにブランチを使っていました。Gitのリポジトリを作成すると**自動で作られる、「main」という名のブランチ**です（P.67参照）。これは主となるバージョン（安定バージョン、最新バージョンなど）を管理するのに用います。Lessonのはじめで紹介したように枝分かれした他のブランチで作業をしても、多くの場合、最終的にはmainブランチにマージを行います。なお、このブランチに別の名前を付けることもできますが、慣習的にmain（またはmaster）とすることがほとんどです。

One Point

作業人数に関係なく「作業の意味」ごとにブランチを作る

mainは主となるブランチなので、安易に誤った内容を含めるわけにはいきません。そのため、作業用のブランチを作り、変更内容の確認や検証が済んだらmainブランチにマージする、というフローが一般的です。本書では、GitHubが推奨しており、採用実績も多い「GitHubフロー」を用います。GitHubフローについてはこのChapter 5の最後で改めて解説します。

One Point

かつてはmainではなくmasterと名付けることが多かった

Gitは誕生以来、デフォルトのブランチ名としてmasterが使われてきました。しかし、2020年に人権問題を背景とし、master/slaveなどいくつかのIT用語の使用を避けようという動きが起こりました。それを受け、Gitの世界でもmasterに代わってmainが浸透しつつあります。歴史の長いリポジトリではmasterブランチのまま運用が続いているケースもありますが、役割はmainと同じです。

Lesson 29

[ブランチを用いた実践1]

専用のブランチでイベント会場の情報を更新しましょう

このレッスンのポイント

ブランチを活用し、シガさんが作ったWebページ上のイベント開催会場を「株式会社○○」から「株式会社インプレス」に変更します。使うコマンドは今後も頻繁に使う基本的なものばかりなので、少しずつ覚えましょう。

》ブランチを用いてイベントの会場情報を更新する

Chapter 4でローカルリポジトリに取得したサンプルプロジェクト（初心者向けGit勉強会のイベントページ）を編集しながら進めます。シガさんがページを作成したときには会場が未定だったため、「株式会社○○」と記載していましたが、「株式会社インプレス」で決定となりました。イチヤサさんは、**イベント会場を更新するためのブランチを作成し、HTMLの編集とコミットを行います**。コミットが完了したら、mainブランチにマージするための作業を行います。マージは、ローカルリポジトリでGitコマンドにより実行することもできますが、今回は**GitHubを使ってリモートリポジトリ上で行います**。それが完了すると会場情報の変更を無事プロジェクトに反映できたことになり、作成したブランチは役目を終えます。このような、短期的に使う作業用のブランチを**「トピックブランチ」や「フィーチャーブランチ」**と呼びます。

Chapter 5で行う更新作業

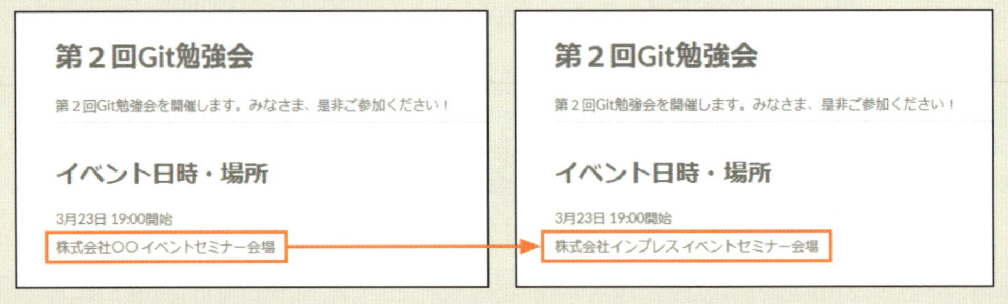

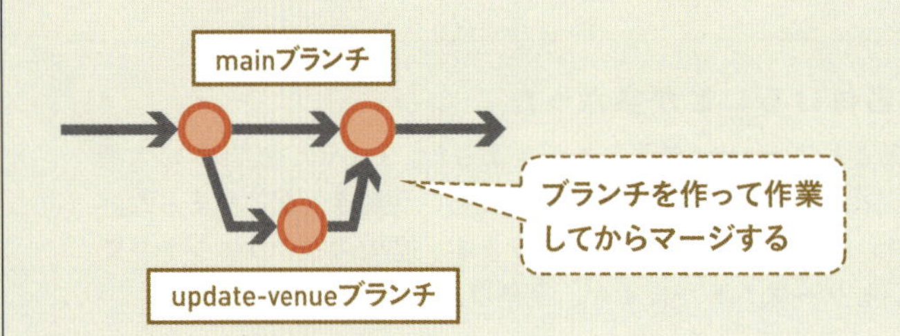

マージするときにGitHubの「プルリクエスト」という機能を利用します。

》ブランチを作成するためのGitコマンド

ブランチを操作するためのgit branchコマンドを使うと、ブランチを作成できます。作成したいブランチの名前を指定して実行します。

git branchコマンド

```
$ git branch update-venue
```

git branchコマンド　作成するブランチ名

作成、名前の変更、削除など、ブランチに対する操作を行えるのがgit branchコマンドです。シンプルな名前で覚えやすいですね。

》ブランチは切り替えながら使用する

ブランチが複数存在する状況では、「どのブランチに対して操作を行うか」ということを意識しなくてはなりません。**操作対象となるブランチを指定するには、git switchコマンドを用います。**このコマンドを実行すると、それ以降の操作対象が切り替わり、指定したブランチが使われるようになります。たとえば、update-venueブランチへスイッチしたあとにコミットをすると、update-venueブランチのみにコミットが追加され、それ以外のブランチには追加されません。

ブランチを切り替えるイメージ

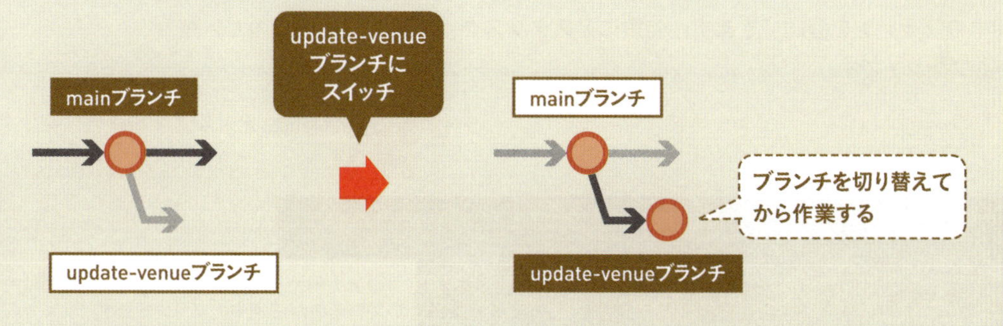

git switchコマンド

```
$ git switch update-venue
```

git switchコマンド　切り替え先のブランチ名

はじめは複数のブランチを使うことに混乱するかもしれませんが、ゆっくりと確認しながら作業して慣れていきましょう。

》ブランチを作成して切り替える

1 ブランチを作成する

git branchコマンドを用い、ブランチを作成します。ここでは、「開催会場を更新する」という作業内容を示す「update-venue」という名前のブランチにします❶。

```
$ git branch update-venue
```

1 コマンドを入力して Enter キーを押す

```
ichiyasa@DESKTOP-T3EDE55 MINGW64 ~/ichiyasaGitSample (main)
$ git branch update-venue
```

もし打ち間違いなどでブランチ名を誤って作成してしまったら、再度正しいブランチ名でコマンドを実行すれば大丈夫です。誤った名前の不要なブランチは、P.206の手順で削除できます。

2 使用中のブランチを確認する

ブランチ名の指定なしにgit branchコマンドを実行すると❶、作成済みのブランチ一覧と現在使用中のブランチを確認できます。先頭にアスタリスク（*）が付いているのが、今使っているブランチです。

```
$ git branch
```

1 「git branch」と入力して Enter キーを押す

```
ichiyasa@DESKTOP-T3EDE55 MINGW64 ~/ichiyasaGitSample (main)
$ git branch
* main
  update-venue
```

ブランチの一覧が表示されます。「*」が付いているのが使用中のブランチです。

Git Bashでは、カレントディレクトリと一緒に「(使用中のブランチ名)」が表示されているので、すぐに確認できます。

One Point

以前はgit checkoutコマンドでブランチを切り替えていた

Chapter 3で紹介したとおり、git switchコマンドはgit checkoutコマンドが2つに分かれて生まれました。これ以降、一部の操作ではgit checkoutを使う方法も紹介します。

3 ブランチをスイッチする

今はまだmainブランチを使用していることがわかりました。先ほど作成したupdate-venueブランチへと切り替える操作が必要です。使いたいブランチ名を指定し、git switchコマンドを実行してみましょう❶。

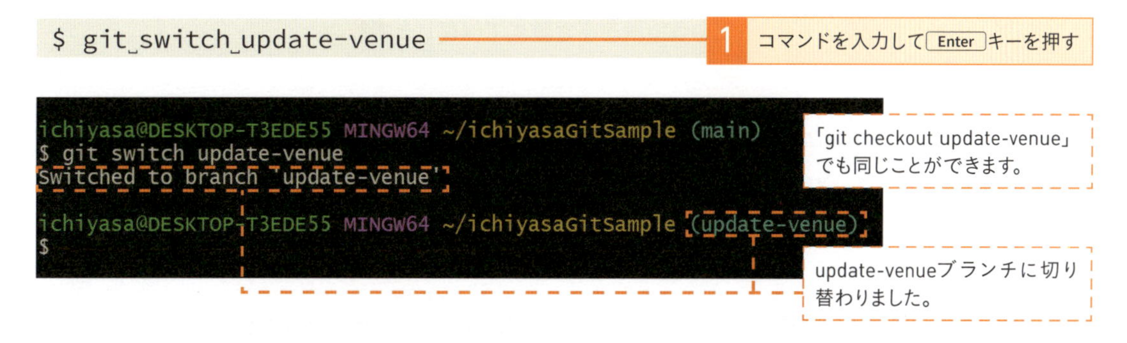

4 使用中のブランチを確認する

再びgit branchコマンドで確認すると❶、update-venueブランチに切り替わったことがわかります。

Point | git statusコマンドで確認する

git statusコマンドでも使用中のブランチを確認できます。コマンドを実行するとOn branchに続いて表示されるのが現在使っているブランチです。

```
ichiyasa@DESKTOP-T3EDE55 MINGW64 ~/ichiyasaGitSample (update-venue)
$ git status
On branch update-venue
nothing to commit, working tree clean

ichiyasa@DESKTOP-T3EDE55 MINGW64 ~/ichiyasaGitSample (update-venue)
$
```

git statusコマンドで使用中のブランチが表示されます。

》ファイルを編集してコミットする

1 index.htmlを編集する

codeコマンドでVisual Studio Codeを起動し、index.htmlを開きましょう（P.139参照）。「株式会社〇〇 イベントセミナー会場」という箇所を書き替えて保存します❶。

```
055 <article>
056 ␣␣␣␣<h3>イベント日時・場所</h3>
057 ␣␣␣␣<p>3月23日␣19:00開始</p>
058 ␣␣␣␣␣␣␣␣株式会社インプレス␣イベントセミナー会場</p>
059 </article>
```

1 会場を編集する

```
53                  <div class="features">
54                      <p>第2回Git勉強会を開催します。みなさま
55                      <article>
56                          <h3>イベント日時・場所</h3>
57                          <p>3月23日 19:00開始</p>
58                          <p>株式会社インプレス イベントセミナー会場</p>
59                      </article>
60                      <article>
61                          <h3>スピーカー</h3>
62                          <div class="speaker">
63                              <img src="images/speaker1.png" alt="" class=
64                              <div class="inner">
65                                  <h4>1人目: 未定</h4>
```

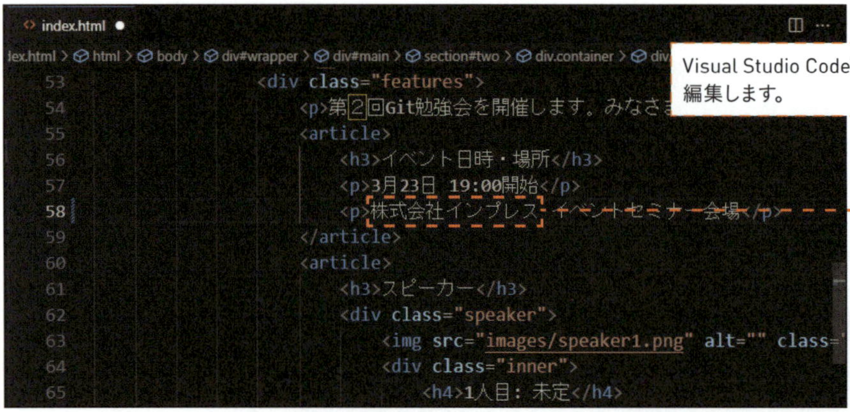

Visual Studio Codeで index.htmlの会場を編集します。

2 状態を確認する

対象ファイルの状態を確認したのち、コミットしてみましょう。まずはgit statusコマンドで状態を確認します。

```
$ git␣status
```

1 「git status」と入力して Enter キーを押す

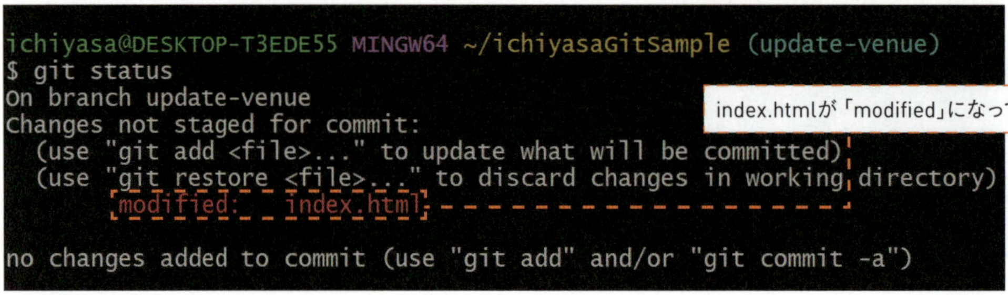

```
ichiyasa@DESKTOP-T3EDE55 MINGW64 ~/ichiyasaGitSample (update-venue)
$ git status
On branch update-venue
Changes not staged for commit:
  (use "git add <file>..." to update what will be committed)
  (use "git restore <file>..." to discard changes in working directory)
        modified:   index.html

no changes added to commit (use "git add" and/or "git commit -a")
```

index.htmlが「modified」になっています。

3 変更をコミットする

git addコマンドでindex.htmlをステージングエリアに登録し、git commitコマンドでコミットします。素早くコミットできる -mオプションを使いましょう❶。いずれもChapter 3で学習しましたね。

```
$ git␣add␣index.html
$ git␣commit␣-m␣"会場を株式会社インプレスに更新した"
```

❶ コマンドを1行ずつ入力して Enter キーを押す

```
ichiyasa@DESKTOP-T3EDE55 MINGW64 ~/ichiyasaGitSample (update-venue)
$ git add index.html

ichiyasa@DESKTOP-T3EDE55 MINGW64 ~/ichiyasaGitSample (update-venue)
$ git commit -m "会場を株式会社インプレスに更新した"
[update-venue 35c6f35] 会場を株式会社インプレスに更新した
 1 file changed, 1 insertion(+), 1 deletion(-)
```

コミットされました。

4 ブランチに対する操作を確認する

これで、update-venueブランチでの作業は完了です。このあと、このブランチをmainブランチにマージします。その前に、今使っているブランチをmainブランチと比較してみましょう。Chapter 3で紹介したgit diffコマンドを用いると、ブランチ同士の比較を行うことも可能です。パラメーターに比較対象のブランチを指定して実行してみましょう❶。会場変更が反映されていることを確認できるはずです。

```
$ git␣diff␣main
```

❶ 「git diff main」と入力して Enter キーを押す

```
ichiyasa@DESKTOP-T3EDE55 MINGW64 ~/ichiyasaGitSample (update-venue)
$ git diff main
diff --git a/index.html b/index.html
index b3405fb..3d80220 100644
--- a/index.html
+++ b/index.html
@@ -55,7 +55,7 @@
           <article>
             <h3>イベント日時・場所</h3>
             <p>3月23日 19:00開始</p>
-            <p>株式会社〇〇 イベントセミナー会場</p>
+            <p>株式会社インプレス イベントセミナー会場</p>
           </article>
           <article>
             <h3>スピーカー</h3>
```

使用中のブランチとmainブランチとの差分が表示されます。

マイナス記号と赤色の文字は変更前の行、プラス記号と緑色の文字は変更後の行を表します。

Lesson 30

[ブランチを用いた実践2]

プルリクエストを作成しましょう

このレッスンのポイント

作成したブランチをmainブランチへマージするための準備として、プルリクエストを作成します。ここからはGitHubを使うことも増えてくるので、ターミナルとブラウザーを行ったり来たり忙しくなりますが、チーム開発を想像しながら進めましょう。

》プルリクエストで変更をチームの皆に知らせる

プルリクエスト（pull request）は、GitHubが提供している機能です。「リクエスト」という名からもわかるように、**作成したブランチの取り込みを依頼する**際に用います。プルリクエストを作成すると、自分がプロジェクトに対して加えた変更を他の開発者に知らせ、その内容について議論できるようになります。なお、プルリクエストを使った議論は、**変更を加えた人以外が内容をチェックするという意味で一般的に「レビュー」と呼ばれます。**レビューの結果、プロジェクトに取り込む判断がされたブランチはマージすることができますが、修正が必要な場合や、マージをしない判断が下される場合もあります。このシナリオでは、イチヤサさんがシガさんにレビューを依頼するものとします。また、レビューする側を「レビュアー」、される側を「レビュイー」と呼びます。

プルリクエストとはマージの依頼

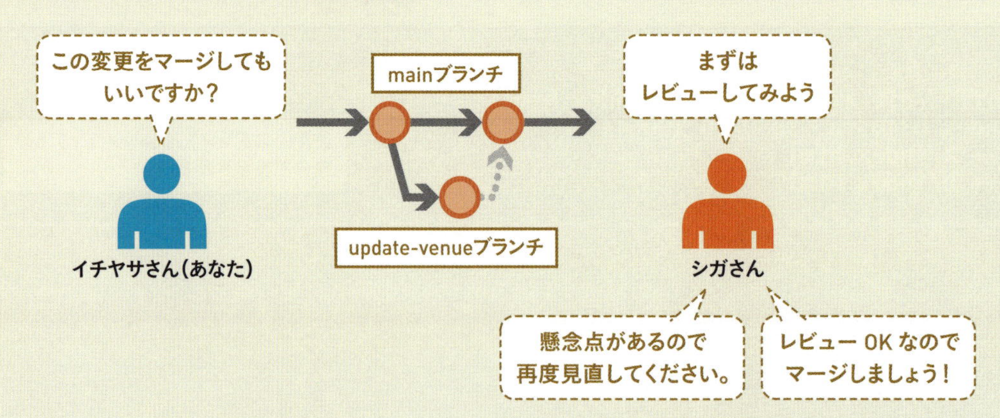

日本のGitHubユーザーの間では、「プルリク」という略称が愛用されています。「PR」と表記することもあります。

》「プッシュ」で変更をリモートリポジトリに反映する

プルリクエストを用いたレビューやマージはリモートリポジトリの内容をもとに行うため、ローカルリポジトリからコミットを反映させる必要があります。**「プッシュ」という操作を行うと、リモートリポジトリにも同じ内容のブランチが作成されます。**その際、特に指定をしなければブランチ名もそのまま同じものが引き継がれますし、別名を付けることも可能です。ただし**1つのリポジトリには同じ名前のブランチを2つ以上作成できない**ので覚えておきましょう。

プッシュはgit pushというコマンドを使います。次のように実行すると、指定したリモートリポジトリ上に、指定したブランチと同じ名前、同じ内容のブランチが作成されます。

git pushコマンド

プッシュ先のリモートリポジトリの名前

```
$ git push origin update-venue
```

git pushコマンド　　プッシュするブランチ名

ついに、リモートリポジトリに変更を反映させることができます。少しずつ、でも着実に、できることが増えていますね！

ブランチのプッシュ

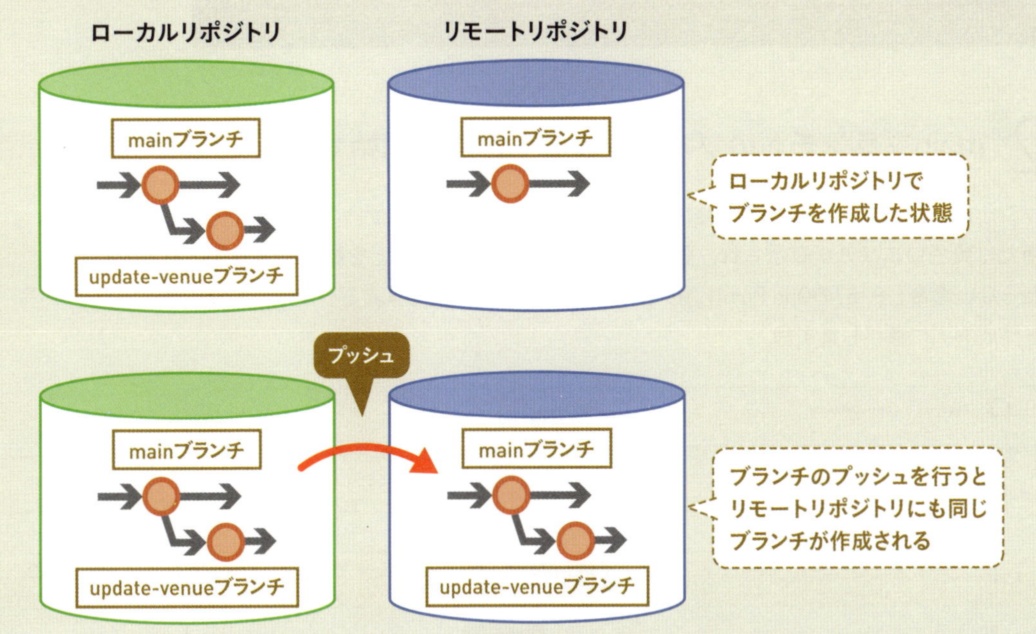

このように、ローカルリポジトリとリモートリポジトリの間で1つずつ操作の記録をコピーし合うような形で作業を進めていきます。この「コピー」の考え方は今後も新たな操作を学ぶたびに役立つはずです。

》プルリクエストを作成しよう

1 ブランチをプッシュする

プルリクエストを作成するには、リモートリポジトリ上にブランチが必要です。まずは先ほどのupdate-venueブランチをリモートリポジトリにプッシュしましょう❶。

```
$ git push origin update-venue
```

1 コマンドを入力して Enter キーを押す

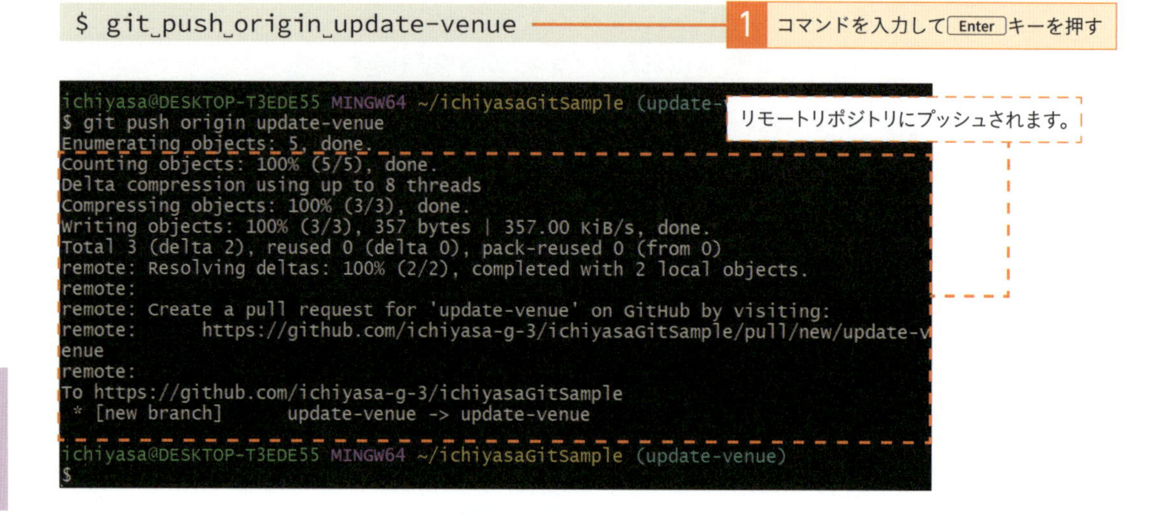

2 mainブランチへのプルリクエスト作成を開始する

プッシュしたあと、GitHubのichiyasaGitSampleリポジトリをブラウザーで開きます。すると新たに黄色いエリアが表示され、更新されたブランチがあることを確認できます（見当たらない場合、P.157のOne Pointに記載の手順を試してください）。ここからプルリクエスト作成画面に遷移します❶。

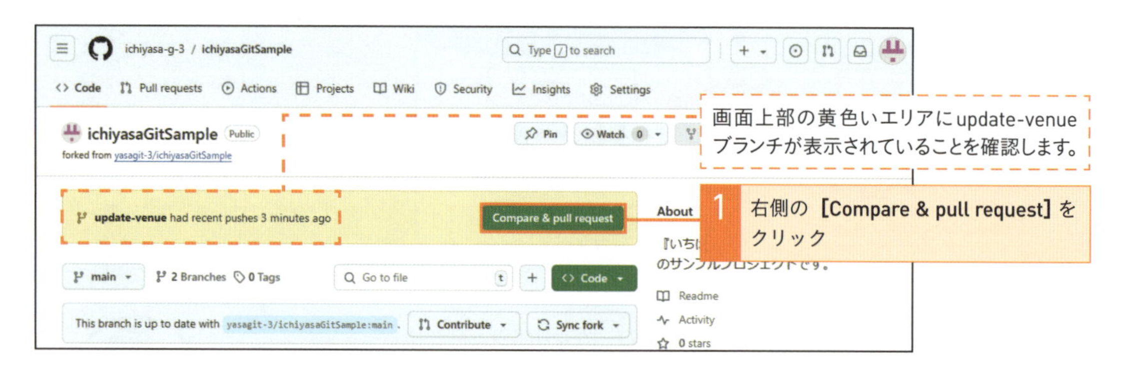

3 レビュー対象のブランチを選択する

はじめに、レビューの対象としたいトピックブランチとマージ先のブランチ（GitHub上での表示にならい、プルリクエストでのマージ先をこれ以降**ベースブランチ**と呼びます）を正しく設定しましょう。タイトル入力欄のすぐ上にある選択欄で、左側にベースブランチ、右側にトピックブランチを指定します。

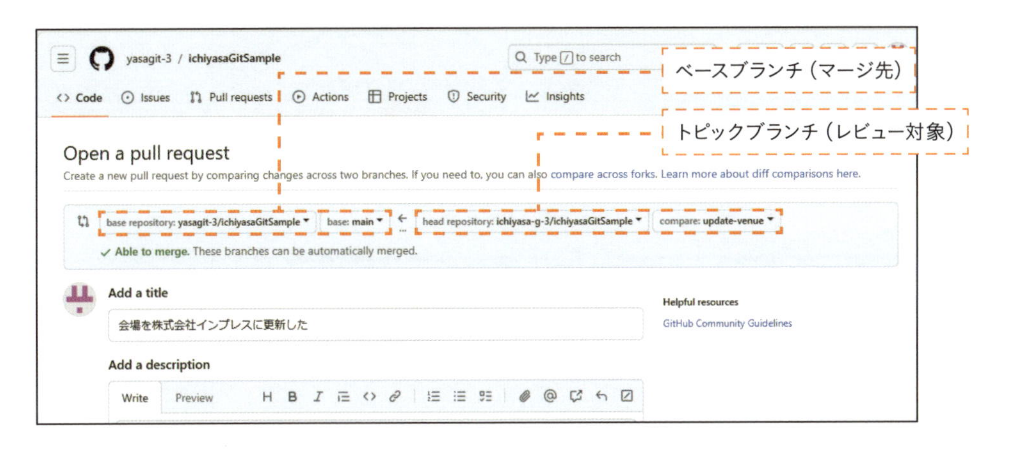

Point｜リポジトリとブランチの選択が必要

フォークを行った場合、リポジトリの指定も必要なので注意してください。**デフォルトではフォーク元のyasagit-3/ichiyasaGitSampleがベースブランチに指定されている**ので、自分のアカウントのリモートリポジトリを選択し直します。

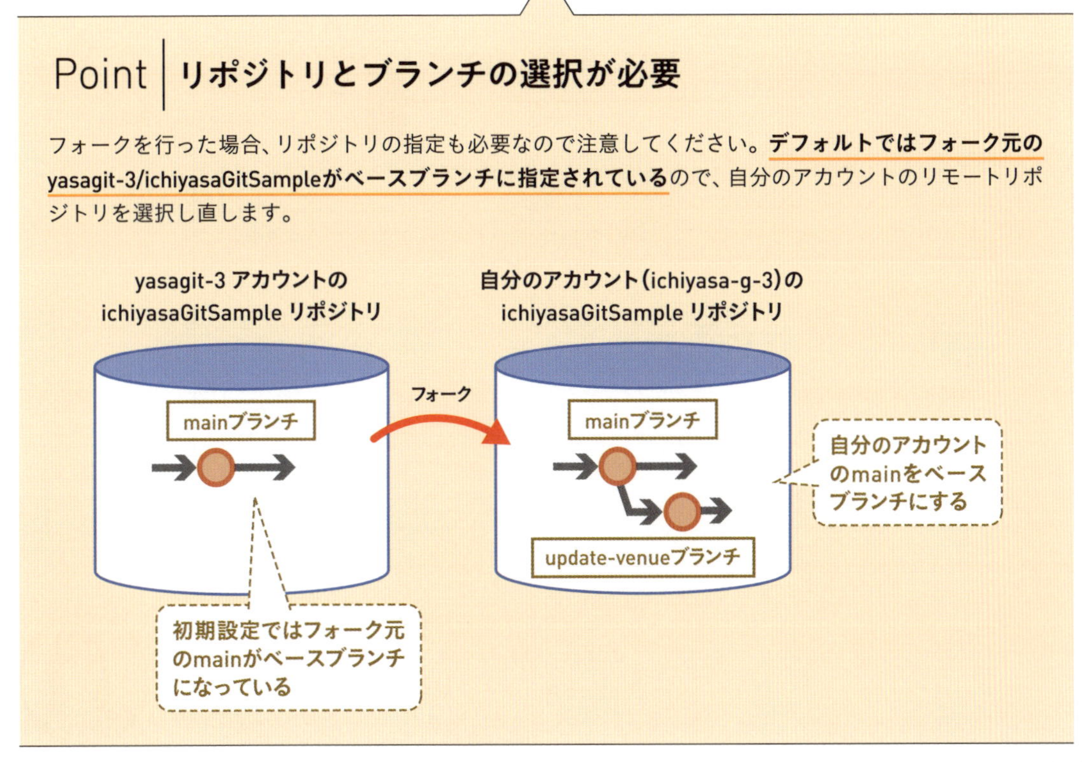

4 ベースブランチとトピックブランチを選択する

左側のベースブランチで自分のアカウントのリポジトリを選択します❶❷。自分のアカウントのリポジトリのページに遷移するので、ベースブランチとトピックブランチにそれぞれmainブランチ、update-venueブランチを選択してください❸。

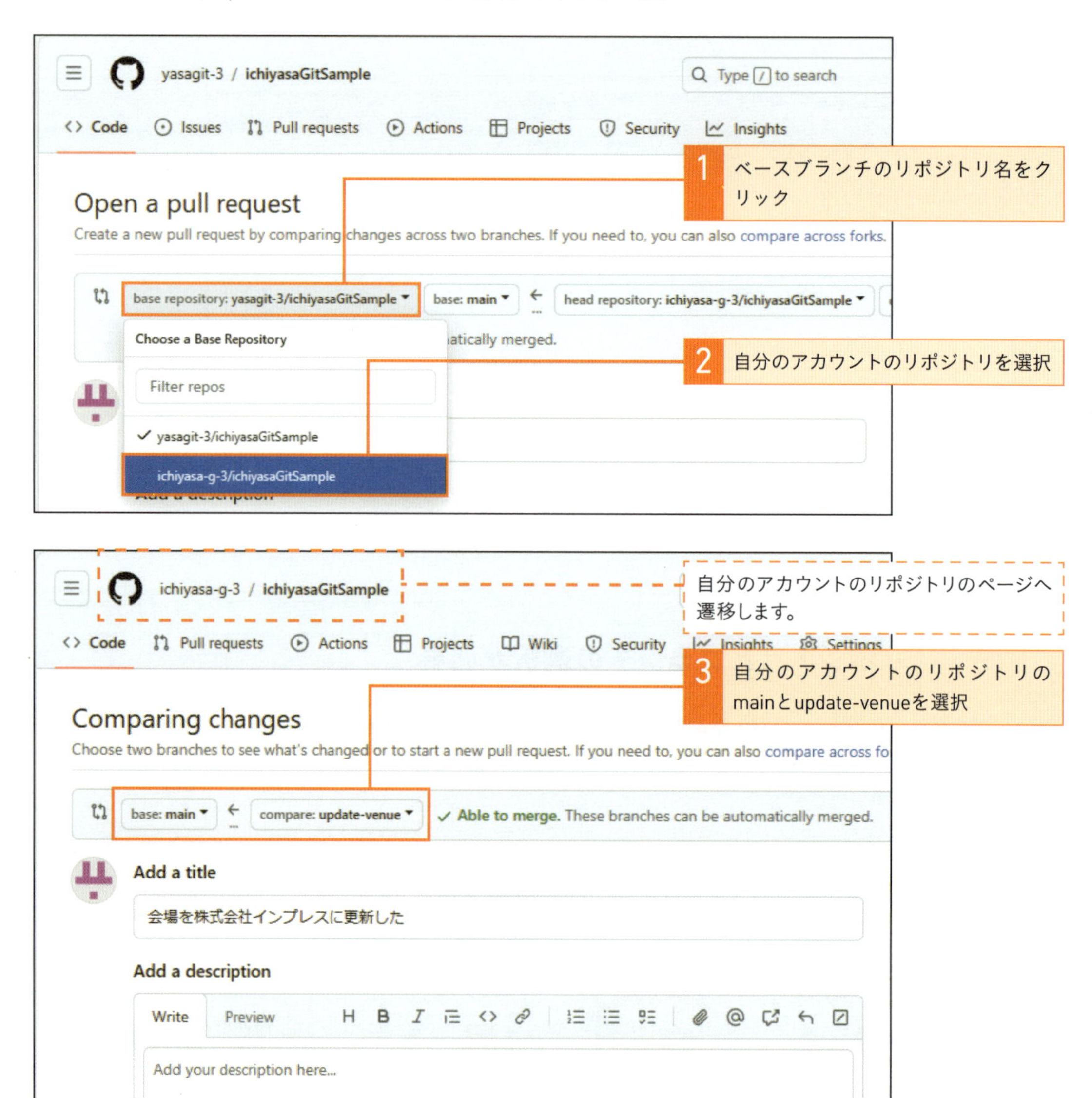

トピックブランチに追加したコミットが1件の場合、プルリクエストのタイトルとしてコミットメッセージが自動入力されています。

5 プルリクエストに必要な情報を入力する

作成画面には、プルリクエストのタイトルと自由に書けるコメントの入力欄があります。どんな変更を加えたのか、わかりやすく書きましょう。今回は、サンプルとして以下のように記載しています❶。

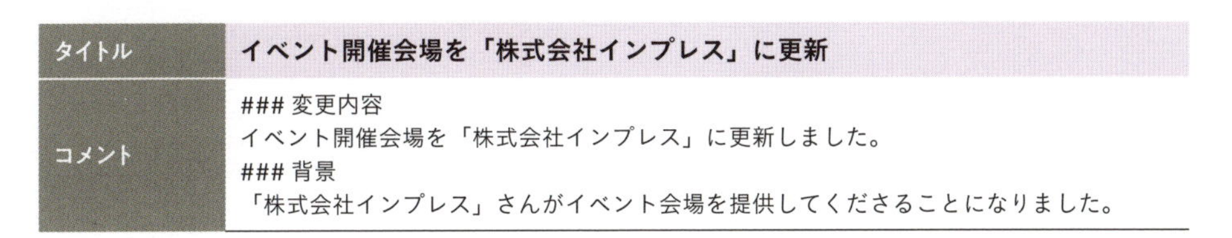

タイトル	イベント開催会場を「株式会社インプレス」に更新
コメント	### 変更内容 イベント開催会場を「株式会社インプレス」に更新しました。 ### 背景 「株式会社インプレス」さんがイベント会場を提供してくださることになりました。

6 Reviewersにレビュアーを指定する

レビュアーを指定します。たとえばシガさんにレビューをお願いしたい場合、画面右側の[Reviewers] にシガさんのユーザー名（shiga-iyg-3）を選択すれば完了です❶❷。なお、レビュアーとなるにはそのリポジトリに権限が必要です（P.156参照）。

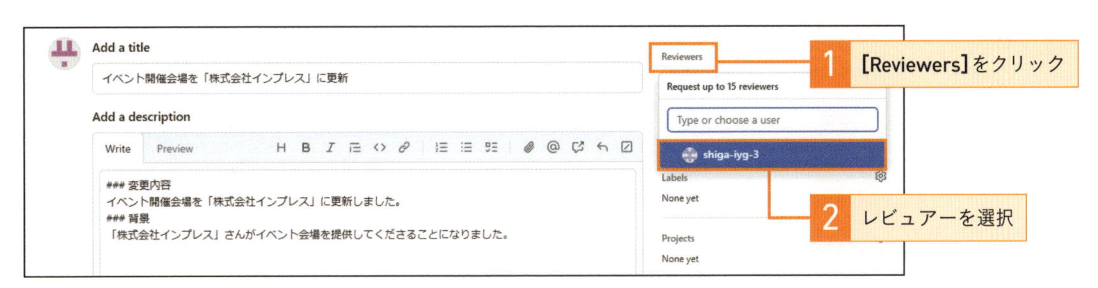

7 プルリクエストの内容を確定する

最後に、[Create pull request]をクリックすれば、プルリクエストの作成が完了します❶。

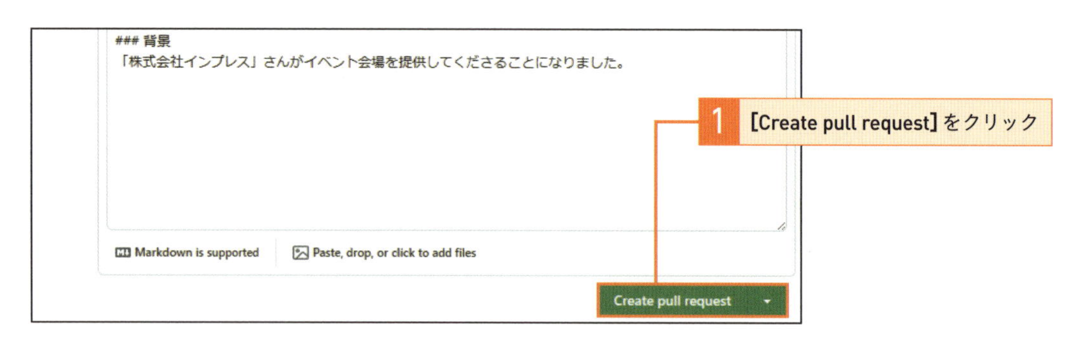

One Point

レビュアーにリポジトリの編集権限を与える

レビュアーに指定できるのは、リポジトリの「コラボレーター」(共同編集者)となっているアカウントです。[Settings]タブで設定します。コラボレーターは、そのリポジトリにプッシュする権限を持ちます。

追加する側が[Collaborators]からユーザーを選択する

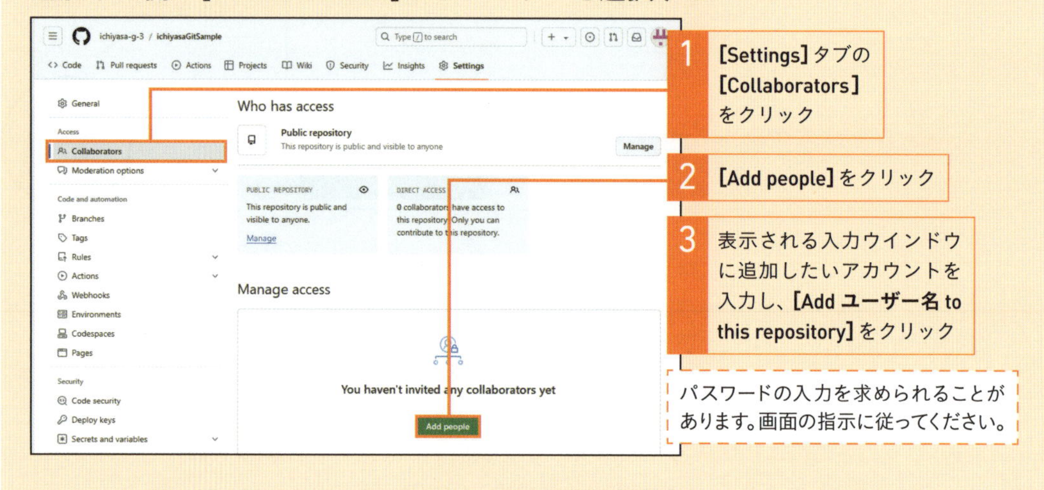

追加された側はメールからGitHubへ遷移し確認する

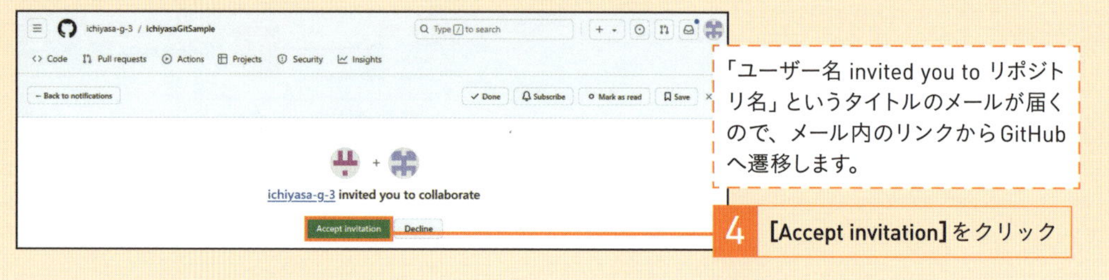

作成されたプルリクエスト

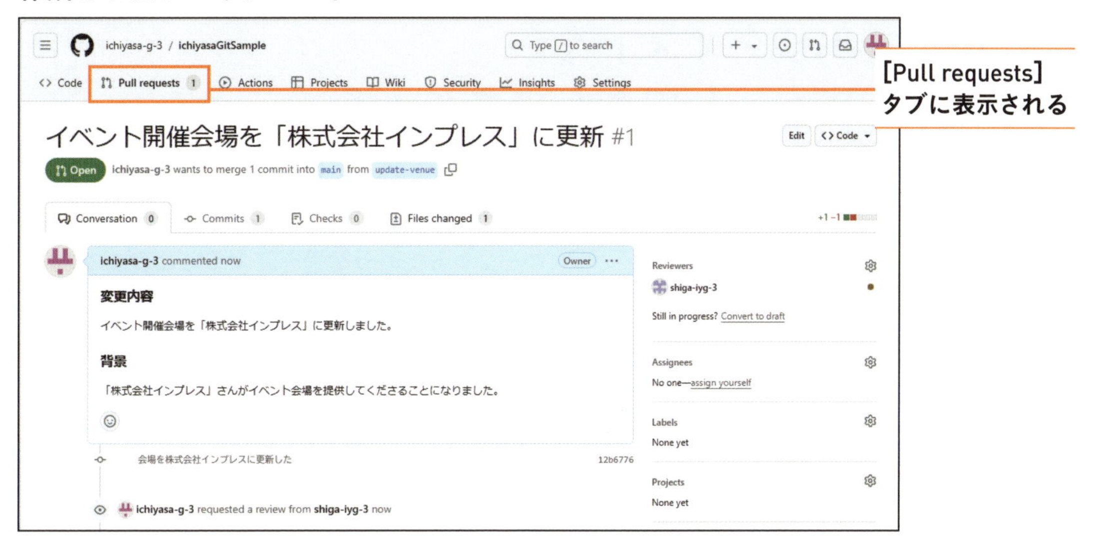

One Point

プルリクエストは専用画面から作成することもできる

先ほどのプルリクエストは、ブランチをプッシュしたら画面に表示される［Compare & pull request］から作成しました（P.152参照）。実は、このボタンはプッシュから一定時間が経つと表示されなくなります。それ以降にプルリクエストを作りたい場合は、[Pull requests]タブの［New pull request］をクリックしましょう。

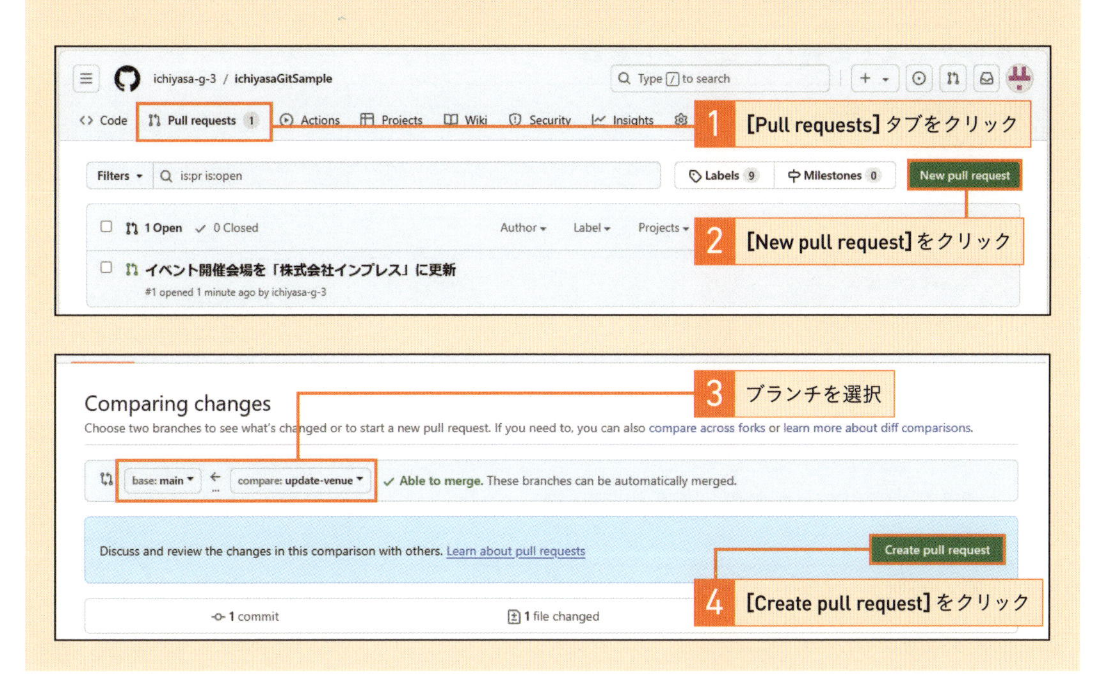

Lesson 31

[ブランチを用いた実践3]

プルリクエストをレビューしてもらいましょう

このレッスンのポイント

このLessonでは、作成したプルリクエストの中身をチームメンバーにレビューしてもらい、マージするための準備を終えるところまでの手順を紹介します。先ほどまでとは視点を変え、レビュー担当者になったつもりで読んでくださいね。

》レビューで確認する内容

作成した**プルリクエストをマージするために、レビューの工程に移ります。**ところで、レビューでは、どんなチェックを行えばよいのでしょうか。これは、プロジェクトごと、レビュアーごとに異なるので、明確な答えがありません。例を挙げると、ソースコードのレビューでは、ロジックに誤りがないか、設計が適切か、他の人にとって読みやすいか、必要なテストコードが書かれているか、ソースコードコメントが十分かなどのポイントがあります。また、今回のサンプルプロジェクトのようにユーザーインターフェースがある場合はデザインや操作性もチェック対象でしょうし、議事録ならば言葉遣いを確認するかもしれません。ぜひ、GitHubでオープンに繰り広げられている議論や、所属しているプロジェクトのレビューなどから学び、感覚を養っていってください。

プルリクエストに対してコメントする

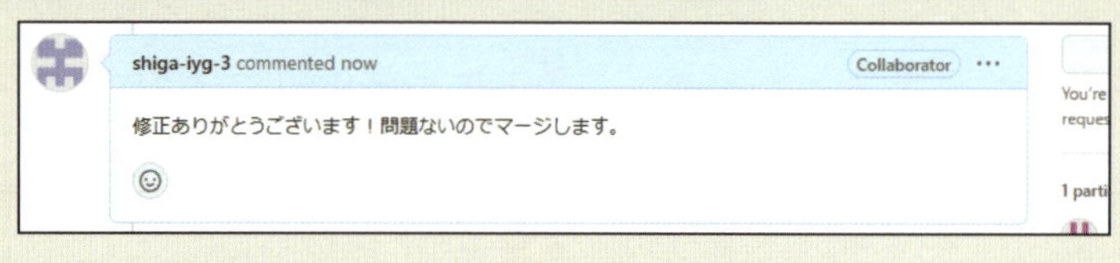

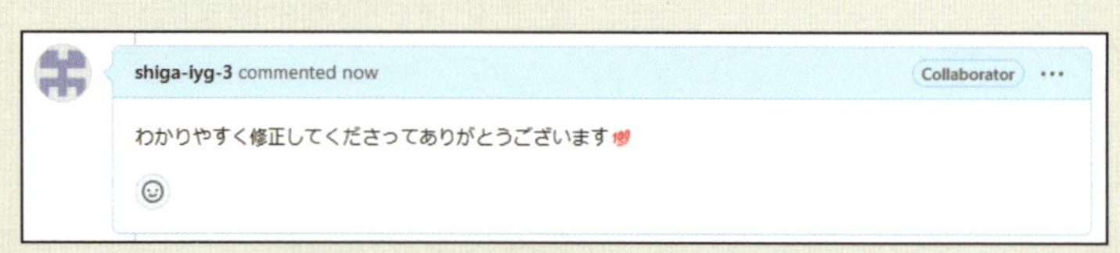

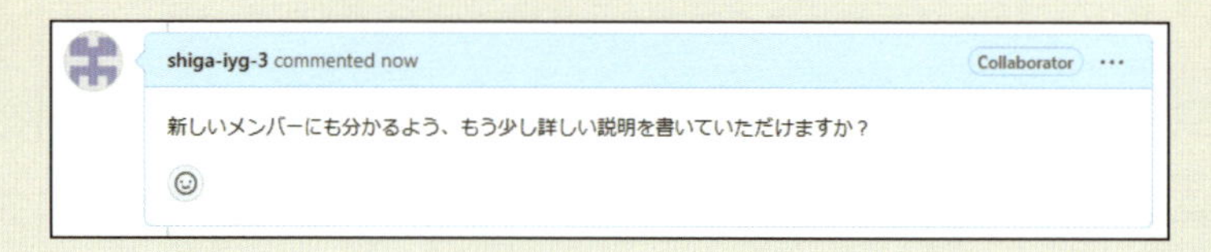

修正点の指摘やネガティブなフィードバックだけがレビューではありません。「きれいなソースコードですね」「表現がわかりやすいです」といったポジティブなコメントも、積極的に書き込んでみましょう。

》プルリクエストのレビューをしよう

1 プルリクエストの内容をブラウザー上でレビューする

レビュアーに指定されたシガさんは、プルリクエストの内容を確認し、マージ可能かどうかを判断します。今回は、会場の変更内容が正しいかどうか確認できればいいでしょう。プルリクエストの画面で［Files changed］タブをクリックすると、変更前・変更後の内容が比較できます❶。変更が多い場合や、変更内容を時系列に沿って見たい場合などは、［Commits］タブをクリックしてコミットごとの確認を行うのもオススメです❷。

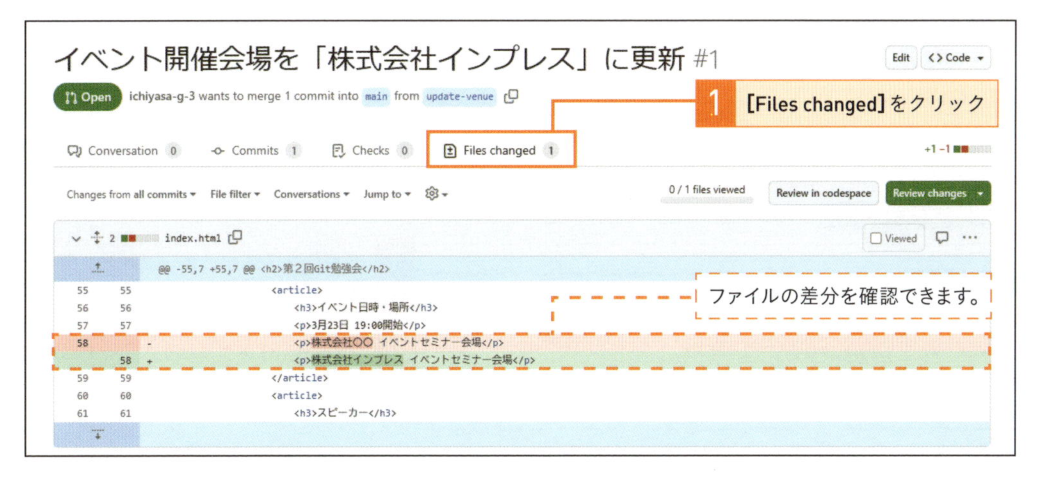

Lesson 17で紹介したgit diffコマンドと同様に差分を確認できます。

2 レビューの結果をプルリクエスト作成者に伝える

レビューが完了したら、シガさんはその旨をプルリクエストにコメントします。[Conversation] タブをクリックして、次のようなコメントを入力します❶❷。プルリクエストのマージはLesson 33で実行します。

修正ありがとうございます！問題ないのでマージします。

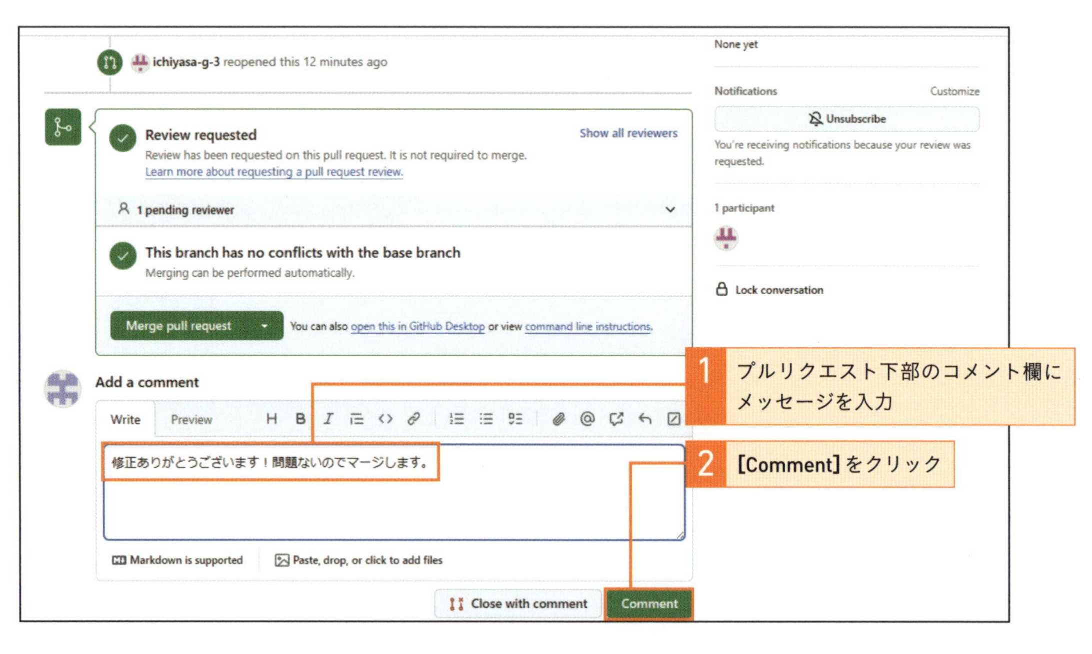

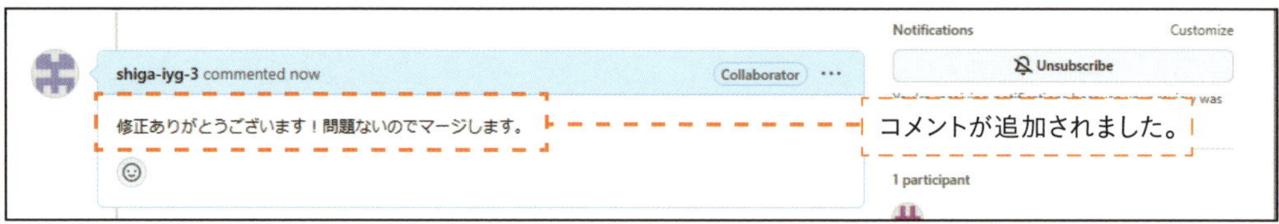

Point マージの実行者はチームによって異なる

レビュー完了後、マージを誰が行うかはチームによって異なります。今回はレビュアーが実行するフローを紹介していますが、筆者の経験では、レビューを依頼した人がマージするという取り決めをしているチームもありました。どちらを選択するか決める際は、マージの影響をしっかり把握した人が、適切なタイミングで操作を行えるルールになっていることが大切です。

One Point

略語を活用し、プルリクエストでの議論をスムーズに

GitHubでのコミュニケーションには、略語を活用する独特の文化があります。最も有名なのが、「問題ないと思う」「よいと思う」という意味の「LGTM（Looks Good To Me）」です。さまざまな場面で使えますが、プルリクエストの内容を承諾する意味でレビュアーがLGTMを伝えるのは定番です。LGTMと書かれた面白い画像を貼ることもよくあります。LGTM以外にもさまざまな言葉が使われているので、興味がある方はぜひ調べてみてください。

LGTM画像はレビューOKの合図

One Point

プルリクエストのタイトルやコメントを編集する

プルリクエストに入力した内容はあとから編集もできます。タイトルは、右側にある［Edit］ボタンをクリックすると、編集できる状態に切り替わります。また、コメントを編集するには、右上にある［…］ボタンをクリックし、［Edit］というメニューを選択します。

Lesson 32

[ブランチを用いた実践4]

GitHubのレビュー機能を使いこなしましょう

このレッスンのポイント

前のLessonでは、プルリクエストに対してコメントを1つ付けてレビューを完了しましたが、実はGitHubにはもっと細かく指摘できる便利なレビュー機能が備わっています。その使い方とレビューの流れを紹介します。

》レビュー機能を用いたレビューの流れを知ろう

シナリオでは使いませんでしたが、レビューに特化した機能も提供されています。この機能では行単位でコメントを付与していき、修正点や疑問が解消してレビュアーがプルリクエストを「Approve」(承認)したらマージします。細かい単位で確認や議論がしやすい上に、複数のコメントをまとめて1つのレビューとして扱うことが可能です。多くのコミュニケーションを必要とするようなプルリクエストでは活用しがいがあるため、参考までに使い方を紹介しておきます。

GitHubのレビュー機能

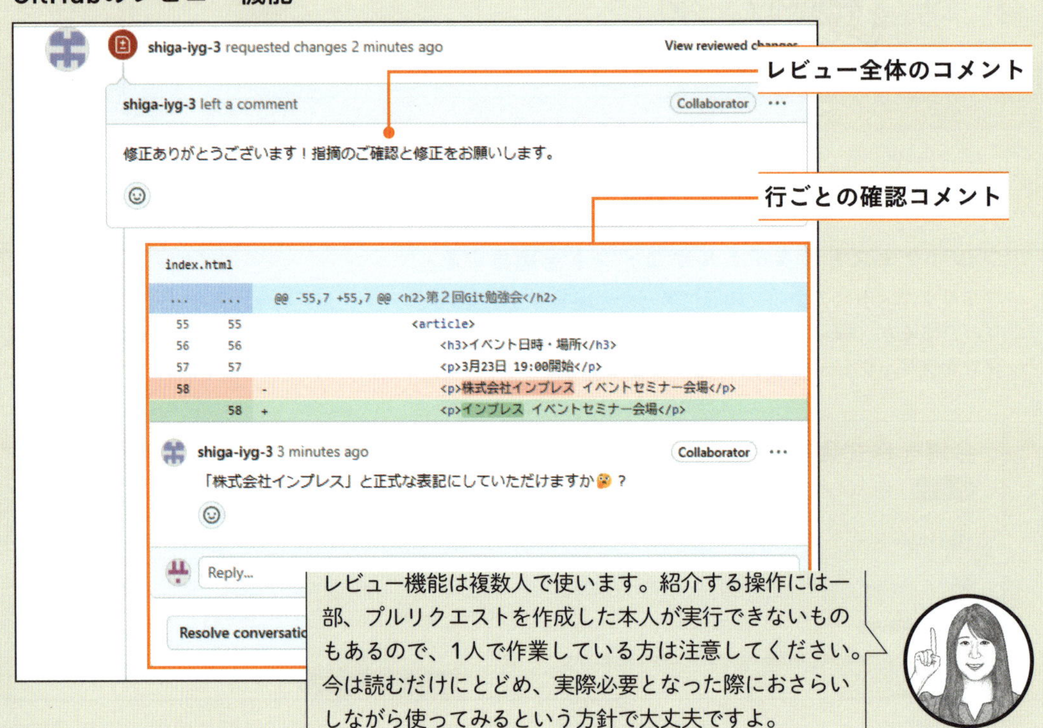

レビュー機能は複数人で使います。紹介する操作には一部、プルリクエストを作成した本人が実行できないものもあるので、1人で作業している方は注意してください。今は読むだけにとどめ、実際必要となった際におさらいしながら使ってみるという方針で大丈夫ですよ。

》レビュアーがプルリクエストを細かくレビューする

1 特定の行にコメントを付ける

レビュアーは、[Files changed] をクリックし❶、変更を加えたファイルの行に対してコメントを付与することでレビューを開始します。コメントをしたい行の先頭にマウスポインタを合わせると表示される [+] ボタンをクリックしましょう❷。

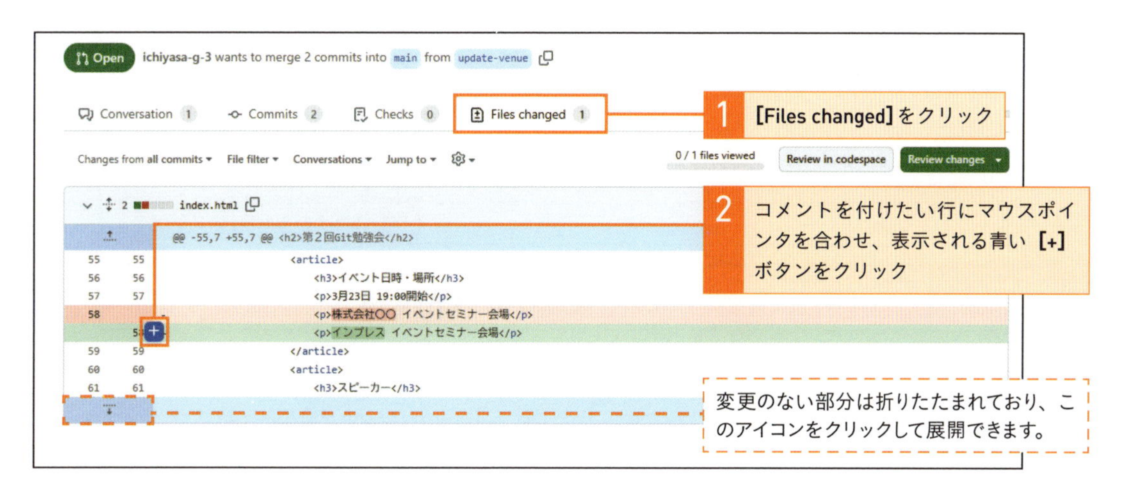

One Point

レビュアーに指定されている場合

今回のシガさんのように、レビュアーに指定された人がプルリクエストを開くと、画面上部に レビューが依頼されているとわかるメッセージが表示されます。あわせて表示される [Add your review]ボタンをクリックすると、次の手順3の画面に進み、すぐにレビューを開始できます。

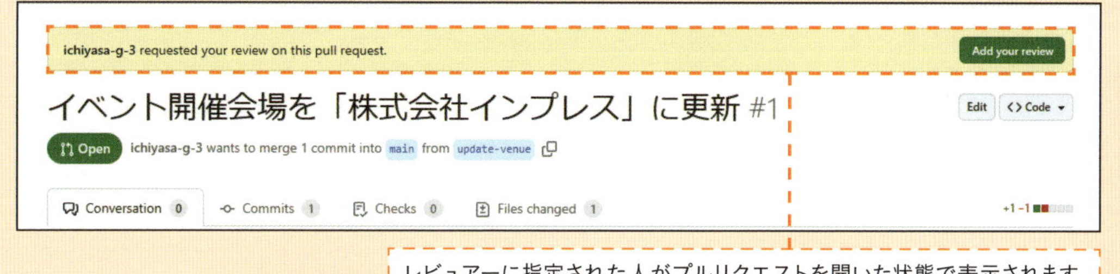

2 コメントを入力する

コメント入力欄が表示されるので、書き込みを行い［Start a review］をクリックしてください❶❷。コメントは複数件付けることができますが、2件目以降は同じボタンが［Add review comment］に変わります。

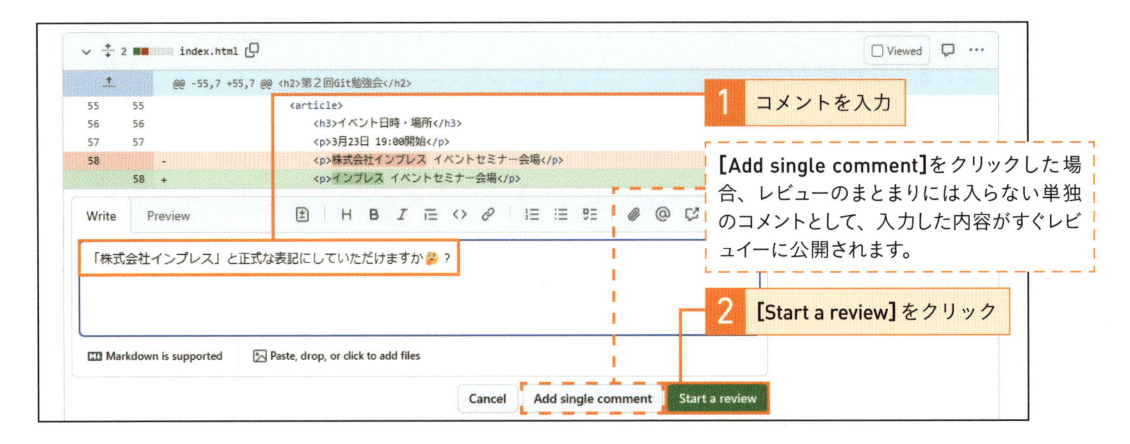

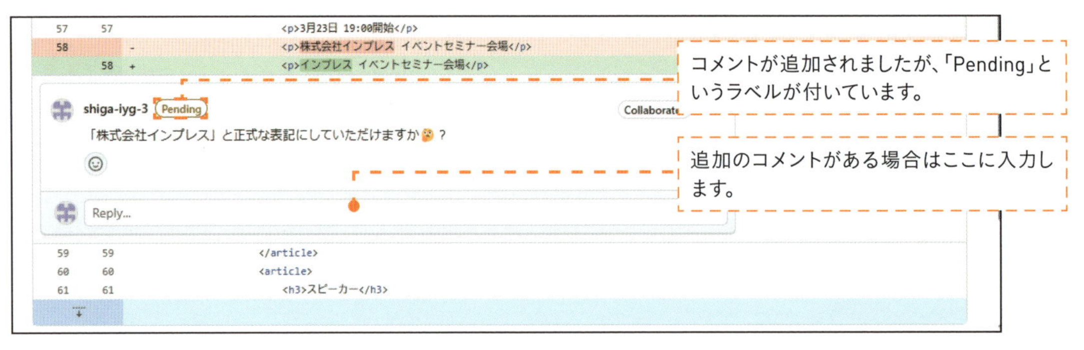

レビュー結果としてレビュイーに伝えたい内容を、各行にコメントしていきます。

3 レビュー内容を確定する

コメントに「Pending」(保留)というラベルが付いているのに気付いたでしょうか。**コメントを付けただけだとレビューは途中であると見なされ、レビュイーには公開されません。** コメントを公開するには、レビュー内容を確定する必要があります。レビュー全体のコメントを入力するために画面右上の[Finish your review]をクリックしてください❶。

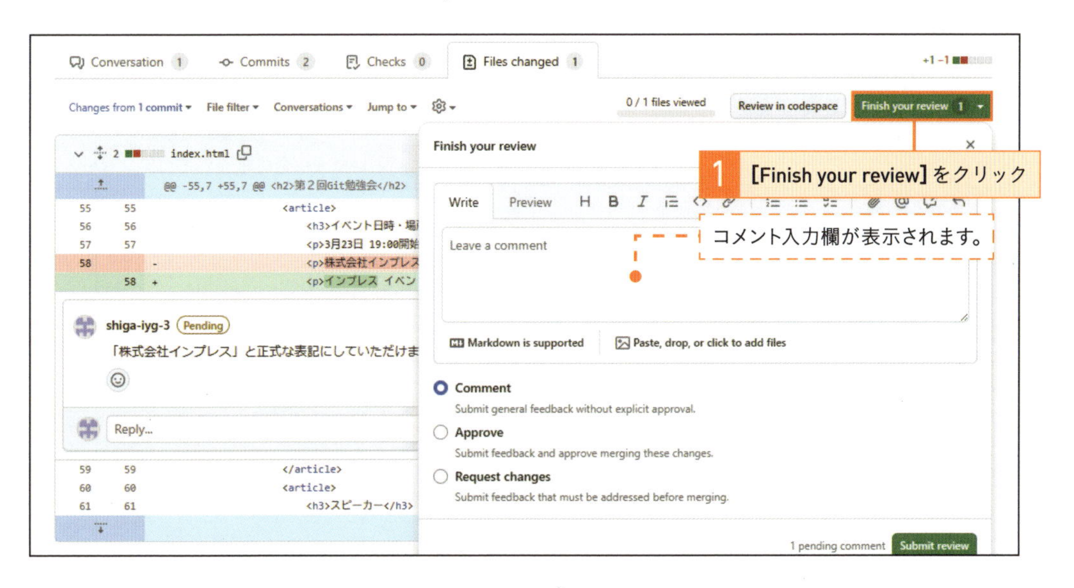

Point レビューの結果に応じて種類を選ぶ

レビュー全体のコメントを入力する欄の下でレビュー結果の種類を選べます。
たとえば、「疑問点に回答をお願いします。」というメッセージを送るときは [Comment]、「とてもよい変更ですね！マージをお願いします。」のときは [Approve]、「3点指摘をしたので、修正してください。」ならば [Request changes] を選びましょう。なお、プルリクエストを作成した人は [Approve] と [Request changes] を選択できません。前者は本人が勝手に承認するとレビューが漏れることになってしまうため、後者は修正を依頼せずとも自ら直すだけなので不要だからです。

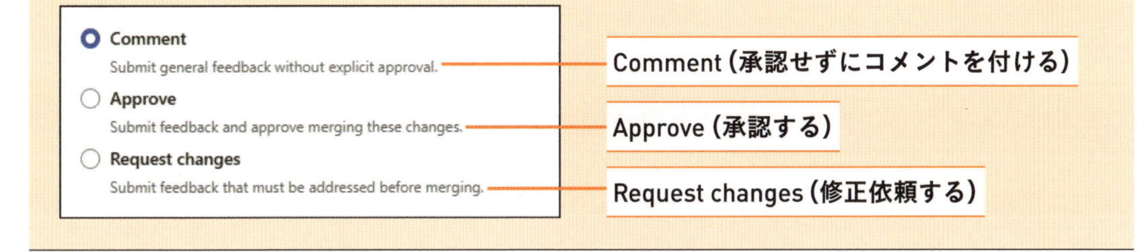

4 レビュー全体のコメントを入力する

コメント入力欄には、今まで付けた**コメント全体をふまえてレビュイーに伝えたいメッセージ**を入力してください❶。前ページのPointで紹介したような、「疑問点に回答をお願いします。」「とてもよい変更ですね！マージをお願いします。」「3点指摘をしたので、修正してください。」といったものです。コメントの種類を選択し❷、[Submit review] を押せば公開完了です❸。

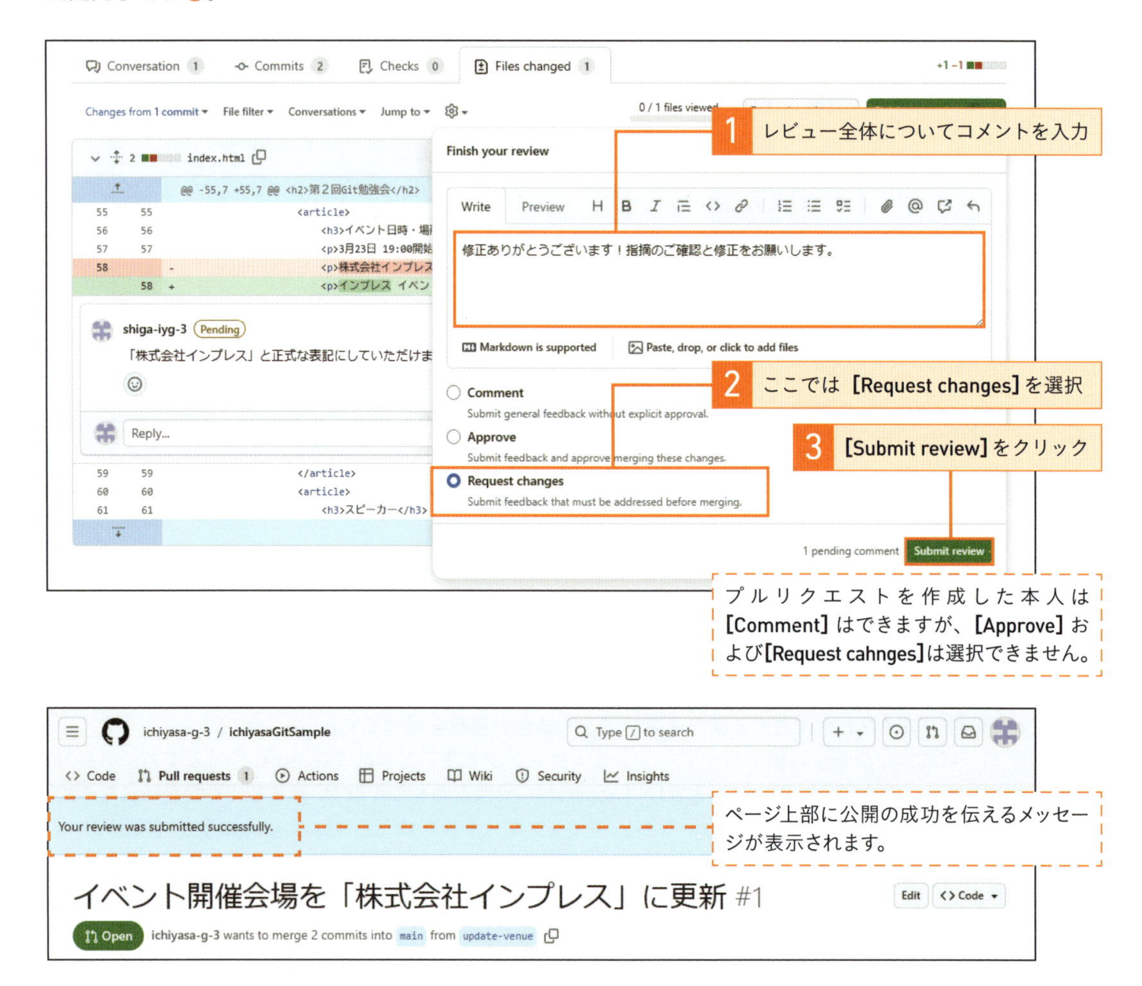

》レビュアーからのコメントを確認し、Approveを目指す

レビュー内容が確定されたら、レビュイーはレビュアーが付けたコメントを確認し、必要に応じてコメントを返します。修正の依頼があってファイルの編集が必要な場合は、再びローカルリポジトリで作業し、コミットとプッシュを行います。レビュアーが Approve するまで、コメントのやりとりやファイルの変更を続けましょう。

1 指摘内容を確認する

レビュイーの立場でレビュー内容を確認します❶。

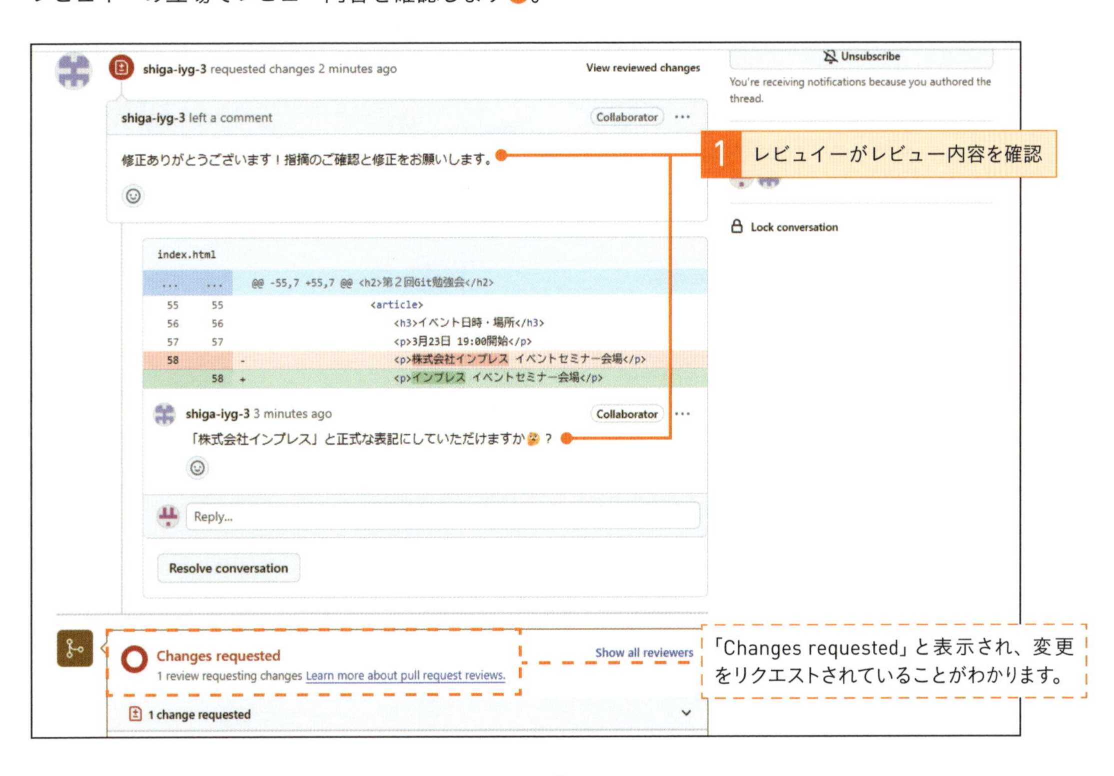

Point レビュー中に追加で修正を行うには？

レビュアーの指摘を受け何らかの修正をしたい場合は、再びローカルリポジトリの同じトピックブランチで作業をしましょう。そして、Lesson 29〜30で説明したとおりにコミットとプッシュを行います。プルリクエストで扱っているトピックブランチに追加でプッシュすると、新しいコミットがプルリクエスト上に表示されます。

2 指摘に対して対応する

必要に応じてレビュイーもコメントを入力し❶、[Comment]をクリックして投稿します❷。

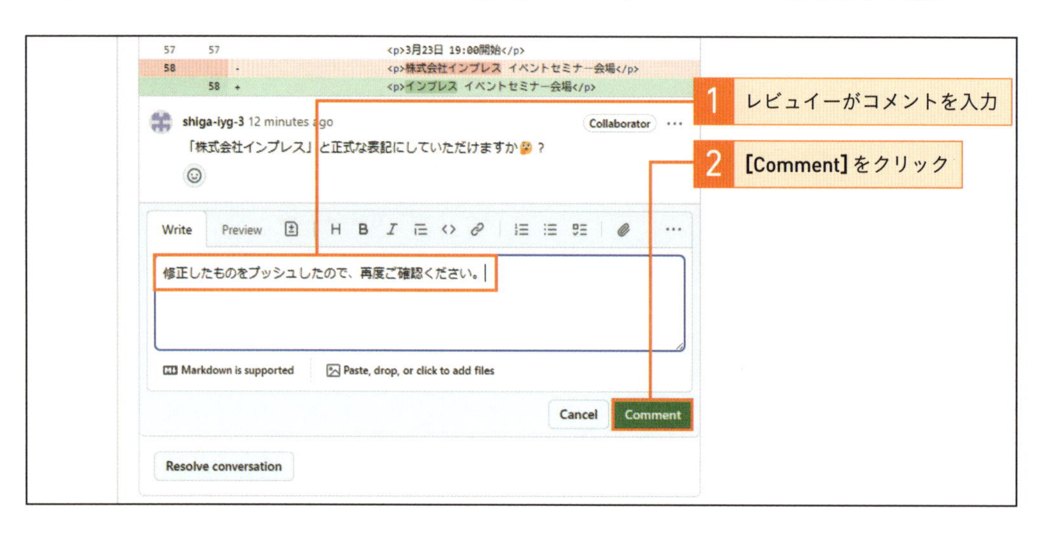

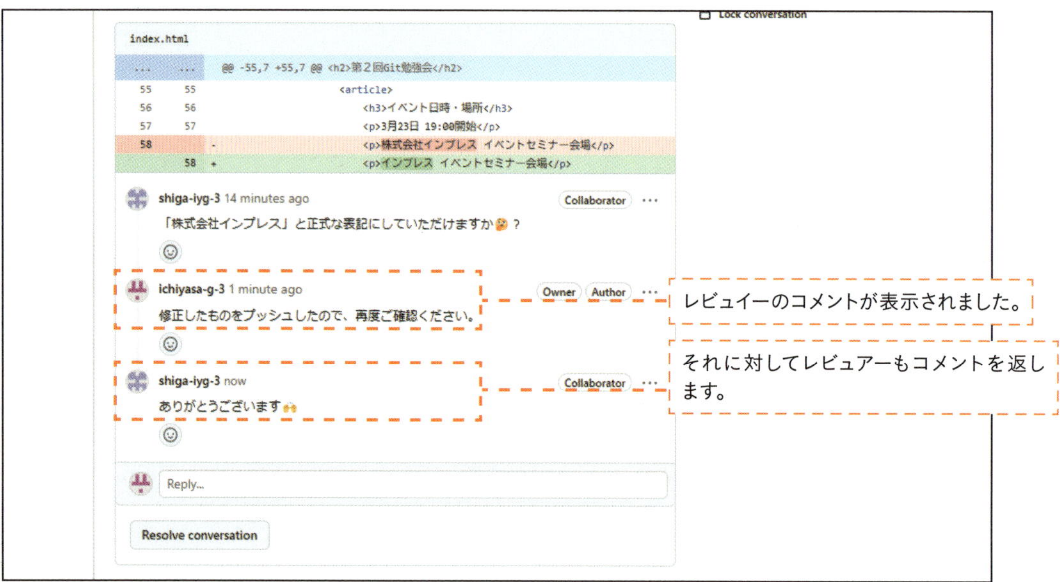

レビューは共同作業における大事なコミュニケーションの場です。わかりやすく書いたり、人を傷つける言葉は避けたり、マナーを守ってお互い気持ちよくやりましょう！

3 プルリクエストを承認する

レビュイーの対応を見て、レビュアーがApprove可能だと判断したら、[Approve changes]をクリックして承認します❶。プルリクエスト下部の変更依頼が表示されている箇所で[…]をクリックすると選択できます。それ以外の選択肢もありますが、[Re-request review]はまだ修正が必要なとき、[Dismiss review]はレビューを取り下げたいときに使います。あとはマージするだけです。

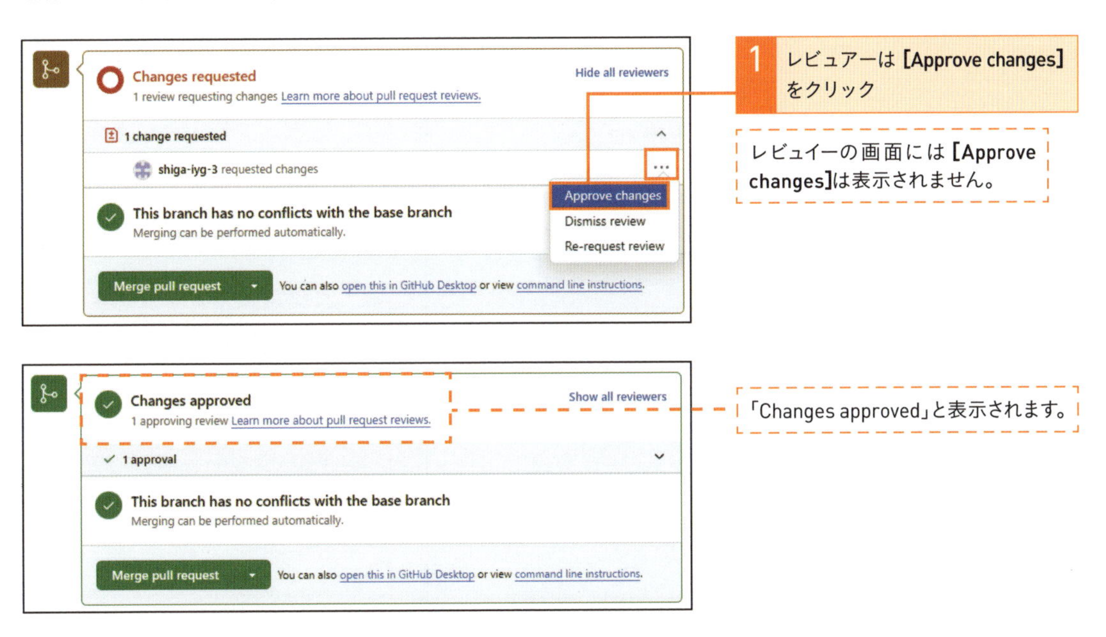

Point | 絵文字で楽しくコミュニケーション

GitHubのコメント入力では、半角スペースのあとに「:」(半角コロン)を入力すると絵文字の入力補完ができます。絵文字の活用でレビューをより楽しくしましょう。

絵文字でリアクション

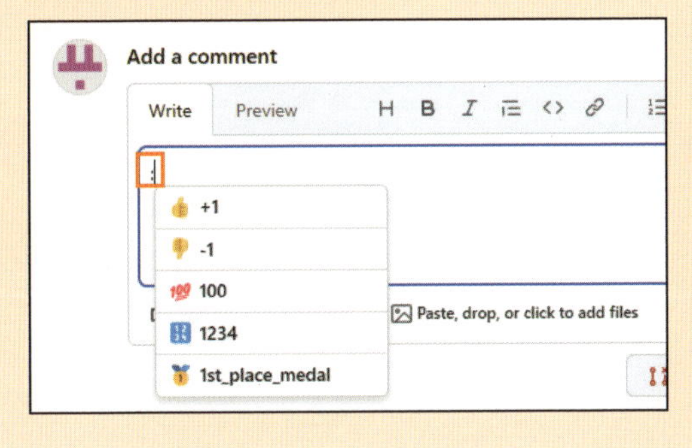

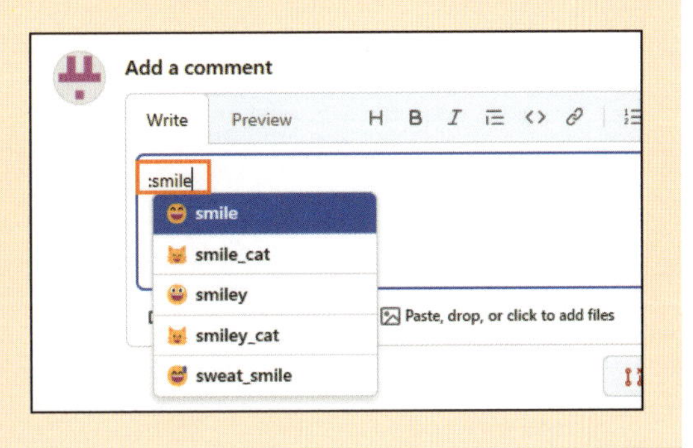

One Point

コメントごとに解決済みステータスとする

レビュー内に複数コメントがある場合、確認や修正が終わったものと終わっていないものを見分けられたほうが便利ですよね。区別のために、各行に付けたレビューコメントの状態を操作してみましょう。コメントの下部にある［Resolve conversation］というボタンをクリックすると、「解決済み」という状態にできます。解決済みにすると、そのコメントは閉じた状態で表示されるので、まだ議論の必要が残っているコメントが確認しやすくなります。

Lesson 33

[ブランチを用いた実践5]

作成したブランチをmainブランチにマージしましょう

このレッスンのポイント

レビューが終わったのでマージの作業をしましょう。これでようやくリモートリポジトリにあるmainブランチの更新が完了します。実はここまで終えると、「GitHubフロー」というメジャーな開発フローを1周実践したことになります。

》GitHub上で行えるマージには3種類の方法がある

GitHub上でのマージに複雑な手順はなく、プルリクエストの画面でボタンを押すだけです。しかし、**マージの仕方は「Create a merge commit」「Squash and merge」「Rebase and merge」の3種類**があり、「どのようにコミット履歴を残したいか」という方針に応じて適切に選択する必要があります。それぞれの仕組みは次ページで解説しますが、慣れるまでは、履歴に一切手を加えずそのまま残す［Create a merge commit］を選んでおくとよいでしょう。

3種類のマージ方法

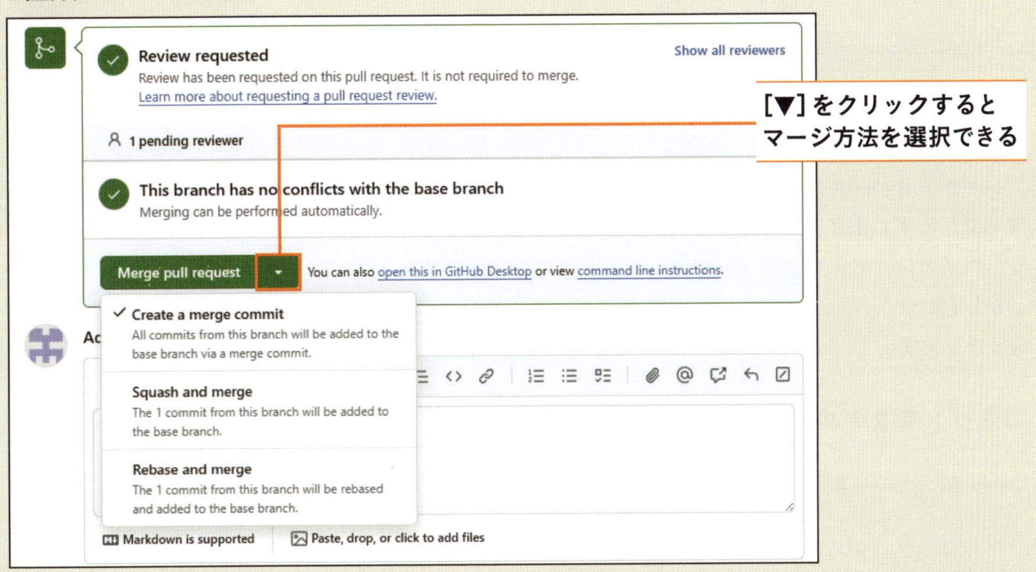

マージ方法によって、コミット履歴の残り方が変わります。どれを選ぶかは、チームのルール次第です。

》トピックブランチの全コミットをそのまま保持する

「Create a merge commit」を行うと、トピックブランチに加えたコミットがすべてベースブランチにマージされます。さらに、**マージコミットというマージを記録する新たなコミットも作成されます。**操作の履歴がそっくりそのまま残るので、あとからコミット単位の見直しやバージョン切り替えを行えることが特徴です。

マージコミットを作成する

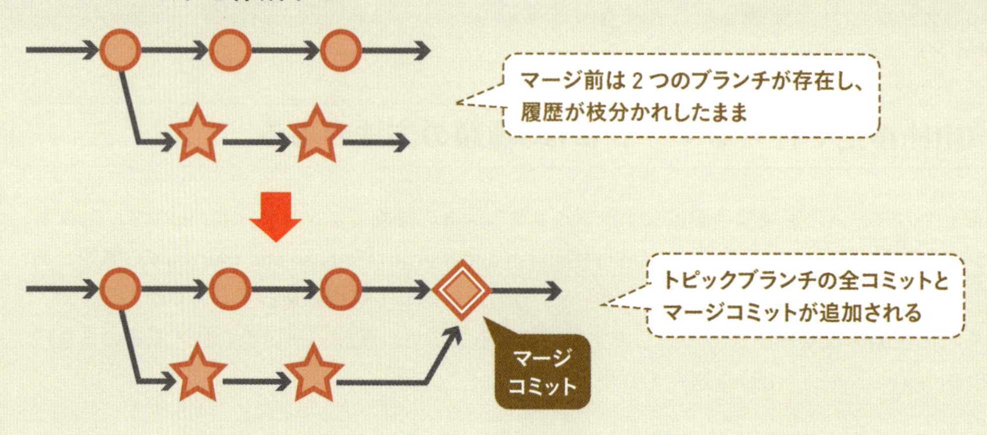

》トピックブランチの全コミットを1つにまとめる「スカッシュ」

「Squash and merge」は、**トピックブランチで追加したコミットを1つのコミットにまとめたあとでマージします。**まとめる操作がスカッシュです。マージコミットを作成する方法とは異なり、マージしたあとは、トピックブランチのコミット単位で細かい履歴を確認することができなくなります。しかしその分、ベースブランチの履歴がプルリクエスト単位で整理された形になるため、見通しがよくなります。

コミットをまとめる（スカッシュ）

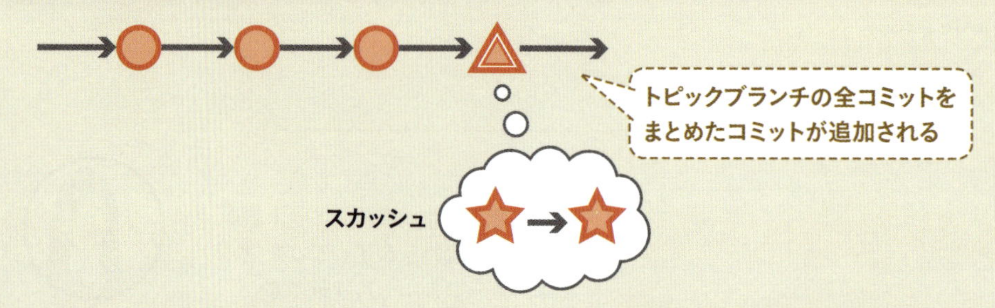

》ベースブランチのコミット履歴を一直線にする「リベース」

「Rebase and merge」では、**ブランチの枝分かれ元を変更するリベースという操作**をしてからマージを行います。ここからは、下の図を確認しながら読み進めてください。トピックブランチで作業している間、ベースブランチに「a」というコミットが追加されたとします。そこでリベースを行うと、「a」がコミットされた状態のベースブランチからトピックブランチを作成したかのように、トピックブランチの履歴が書き替わります。そのあとにマージすることで、まるで**はじめから枝分かれしていないかのごとく、ベースブランチのコミット履歴を一直線にする**ことができます。

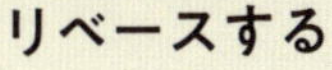

リベースする

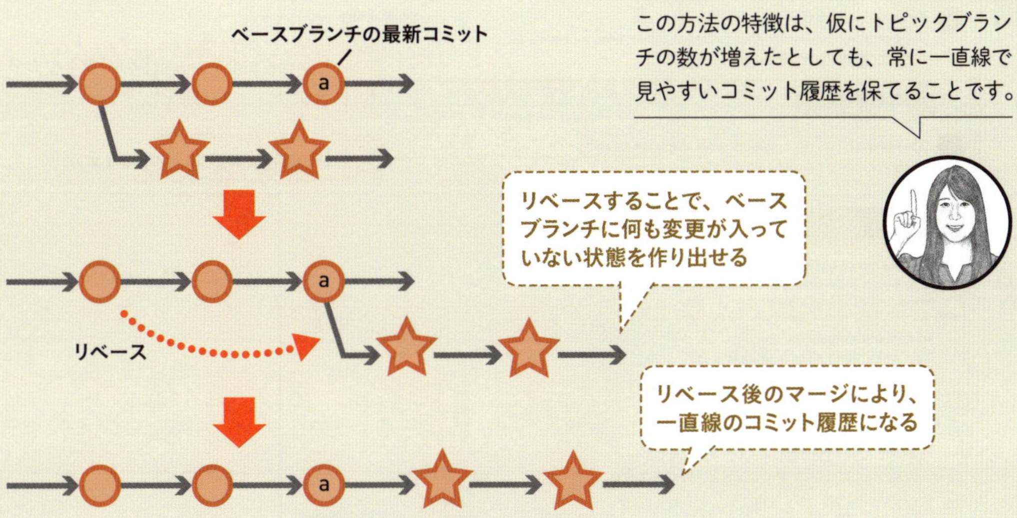

通常のマージとリベース＆マージの履歴を比較

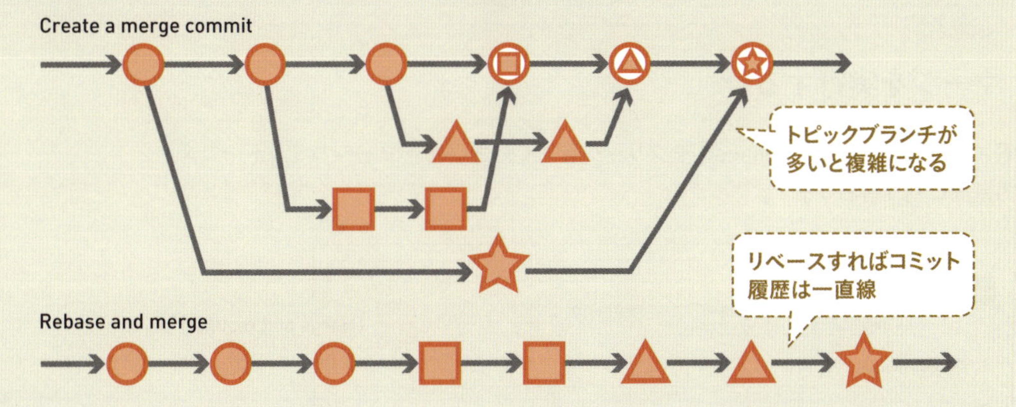

》GitHub上でトピックブランチをマージしよう

1 3つのマージ方法から選択する

マージの方法を学び終えたので、実行してみましょう。マージ用ボタンの右側にある三角形をクリックすると❶、選択肢が3つ表示されるので、[Create a merge commit] を選択します❷。正しく選択できたかは、再度三角形をクリックし、チェックマークが付いている箇所を見れば確認できます。

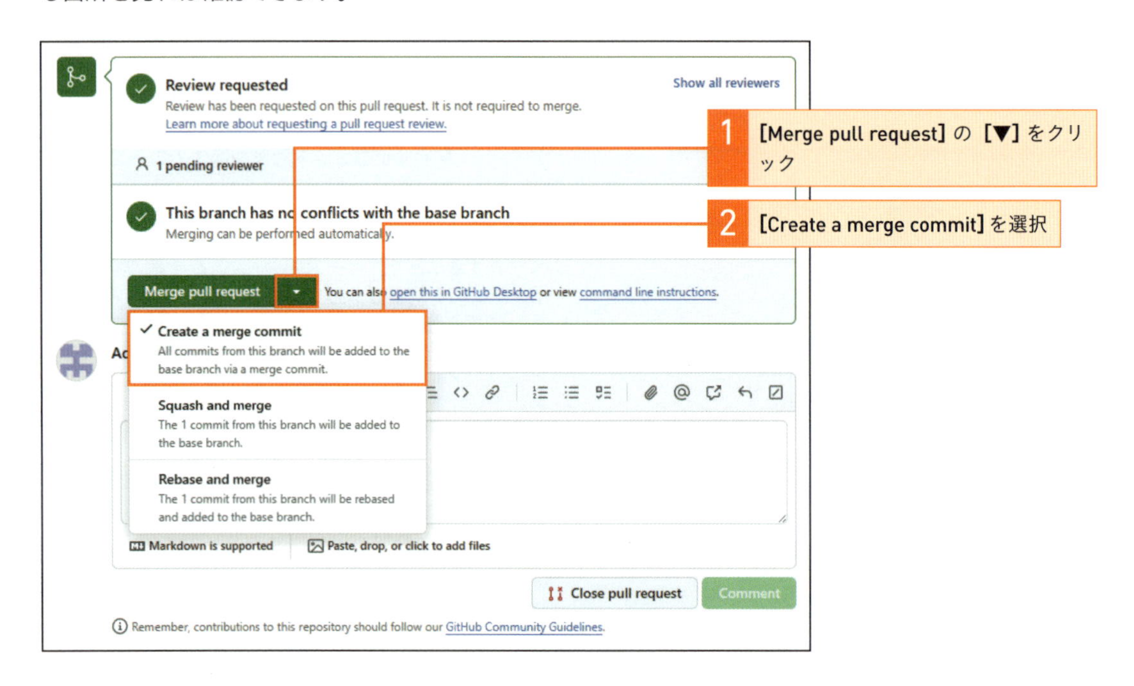

2 マージを実行する

選択を終えたら、[Merge pull request] をクリックしてください❶。マージコミットのコメント入力画面に切り替わります。

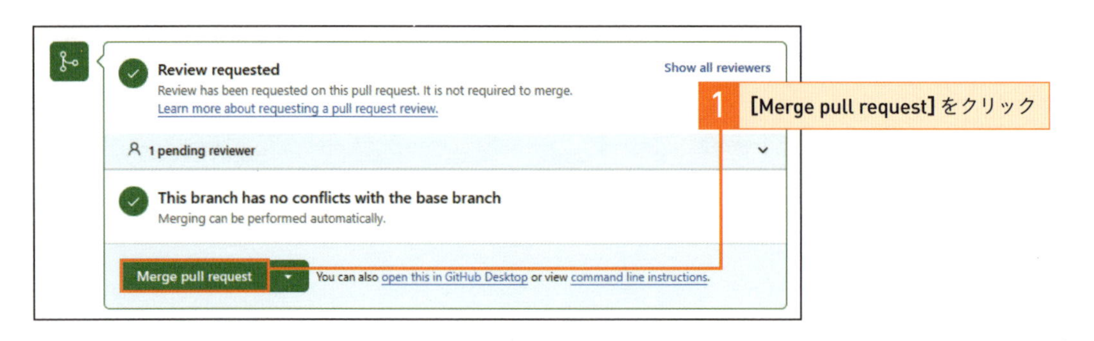

3 マージコミットのコメントを入力する

マージコミットのコメントを入力します❶❷。筆者の経験上、特別な理由やルールがない限り、デフォルトで入力されている値をそのまま使うことが多いです。これをもって、作成したプルリクエストは役目を終えたことになります。

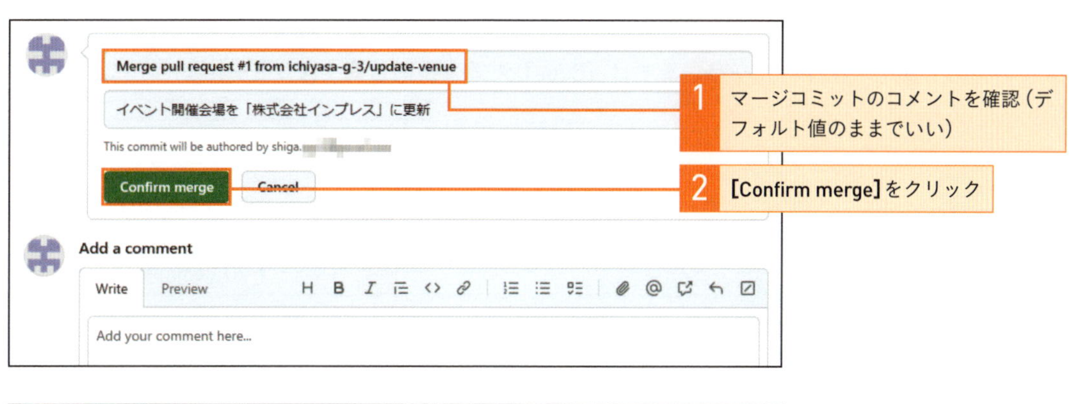

Point プルリクエストの「オープン」と「クローズ」

トピックブランチをマージすると、プルリクエストの画面には「Pull request successfully merged and closed」と表示されているはずです。直訳すると「プルリクエストは無事マージされ、閉じられました」となりますね。「閉じられた」という言葉は耳慣れないかもしれませんが、プルリクエストの状態を指しています。状態には「オープン」「クローズ」の2種類があり、作成直後はオープン、マージをすると自動的にクローズとなるのです。また、不要になったプルリクエストをマージせずに閉じることもできますし、マージせずに閉じたプルリクエストを再度オープンにすることも可能です。

》ベースブランチのコミット履歴を確認する

1 [Code]タブに移動する

ベースブランチにどのような変更が入ったのか確認してみましょう。これは、プルリクエストをマージするたびに必ず行うべき手順というわけではありませんが、特定ブランチの履歴の見方と覚えておきましょう。まずは［Code］タブへ移動し❶、[(コミット数) Commit（s)]をクリックします❷。

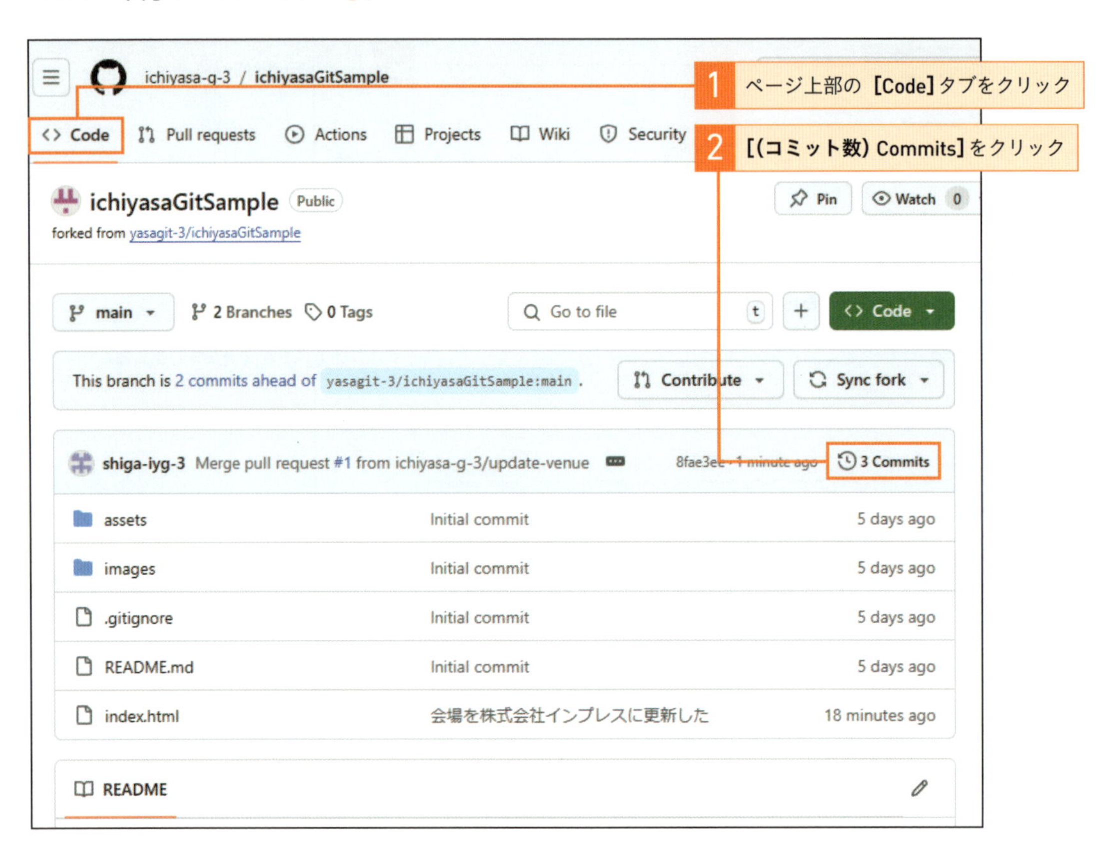

Codeタブのファイル一覧にあるindex.htmlを見ると、コミットメッセージと更新日付が他のファイルと違いますね。先ほどの作業内容が反映されているためです。

2 コミットの履歴を表示する

コミット履歴が表示されます。プルダウンメニューでブランチの選択も可能です。ここでは、mainブランチにupdate-venueブランチのコミットとマージコミットが作成されていることを確認してください。

One Point

スカッシュやリベースは履歴の書き替えを行う

一度作成したコミットは変更せず、すべての操作履歴を残すのがGitの基本的な考え方です。しかし、このLessonで登場したスカッシュ、リベースは履歴の書き替えを行う操作です。スカッシュは、複数あったコミットを1つにまとめるという変更を行っているので納得しやすいのではないでしょうか。リベースも、コミットはそのまま残すものの、実は元のコミットからはハッシュ値が変更されます。そのためこれらの操作を行うと、**「いつでも過去の状態に戻ることができる」という特徴を満たせなくなる可能性がある**ので要注意です。意図しない履歴の書き替えで困らないよう、きちんと理解してから実行しましょう。

スカッシュやリベースなど、注意が必要な操作もあることを覚えておいてください。

Lesson 34

[プルとフェッチ]

リモートリポジトリの内容をローカルリポジトリに取得しましょう

このレッスンのポイント

リモートリポジトリで行ったmainブランチの更新を、ローカルリポジトリにも取得してみましょう。これで、Chapter 1で説明した、ローカル／リモート2つのリポジトリを用いたサイクルを1周したことになります。

》2つの選択肢「プル」と「フェッチ」

「プル」または「フェッチ」という操作を行うと、指定したリモートリポジトリの内容が使用中のローカルリポジトリに取り込まれます。それぞれの違いは、ワークツリーの内容が変更されるかどうかです。プルを行った場合、**取得内容がワークツリーまで反映され、パソコン内のファイルが即座に書き替わります。**一方、フェッチはローカルリポジトリへの取得しか行わないので、ワークツリーに反映させるには再度プルを実行するか、マージを行う必要があります。そのため、両者の関係を表すのに「プル = フェッチ + マージ」といった説明がしばしば用いられます。

プルとフェッチの違い

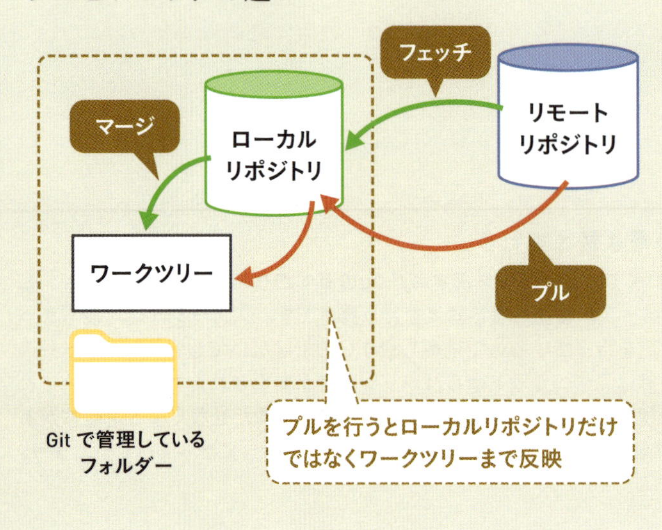

ブランチにすぐ取り込みたい場合はプルを、いきなりマージしたくない事情があるときや、内容を確認したいだけのときなどはフェッチを使うといいでしょう。

》リモートからローカルに反映するコマンド

プルは、git pullというコマンドを使います。リモートリポジトリ内のブランチの内容が、ローカルリポジトリ内の同じ名前のブランチに反映されます。同時にワークツリーへの反映も行われます。フェッチは、git fetchコマンドを使います。リモートリポジトリを指定して実行すると、リモートリポジトリの内容がローカルリポジトリに取得されます。ワークツリーへの反映は行われません。

git pullコマンド

プルとフェッチは、使うコマンドも異なります。違いをしっかり理解しておきましょう。

git fetchコマンド

```
$ git␣fetch␣origin
```

git fetchコマンド　フェッチ先のリモートリポジトリの名前

次ページの手順でマージ後のmainブランチがローカルに反映される

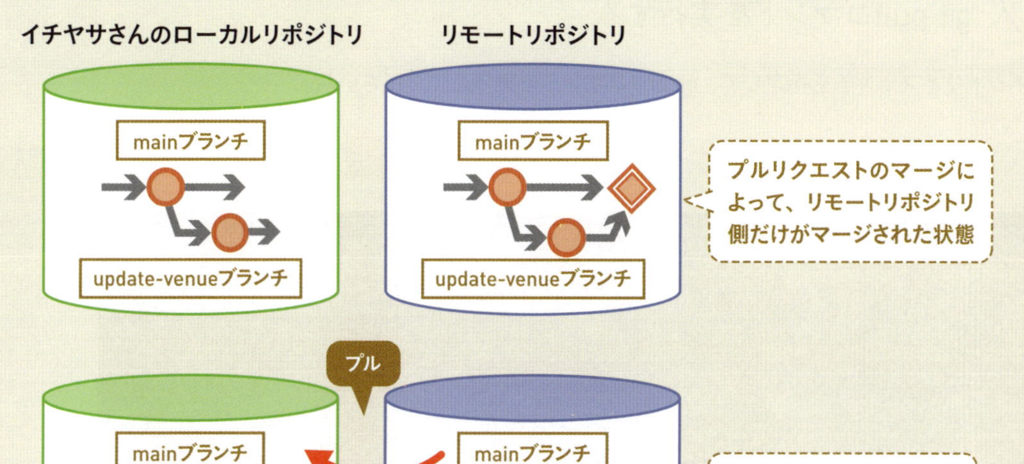

Chapter 5　ブランチを使ってファイルを更新しよう

》GitHub上の変更をローカルリポジトリにも取り込もう

1 mainブランチに切り替える

Lesson 33で、GitHub上（リモートリポジトリ）でmainブランチへのマージを行ったので、ローカルリポジトリのmainブランチにも変更を反映しましょう。現在、ローカルリポジトリはupdate-venueブランチを使用しているので、mainブランチに切り替えます❶。

```
$ git␣switch␣main
```

❶ コマンドを入力して Enter キーを押す

```
ichiyasa@DESKTOP-T3EDE55 MINGW64 ~/ichiyasaGitSample (update-venue)
$ git switch main
Switched to branch 'main'
Your branch is up to date with 'origin/main'.
```

mainブランチに切り替わりました。

ブランチを切り替えずにgit pullコマンドを実行すると、今使っているローカルリポジトリのブランチに、リモートリポジトリのmainブランチがマージされてしまうので注意しましょう。

2 git pullコマンドを実行する

リポジトリとブランチを指定して、git pullコマンドを実行してください❶。

```
$ git␣pull␣origin␣main
```

❶ コマンドを入力して Enter キーを押す

```
ichiyasa@DESKTOP-T3EDE55 MINGW64 ~/ichiyasaGitSample (main)
$ git pull origin main
Enter passphrase for key '/c/Users/ichiyasa/.ssh/id_ed25519':
remote: Enumerating objects: 1, done.
remote: Counting objects: 100% (1/1), done.
remote: Total 1 (delta 0), reused 0 (delta 0), pack-reused 0 (from 0)
Unpacking objects: 100% (1/1), 995 bytes | 199.00 KiB/s, done.
From github.com:ichiyasa-g-3/ichiyasaGitSample
 * branch            main       -> FETCH_HEAD
   f735800..8fae3ee  main       -> origin/main
Updating f735800..8fae3ee
Fast-forward
 index.html | 2 +-
 1 file changed, 1 insertion(+), 1 deletion(-)

ichiyasa@DESKTOP-T3EDE55 MINGW64 ~/ichiyasaGitSample (main)
$
```

リモートリポジトリの内容が取得されます。

One Point

ローカルリポジトリにまだ存在しないブランチを取得する

P.178で説明したとおり、プルにはマージの操作が含まれます。そのため、実行するには、マージ先となるブランチがローカルリポジトリに存在する必要があります。そのため、**リモートリポジトリにしかないブランチを取得したい場合はフェッチを利用します**。たとえば、シガさんがローカルリポジトリにupdate-venueブランチを取得したい場合、以下のようにgit fetchコマンドとgit switchコマンドを使うことで実現できます。このスイッチでは、ブランチを作成するにもかかわらず、-cオプション（P.188)が不要です。リモートリポジトリ上のブランチと同名のブランチを指定してスイッチをすると、ローカルリポジトリにまだそのブランチがなければGitが自動で作成してくれるのです。

ローカルリポジトリに存在しないブランチを取得するコマンド

```
$ git␣fetch␣origin
$ git␣switch␣update-venue
```

実行結果からローカルリポジトリへの取得成功を確認

```
shiga@DESKTOP-T3EDE55 MINGW64 ~/ichiyasaGitSample (main)
$ git fetch origin
Enter passphrase for key '/c/Users/shiga/.ssh/id_ed25519':
remote: Enumerating objects: 5, done.
remote: Counting objects: 100% (5/5), done.
remote: Compressing objects: 100% (1/1), done.
remote: Total 3 (delta 2), reused 3 (delta 2), pack-reused 0 (from 0)
Unpacking objects: 100% (3/3), 265 bytes | 11.00 KiB/s, done.
From github.com:ichiyasa-g-3/ichiyasaGitSample
 * [new branch]      update-venue -> origin/update-venue

shiga@DESKTOP-T3EDE55 MINGW64 ~/ichiyasaGitSample (main)
$ git switch update-venue
branch 'update-venue' set up to track 'origin/update-venue'.
Switched to a new branch 'update-venue'
```

他の人が作ったトピックブランチを取得すると、GitHub上では不可能な確認もできるのでレビューでも便利です。たとえば、今扱っているシナリオの場合なら、ブラウザーでイベントページの表示確認ができます。また、アプリケーションであれば実行してみることもできますね。

One Point

スイッチは編集した内容を勝手に上書きしない

P.145で説明したように、git switchコマンドは、特定のバージョンをワークツリーに反映させます。しかし、ファイルがmodifiedとなっている場合、編集した内容が上書きされる恐れがあるときはブランチの切り替えができません。Gitが意図しない上書きを防いでくれるというわけです。

「error: Your local changes to the following files would be overwritten by checkout（ブランチを変更すると次のファイルに対する変更が上書きされてしまう)」というメッセージが表示されるので、コミットしたり、編集を取り消したりする必要があります。

Lesson 35

[GitHubフロー]

GitHubフローについて理解しましょう

このレッスンのポイント

ここまでのLessonで学んできたGitHubフローの知識を整理します。Gitで継続的に作業していくには、操作を覚えるだけではなく、こうしたフローの理解も重要です。しっかりおさえ、複数人での作業もスムーズにできるよう準備をしておきましょう。

》今回実践したのはGitHubフロー

Gitでは、mainブランチに直接コミットをするのではなく、別のブランチを用意して作業を進めることが一般的です。その際重要になるのが、**「どんなトピックブランチを作るのか」「いつ何をきっかけにマージするのか」などを定めたフロー**です。

フローとして代表的なものには「GitHubフロー」「Gitフロー」といったものがありますが、このChapterで行った一連の流れは、GitHubフローに基づいています。GitHubフローは、**作業ごとにトピックブランチを1つだけ作り、細かい単位でサイクルを回す**フローで、各作業をシンプルに管理できることが特徴です。原則として頻繁なデプロイ（アプリケーションやWebサイトを稼働・公開すること）を前提としています。

GitHubフローのサイクル

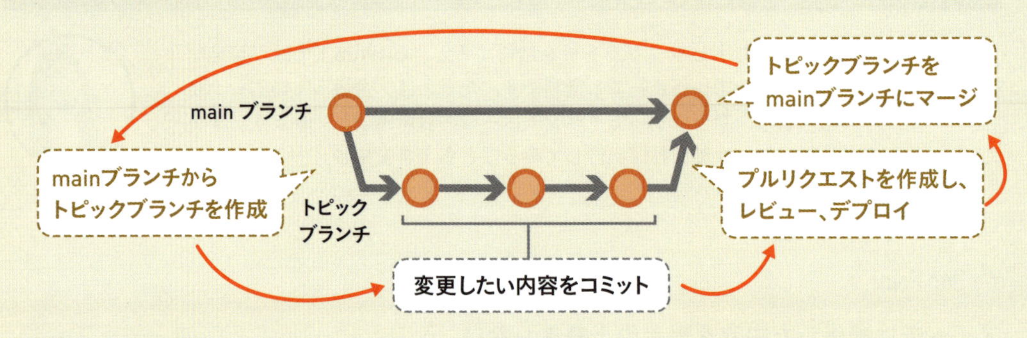

[参考] https://docs.github.com/ja/get-started/using-github/github-flow

Gitは使い方次第でさまざまな運用が可能なので、ある程度のルールがあったほうが共同作業をスムーズに行いやすくなります。

》なぜ作業内容ごとにブランチを使い分けるのか

作業ごとにブランチを使い分ける理由について考えてみましょう。第一のメリットとして挙げられるのは、**「作業の影響範囲を限定できる」**ことです。たとえば、ニュースを配信するアプリを開発しているとしましょう。「未読のニュースがあるとユーザーに通知する機能」と、「毎朝7時にニュースの更新通知を送信する機能」の開発が決まりました。Aさんは、「通知に関する作業」という理由で同じブランチを使って2つの機能の作業をはじめました。ところが、未読ニュースの通知機能の開発は順調に開発が完了したのに対し、更新通知はなかなか進みません。というのも、チーム内で「7時ではなくて8時がよい」「ユーザーが選択した時刻に通知すべきだ」と意見が割れ、議論に時間を要したからです。結果として、早くできた未読ニュースの通知機能だけ先にリリースしようという取り決めがなされました。しかし、1つのブランチで2つの作業をごちゃ混ぜに管理してしまっていたため、**リリースしたい機能の分の変更だけを抽出する**のにAさんは苦労することとなってしまいました。仮に2つの開発が順調に進み、同時期に完了していたとしても、リリース後に片方の機能でバグが発覚したらどうでしょう。実は、**ブランチが分かれていれば、バグのあるほうだけ元に戻すといったことも比較的容易に行えます**。

1つのブランチで複数の作業を行うと……

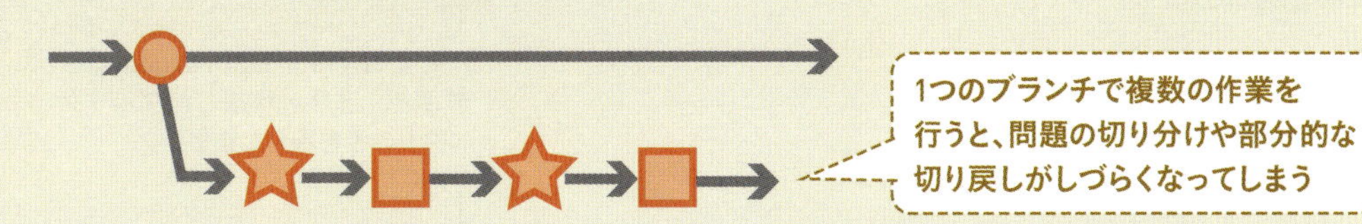

One Point

作業の単位はなるべく小さくする

開発は、作業中も作業後も何が起こるかわかりません。いざというときに備え、なるべく作業の単位を小さくしておくと素早く柔軟な対応が可能です。適切な単位で作業を区切れるようなブランチの使い方を心がけてみましょう。ブランチごとにサイクルを回すGitHubフローでは、まさにこうしたブランチ管理が実現できますね。

このChapterでは、一気にGitHubの基本的な使い方をマスターしました。これ以降はもう少し複雑なパターンを学んでいきますが、丁寧に解説するのできっと理解できるはずです。安心して挑戦してください！

One Point

プルリクエストの検索機能

プルリクエストは、変更の理由や経緯の記録として、あとから見返すと役立つこともあります。しかし、これからいくつもプルリクエストを作っていくと、特定のプルリクエストを一覧から自分の目で見つけるのは少々大変ですよね。そこで、[Pull requests] タブにある検索機能を使うと、キーワードや特定の条件で絞り込みができます。

まず、キーワード検索は、入力欄に文字を入力して Enter キーを押すだけです。一方、「レビュアーが誰か」「オープンかクローズか」といった条件で行う絞り込みには方法が2つあります。1つは、入力欄の左側にある [Filters] から絞り込み条件を選択すること、もう1つは独自の記法を用いて条件を入力することです。記法については公式ページ(https://docs.github.com/ja/search-github/searching-on-github/searching-issues-and-pull-requests)に詳しい説明がありますが、たとえば、「is:open」はオープンなプルリクエストを、「author:ichiyasa-g-3」はイチヤサさんが作成したプルリクエストを条件として指定できる文字列です。キーワード検索と条件での検索は併用することができます。

[Filters]で絞り込む

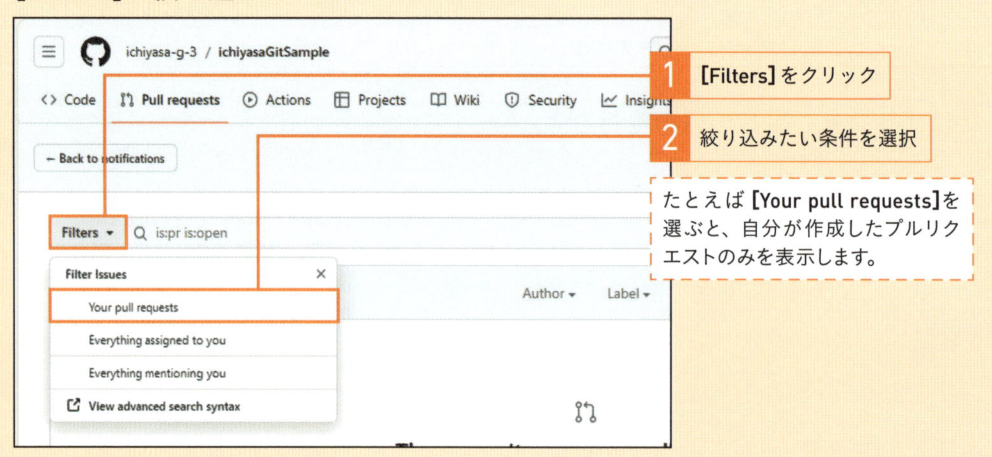

記法で絞り込む

Chapter

6

複数ブランチを同時に使ってファイルを更新しよう

ブランチ利用の応用編です。トピックブランチを2つ作成し、並行作業をしてみましょう。作業工程は複雑になりますが、「なぜ今このコマンドを実行するのか」と常に考えながら、順を追って理解してください。

Lesson 36

[シナリオの解説]

複数ブランチを使うためのシナリオを理解しましょう

このレッスンのポイント

このChapterはすでに皆さんが知っている機能のみを使って進めていくため、すぐ実践に入ります。まずはこのLessonでこれから実施する作業の内容を説明しますので、Chapter 5で学んだ操作も思い出しながらシナリオを把握してください。

》1つ目のブランチを使用してスピーカー情報を更新する

イベントで登壇するスピーカーが決まったため、イチヤサさんは専用のブランチを作成してイベントページにスピーカーのプロフィール文とプロフィール画像を追加します。なお、サンプルとして登場するスピーカーは「いろふさん」と「うらがみさん」です。しかし、**いろふさんのプロフィール画像がまだ手に入っていない**ものとします。そこで、いろふさんの画像追加はTODOコメント（P.191参照）を残すのみで後回しとし、スピーカー情報の更新を中断します。

スピーカー情報の更新1

スピーカー情報

スピーカー

1人目: 未定

1人目のプロフィール

2人目: 未定

2人目のプロフィール

スピーカー

仮

いろふさん

大阪を中心に仕事している、ふつうのプログラマです。
関西Javaエンジニアの会の中の人。
主に業務Webアプリの開発をしてきました。

うらがみさん

大阪のプログラマーです。GitHubを日常的に利用しています。
一年間毎日コミットをしてプロフィールページのcontributionsを緑一色にしたことがあります。

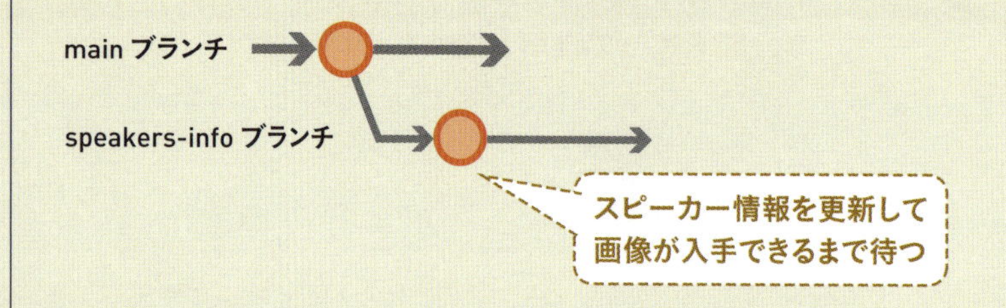

1つ目のブランチの作業を完結させずに、次の作業に移ります。

》2つ目のブランチでセッション情報を更新する

スピーカー情報の更新は途中のままにし、セッション情報を更新します。ただし、作業の目的や内容が異なるため、**使用するのはスピーカー情報用とは別のブランチ**です。セッションの情報の更新は作業を完了させ、mainブランチへのマージまで行います。

セッション情報の更新

セッション情報

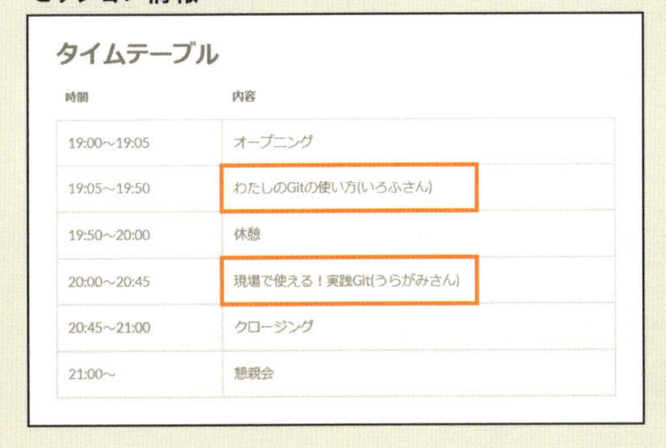

タイムテーブル

時間	内容
19:00～19:05	オープニング
19:05～19:50	わたしのGitの使い方(いろふさん)
19:50～20:00	休憩
20:00～20:45	現場で使える！実践Git(うらがみさん)
20:45～21:00	クロージング
21:00～	懇親会

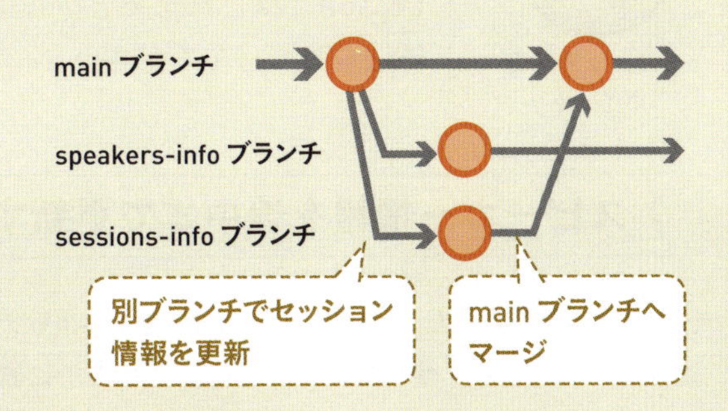

》1つ目のブランチに戻り、スピーカー情報の更新を終える

セッション情報の更新中に、いろふさんのプロフィール画像が手に入ったとします。まずは2つ目のブランチで加えた変更を1つ目のブランチにも反映させましょう。その後、1つ目のブランチで画像の追加とTODOコメントの削除を行い、コミットとマージを実行します。

スピーカー情報の更新2

スピーカー情報

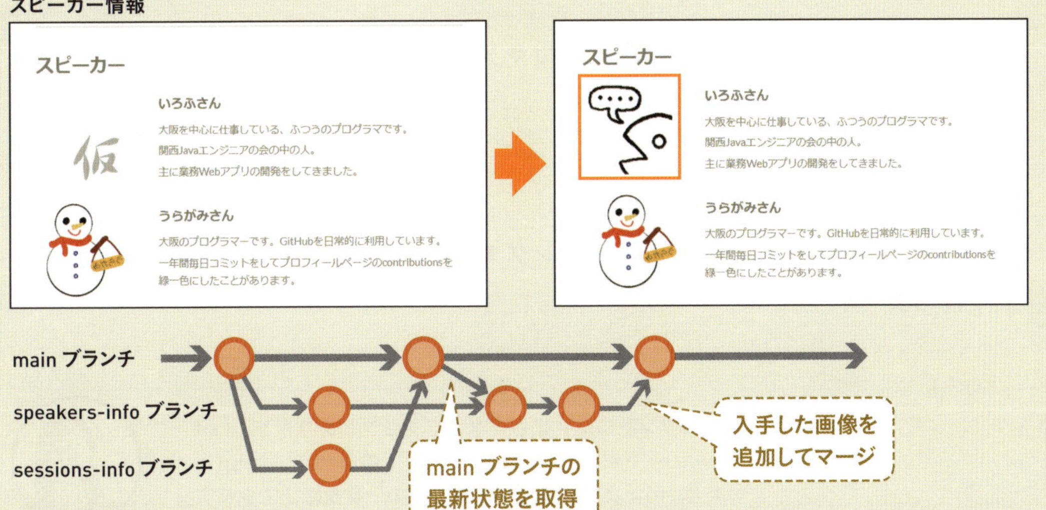

Lesson 37

[複数ブランチの使用1]

専用のブランチでスピーカー情報を更新しましょう

このレッスンのポイント

イベントページに、スピーカーのプロフィール文とプロフィール画像を追加します。すでに作業手順は頭に入っているでしょうか。このLessonではこれまでと少し違う操作を紹介するので、自分に合った方法を見つけてください。

》スピーカー情報を途中まで更新する

Lesson 36で説明したように、今回はspeakers-infoブランチを作成し、スピーカー情報を途中まで追加していきます。使うコマンドもほぼこれまでに説明したものばかりですが、オプションを利用してコマンド数を減らすやり方を説明します。

speakers-infoブランチで作業する

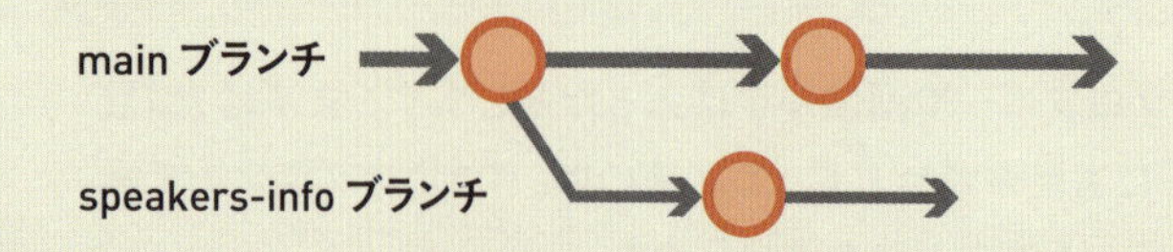

オプションを使って少ないコマンドで目的を達成します。

スイッチと同時にブランチを作成するコマンド

```
$ git switch -c speakers-info
```

git switchコマンド　-cオプション　作成し、切り替えたいブランチ名

変更したファイルをまとめてステージングエリアに追加するコマンド

```
$ git add -A
```

git addコマンド　-Aオプション

各コマンドにはさまざまなオプションがあります。「git switch --help」のように、コマンドのあとに --help(または -h)と入力すると、コマンドの一覧が確認できます。

》ブランチを作成し、コミットしよう

1 ブランチを作成し、スイッチする

git branchコマンドでブランチを作成し、新しいブランチに切り替えるまでを1コマンドで行ってみましょう。git switchコマンドに-cオプションを付けて実行します。ブランチ名は「speakers-info」とします❶。

```
$ git␣switch␣-c␣speakers-info
```

1 コマンドを入力して Enter キーを押す

```
ichiyasa@DESKTOP-T3EDE55 MINGW64 ~/ichiyasaGitSample (main)
$ git switch -c speakers-info
Switched to a new branch 'speakers-info'

ichiyasa@DESKTOP-T3EDE55 MINGW64 ~/ichiyasaGitSample (speakers-info)
$
```

「git checkout -b speakers-info」でも同じことができます。

ブランチ作成と同時にスイッチもできています。

打ち間違いなどにより誤ったブランチを作成してしまったら、もう一度mainブランチにスイッチしたあと、改めて正しいコマンドを実行してください。

2 HTMLを更新する

今回は、HTML（プロフィール文）と画像（プロフィール画像）の更新が必要です。Chapter 3のコラムで紹介したように、Gitではテキストファイルのみでなく、画像のようなバイナリファイルも管理できることを思い出してください。まず、HTMLについては「スピーカー」の欄にプロフィール文を追記します❶❷。スピーカー2名分のサンプルを載せるので、皆さんも入力してみてください。

```
060 <article>
061 ␣␣␣␣<h3>スピーカー</h3>
062 ␣␣␣␣<div␣class="speaker">
063 ␣␣␣␣␣␣␣␣<img␣src="images/speaker1.png"␣alt=""␣class="image"/>
064 ␣␣␣␣␣␣␣␣<div␣class="inner">
065 ␣␣␣␣␣␣␣␣␣␣␣␣<h4>いろふさん</h4>
066 ␣␣␣␣␣␣␣␣␣␣␣␣<p>大阪を中心に仕事している、ふつうのプログラマです。</p>
067 ␣␣␣␣␣␣␣␣␣␣␣␣<p>関西Javaエンジニアの会の中の人。</p>
068 ␣␣␣␣␣␣␣␣␣␣␣␣<p>主に業務Webアプリの開発をしてきました。</p>
069 ␣␣␣␣␣␣␣␣</div>
```

1 ここから、1人目のスピーカー情報を入力

```
070 ␣␣␣␣</div>
071 ␣␣␣␣<div␣class="speaker">
072 ␣␣␣␣␣␣␣␣<img␣src="images/speaker2.png"␣alt=""␣class="image"/>
073 ␣␣␣␣␣␣␣␣<div␣class="inner">
074 ␣␣␣␣␣␣␣␣␣␣␣␣<h4>うらがみさん</h4>
075 ␣␣␣␣␣␣␣␣␣␣␣␣<p>大阪のプログラマーです。GitHubを日常的に利用しています。</p>
076 ␣␣␣␣␣␣␣␣␣␣␣␣<p>一年間毎日コミットをしてプロフィールページのcontributionsを緑一色に
    したことがあります。</p>
077 ␣␣␣␣␣␣␣␣</div>
078 ␣␣␣␣</div>
079 </article>
```

2 ここから、2人目のスピーカー情報を入力

Visual Studio Codeでindex.htmlのスピーカー情報を編集します。

```
表示(V)  ...        ichiyasaGitSample
index.html ●
index.html > html > body > div#wrapper > div#main > section#two > div.container > div.features > article > div.speaker > div.inner > h4
52      <h2>第2回Git勉強会</h2>
53      <div class="features">
54          <p>第2回Git勉強会を開催します。みなさま、是非ご参加ください!</p>
55          <article>
56              <h3>イベント日時・場所</h3>
57              <p>3月23日 19:00開始</p>
58              <p>株式会社インプレス イベントセミナー会場</p>
59          </article>
60          <article>
61              <h3>スピーカー</h3>
62              <div class="speaker">
63                  <img src="images/speaker1.png" alt="" class="image"/>
64                  <div class="inner">
65                      <h4>いろふさん</h4>
66                      <p>大阪を中心に仕事している、ふつうのプログラマです。</p>
67                      <p>関西Javaエンジニアの会の中の人。</p>
68                      <p>主に業務Webアプリの開発をしてきました。</p>
69                  </div>
70              </div>
71              <div class="speaker">
72                  <img src="images/speaker2.png" alt="" class="image"/>
73                  <div class="inner">
74                      <h4>うらがみさん</h4>
75                      <p>大阪のプログラマーです。GitHubを日常的に利用しています。</p>
76                      <p>一年間毎日コミットをしてプロフィールページのcontributionsを緑一色にしたことがあります。<
77                  </div>
78              </div>
79          </article>
行 65、列 47  スペース:4  UTF-8  CRLF  HTML
```

Visual Studio Codeの操作には慣れてきましたか？　編集する量が増えましたが、がんばりましょう！

3 TODOコメントを追加する

画像は、「images」フォルダーに追加する必要があります。しかし、いろふさんのプロフィール画像がまだ入手できていません。TODOコメントを残し、あとから差し替えるものとして仮置きの画像を使っておきます❶。

```
062     <div class="speaker">
063     <!--TODO : プロフィール画像を受け取ったら更新する-->
064         <img src="images/speaker1.png" alt="" class="image"/>
065         <div class="inner">
066             <h4>いろふさん</h4>
067             <p>大阪を中心に仕事している、ふつうのプログラマです。</p>
068             <p>関西Javaエンジニアの会の中の人。</p>
069             <p>主に業務Webアプリの開発をしてきました。</p>
070         </div>
071     </div>
```

1 TODOコメントを追加

```
59      </article>
60      <article>
61          <h3>スピーカー</h3>
62          <div class="speaker">
63          <!--TODO : プロフィール画像を受け取ったら更新する-->
64              <img src="images/speaker1.png" alt="" class="image"/>
65              <div class="inner">
66                  <h4>いろふさん</h4>
67                  <p>大阪を中心に仕事している、ふつうのプログラマです。</p>
68                  <p>関西Javaエンジニアの会の中の人。</p>
69                  <p>主に業務Webアプリの開発をしてきました。</p>
70              </div>
71          </div>
72          <div class="speaker">
```

いろふさんの画像付近にTODOコメントを付与します。

Point あとでやりたい作業を書く「TODOコメント」

プログラミングをしていると、あとでやりたい（やる必要がある）作業に備忘録としてソースコードコメントを付けることがしばしばあります。これを、TODOコメントと呼びます。今回のサンプルでは、いろふさんのプロフィール画像追加があとでやるべき作業として残るため、画像の追加箇所にTODOコメントを書いておきます。HTMLの場合は<!-- -->の間にTODOコメントを書きますが、他の言語を使用する場合はそれぞれの文法でTODOコメントを書いてください。

4 画像を用意する

画像を2枚用意します。内容は何でもいいので、皆さんのお好きな画像を使ってもかまいません。ただし、画像ファイル名はHTMLで指定したとおり、それぞれspeaker1.png、speaker2.pngとしてください❶。サンプルプロジェクトへ画像を追加するには、Visual Studio Code左側のエクスプローラーに表示されている「images」フォルダーに画像をドラッグアンドドロップします❷。

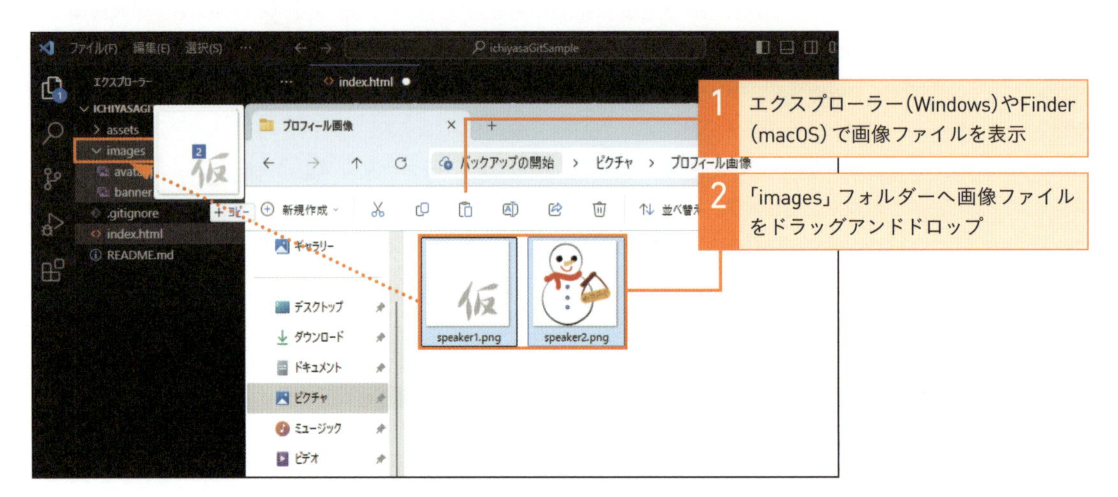

ファイル名さえ合っていれば、画像は何でもかまいません。サンプルと同じ画像を使いたい方はダウンロードできます(P.239参照)。

5 ブラウザーでHTMLを確認する

Gitに登録する前に、HTMLが正しく更新されたかをブラウザーで確認しておきましょう。

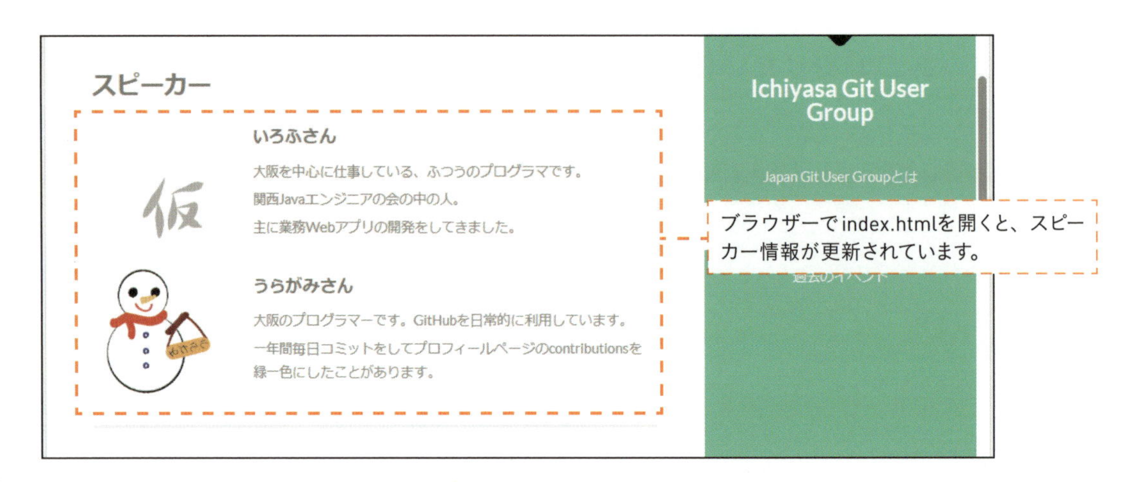

6 編集したファイルをコミットする

ファイルの状態をチェックしたら❶、コミットしましょう。ここではgit addコマンドに-Aオプションを付け、新規追加・編集・削除したすべてのファイルを一度にステージングエリアへ追加します❷❸。その後は、これまでどおりコミットをすれば大丈夫です❹。

```
$ git status
```

1 「git status」と入力して Enter キーを押す

```
ichiyasa@DESKTOP-T3EDE55 MINGW64 ~/ichiyasaGitSample (speakers-info)
$ git status
On branch speakers-info
Changes not staged for commit:
  (use "git add <file>..." to update what will be committed)
  (use "git restore <file>..." to discard changes in working directory)
        modified:   index.html

Untracked files:
  (use "git add <file>..." to include in what will be committed)
        images/speaker1.png
        images/speaker2.png

no changes added to commit (use "git add" and/or "
```

index.htmlが「modified」(変更済み)と表示されています。

新たに追加された画像ファイルが「Untracked」(追跡されていない)と表示されています。

```
$ git add -A
```

2 「git add -A」と入力して Enter キーを押す

```
ichiyasa@DESKTOP-T3EDE55 MINGW64 ~/ichiyasaGitSample (speakers-info)
$ git add -A
```

-Aは--allとも書けます。文字数は多いですが、意味がわかりやすいですね。このように、オプションにはわかりやすい書き方と短い省略形が存在することがあります。これは、Git以外のコマンドにもいえる特徴です。

```
$ git status
```

3 「git status」と入力して Enter キーを押す

```
ichiyasa@DESKTOP-T3EDE55 MINGW64 ~/ichiyasaGitSample (speakers-info)
$ git status
On branch speakers-info
Changes to be committed:
  (use "git restore --staged <file>..." to unstage)
        new file:   images/speaker1.png
        new file:   images/speaker2.png
        modified:   index.html
```

すべての変更がステージングエリアに追加されています。

```
$ git commit -m "スピーカー情報を追記した"
```
4 コマンドを入力して Enter キーを押す

```
ichiyasa@DESKTOP-T3EDE55 MINGW64 ~/ichiyasaGitSample (speakers-info)
$ git commit -m "スピーカー情報を追記した"
[speakers-info 6c6ca95] スピーカー情報を追記した
 3 files changed, 8 insertions(+), 4 deletions(-)
 create mode 100644 images/speaker1.png
 create mode 100644 images/speaker2.png

ichiyasa@DESKTOP-T3EDE55 MINGW64 ~/ichiyasaGitSample (speakers-info)
$
```

変更がコミットされました。

7 リモートリポジトリにプッシュする

スピーカー情報の更新が未完なので、speakers-infoブランチはまだ役目を終えていませんが、プッシュしておきましょう❶。プルリクエストの作成やリリースなど、リモートリポジトリでの操作を行いたいときに限らず、プッシュはこまめに行うことをオススメします。

```
$ git push origin speakers-info
```
1 コマンドを入力して Enter キーを押す

```
ichiyasa@DESKTOP-T3EDE55 MINGW64 ~/ichiyasaGitSample (speakers-info)
$ git push origin speakers-info
Enter passphrase for key '/c/Users/ichiyasa/.ssh/id_ed25519':
Enumerating objects: 9, done.
Counting objects: 100% (9/9), done.
Delta compression using up to 8 threads
Compressing objects: 100% (6/6), done.
Writing objects: 100% (6/6), 28.71 KiB | 1.69 MiB/s, done.
Total 6 (delta 2), reused 0 (delta 0), pack-reused 0 (from 0)
remote: Resolving deltas: 100% (2/2), completed with 2 local objects.
remote:
remote: Create a pull request for 'speakers-info' on GitHub by visiting:
remote:      https://github.com/ichiyasa-g-3/ichiyasaGitSample/pull/new/speakers
-info
remote:
To github.com:ichiyasa-g-3/ichiyasaGitSample.git
 * [new branch]      speakers-info -> speakers-info

ichiyasa@DESKTOP-T3EDE55 MINGW64 ~/ichiyasaGitSample (speakers-info)
$
```

リモートリポジトリにプッシュされました。

こまめにプッシュしておけば、何らかの不具合でローカルリポジトリのデータが消えて作業内容が失われることを防いだり、他のパソコンでプルして作業したりすることができます。

Lesson 38

[複数ブランチの使用2]

さらにブランチを作成し、セッションの情報を更新しましょう

このレッスンのポイント

いろふさんのプロフィール画像が手元にないままなので、いったん中断してセッション情報の更新に移ります。ここからは、同時に複数のブランチを操作することを学びます。ブランチの使い分けを意識してみましょう。

》新たなブランチをmainブランチから作成する

次にセッション情報（タイムテーブル）を更新しましょう。別の作業になるので、最初に**セッション情報専用のsessions-infoブランチを作成します**。現在使っているのは、先ほど作ったspeakers-infoブランチです。その状態でブランチを作成するコマンドを実行すると、基本的には現在使用中のブランチから新たなブランチが作られます。セッション情報の更新はスピーカー情報の更新とはまったく別の作業なので、**一度mainブランチに戻って、そこから別のブランチを作成しましょう**。

mainブランチに切り替えずに新たなブランチを作成すると……

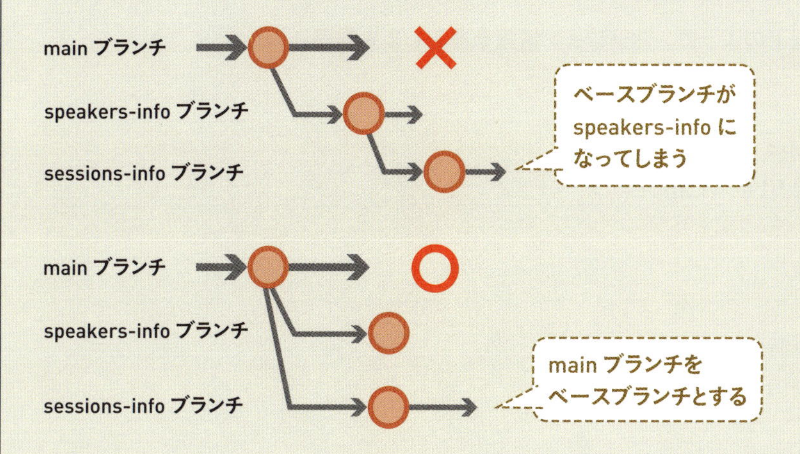

ベースブランチをmainにしないと、speakers-infoブランチで追加したコミットも含まれたブランチが作成されてしまいます。これでは作業ごとに使い分けができません。

》ブランチを作成し、編集後にマージまで進めよう

1 新たなブランチをmainブランチから作成する

いったんmainブランチに移動してから、「sessions-info」という名前のブランチを作成します❶。

```
$ git switch main
$ git switch -c sessions-info
```

1 これらのコマンドを1行ずつ入力して Enter キーを押す

```
ichiyasa@DESKTOP-T3EDE55 MINGW64 ~/ichiyasaGitSample (speakers-info
$ git switch main
Switched to branch 'main'
Your branch is up to date with 'origin/main'.

ichiyasa@DESKTOP-T3EDE55 MINGW64 ~/ichiyasaGitSample (main)
$ git switch -c sessions-info
Switched to a new branch 'sessions-info'

ichiyasa@DESKTOP-T3EDE55 MINGW64 ~/ichiyasaGitSample (sessions-info
$ |
```

まずmainブランチに移動します。

sessions-infoブランチを作成してスイッチします。

2 ファイルを編集し、マージまで進める

index.htmlファイルを開き、以下のように、セッション情報を追記します❶❷。

```
077 <article>
078     <h3>タイムテーブル</h3>
079     <div class="table-wrapper">
080         <table class="alt">
081             <thead>
082             <tr>
083                 <th>時間</th>
084                 <th>内容</th>
085             </tr>
086             </thead>
087             <tbody>
088             <tr>
089                 <td>19:00〜19:05</td>
090                 <td>オープニング</td>
091             </tr>
092             <tr>
```

```
093                 <td>19:05〜19:50</td>
094                 <td>わたしのGitの使い方(いろふさん)</td>
095             </tr>
096             <tr>
097                 <td>19:50〜20:00</td>
098                 <td>休憩</td>
099             </tr>
100             <tr>
101                 <td>20:00〜20:45</td>
102                 <td>現場で使える!実践Git(うらがみさん)</td>
103             </tr>
104             <tr>
105             <td>20:45〜21:00</td>
106             <td>クロージング</td>
107             </tr>
108             <tr>
109                 <td>21:00〜</td>
110                 <td>懇親会</td>
111             </tr>
112             </tbody>
113         </table>
114     </div>
115 </article>
```

1 ここに、1つめのセッション情報を入力

2 ここに、2つめのセッション情報を入力

Visual Studio Codeでindex.htmlのタイムテーブルを更新します。

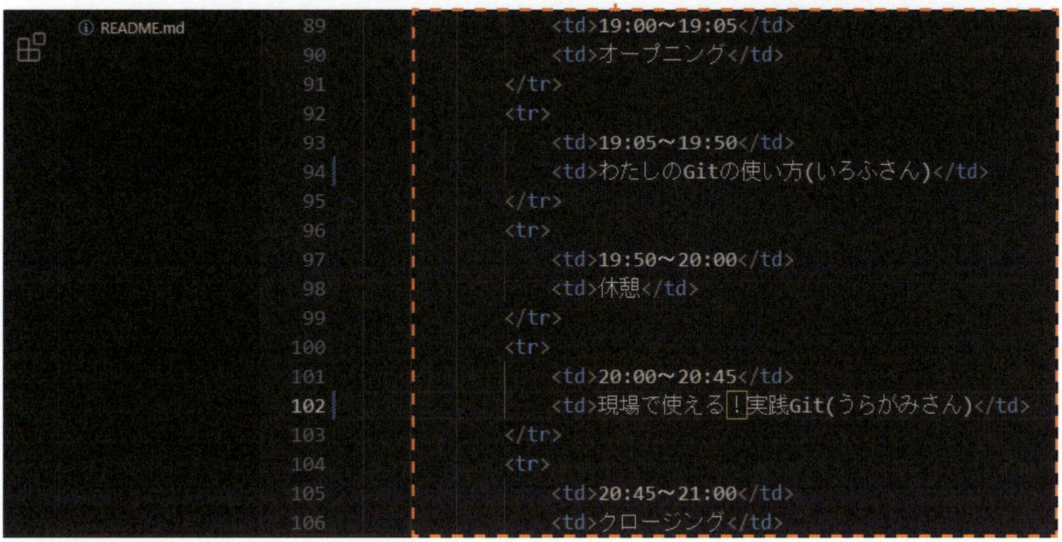

```
README.md
89          <td>19:00~19:05</td>
90          <td>オープニング</td>
91      </tr>
92      <tr>
93          <td>19:05~19:50</td>
94          <td>わたしのGitの使い方(いろふさん)</td>
95      </tr>
96      <tr>
97          <td>19:50~20:00</td>
98          <td>休憩</td>
99      </tr>
100     <tr>
101         <td>20:00~20:45</td>
102         <td>現場で使える!実践Git(うらがみさん)</td>
103     </tr>
104     <tr>
105         <td>20:45~21:00</td>
106         <td>クロージング</td>
```

3 ブラウザーでHTMLを確認する

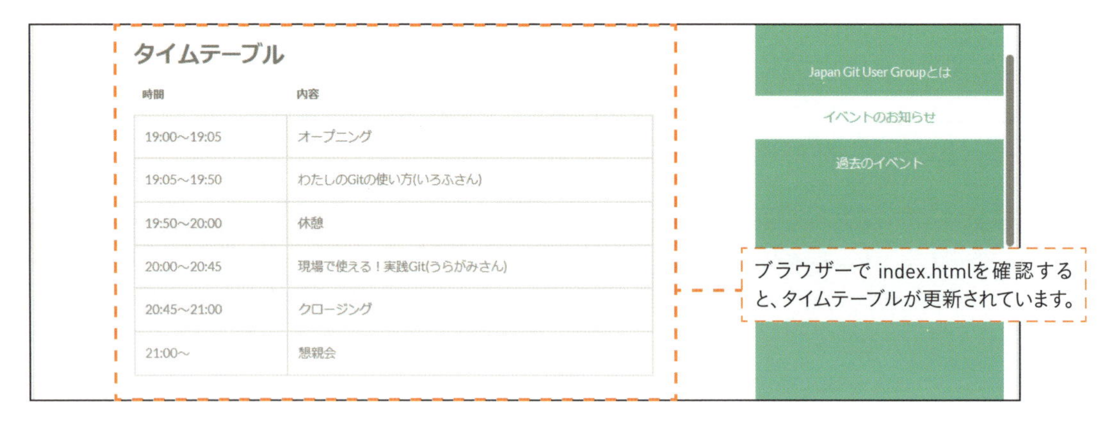

4 変更をコミットする

これまでと同じく、index.htmlをステージングエリアに追加し、コミットします❶。

```
$ git status
$ git add index.html
$ git commit -m "セッション情報を記載した"
```

1 これらのコマンドを1行ずつ入力して Enter キーを押す

```
ichiyasa@DESKTOP-T3EDE55 MINGW64 ~/ichiyasaGitSample (sessions-info)
$ git status
On branch sessions-info
Changes not staged for commit:
  (use "git add <file>..." to update what will be committed)
  (use "git restore <file>..." to discard changes in working directory)
        modified:   index.html

no changes added to commit (use "git add" and/or "git commit -a")

ichiyasa@DESKTOP-T3EDE55 MINGW64 ~/ichiyasaGitSample (sessions-info)
$ git add index.html

ichiyasa@DESKTOP-T3EDE55 MINGW64 ~/ichiyasaGitSample (sessions-info)
$ git commit -m "セッション情報を記載した"
[sessions-info 8823f1c] セッション情報を記載した
 1 file changed, 2 insertions(+), 2 deletions(-)
```

index.htmlをステージングエリアへ追加しています。

コミットできました。

5 リモートリポジトリにプッシュして、マージする

あとは、Chapter 5と同様にリモートリポジトリにプッシュし❶、プルリクエストを使ってマージを行ってください❷。ここではプルリクエスト作成前に実行するコマンドのみ列挙し、詳細は割愛します。

```
$ git push origin sessions-info
```

1 コマンドを入力して Enter キーを押す

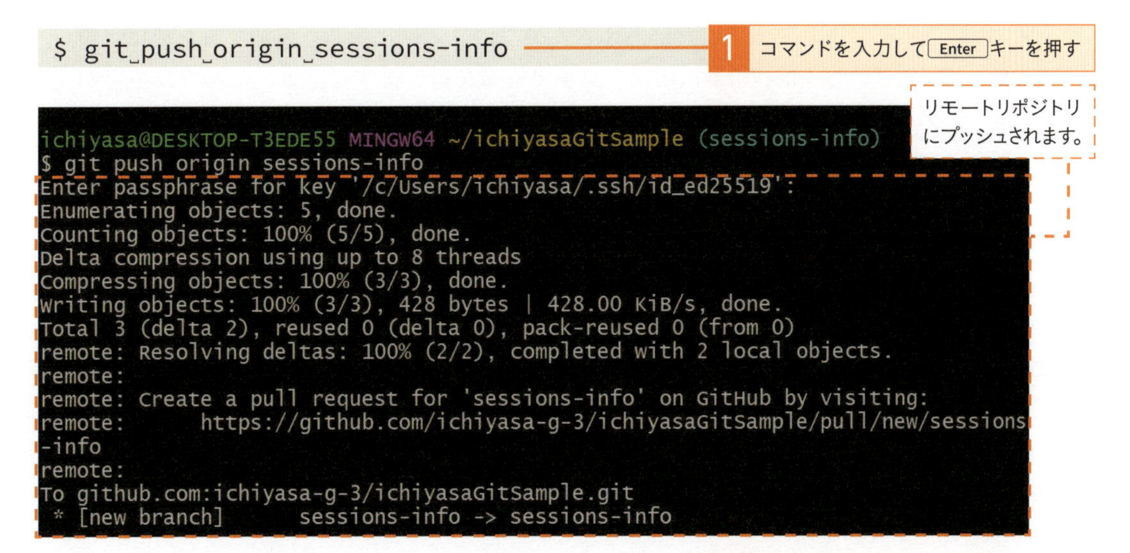

リモートリポジトリにプッシュされます。

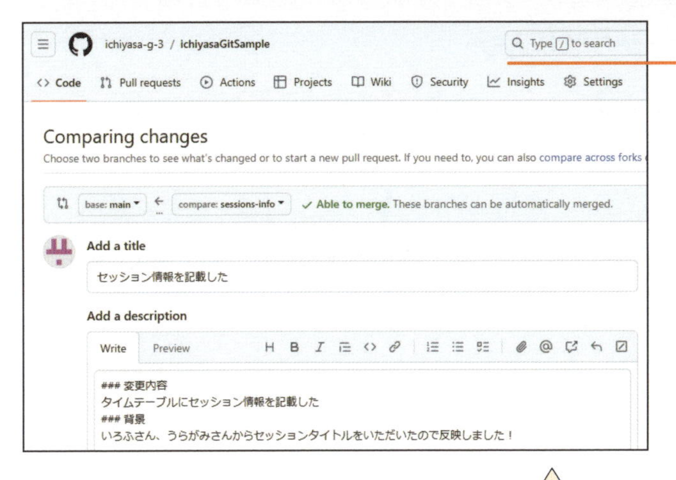

2 GitHub上でプルリクエストを作成してマージ

プルリクエストを作成してマージするまでの手順は、Lesson 30〜33を参考にしてください。

Point マージ後の状態

マージが完了すると、ブランチは右の図の状態になります。

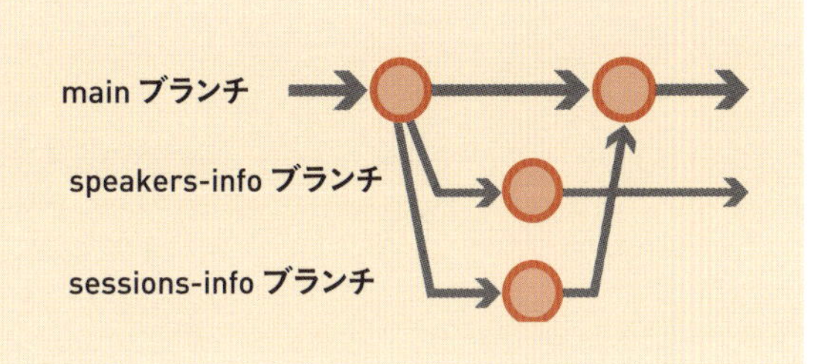

Lesson 39

[複数ブランチの使用3]

スピーカー情報更新用ブランチに戻り、作業を再開しましょう

このレッスンのポイント

遅れて入手したいろふさんのプロフィール画像を追加するために、再びspeakers-infoブランチで作業を行います。基本的な操作は中断前と同じですが、作業開始時とはmainブランチの内容が異なっていることがポイントです。

》先にmainブランチの内容をトピックブランチに取得する

今度はspeakers-infoブランチに切り替えてスピーカー情報の続きをしていきます。ただし、mainブランチには、先ほどsessions-infoブランチで行ったセッション情報に関する作業の内容が含まれています。その作業よりも先に作ったspeakers-infoブランチには、セッション情報が含まれていません。そのため、**speakers-infoブランチに最新のmainブランチの内容を含める**ように更新してから、作業を行ってみましょう。

mainブランチ(ベースブランチ)から取り込む

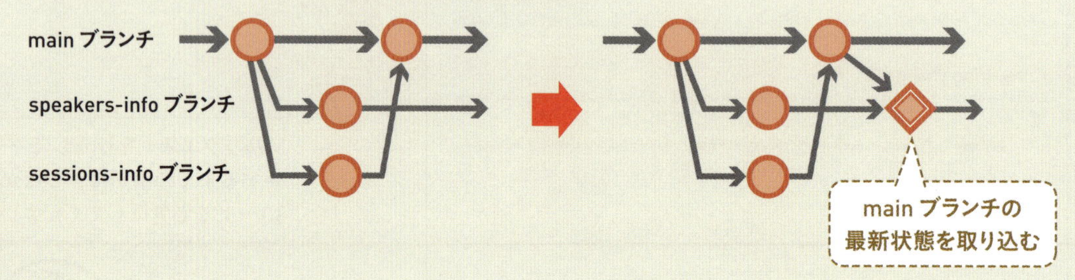

git mergeコマンドで取り込む

```
$ git merge main
```

git mergeコマンド　取得したいブランチ

ベースブランチに変更が入った場合は、作業中のトピックブランチにも反映させておくことをオススメします。そうしないと両ブランチの差分がどんどん大きくなり、マージ作業のボリュームが大きく複雑になる可能性があります。

》mainブランチの内容を取得する

1 mainブランチから最新の状態を取得する

先ほどのLesson 38ではリモートリポジトリ上でブランチをマージしたため、それはまだローカルリポジトリに反映されていません。git pullコマンドを使って、ローカルリポジトリのmainブランチを最新状態にします❶。

```
$ git switch main
$ git pull origin main
```

1 これらのコマンドを1行ずつ入力して Enter キーを押す

```
ichiyasa@DESKTOP-T3EDE55 MINGW64 ~/ichiyasaGitSample (session-info)
$ git switch main
Switched to branch 'main'
Your branch is up to date with 'origin/main'.

ichiyasa@DESKTOP-T3EDE55 MINGW64 ~/ichiyasaGitSample (main)
$ git pull origin main
Enter passphrase for key '/c/Users/ichiyasa/.ssh/id_ed25519':
remote: Enumerating objects: 1, done.
remote: Counting objects: 100% (1/1), done.
remote: Total 1 (delta 0), reused 0 (delta 0), pack-reused 0 (from 0)
Unpacking objects: 100% (1/1), 953 bytes | 190.00 KiB/s, done.
From github.com:ichiyasa-g-3/ichiyasaGitSample
 * branch            main       -> FETCH_HEAD
   aa692b6..91d83ef  main       -> origin/main
Updating aa692b6..91d83ef
Fast-forward
 index.html | 4 ++--
 1 file changed, 2 insertions(+), 2 deletions(-)
```

mainブランチに切り替わります。

リモートリポジトリから最新のmainブランチを取得します。

コマンドの実行結果をよく見ると、リモートリポジトリとローカルブランチの差分がファイルごとに表示されています。

2 mainブランチから最新状態を取り込む

続いて、speakers-infoブランチにも反映します。マージ先のブランチ（speakers-info）に移動し、マージ元のブランチ（main）をパラメーターに指定してgit mergeコマンドを実行しましょう。すると、エディターが立ち上がりますが、マージしたことがわかるようなコミットメッセージがあらかじめ入力されています。慣習的にそのままとすることが多いので、編集しないでおきましょう。何もせずにエディターを閉じれば、マージが完了します❶❷。

```
$ git switch speakers-info
$ git merge main
```

1 これらのコマンドを1行ずつ入力して Enter キーを押す

```
ichiyasa@DESKTOP-T3EDE55 MINGW64 ~/ichiyasaGitSample (main)
$ git switch speakers-info
Switched to branch 'speakers-info'

ichiyasa@DESKTOP-T3EDE55 MINGW64 ~/ichiyasaGitSample (speakers-info)
$ git merge main
Auto-merging index.html
```

spakers-infoブランチに切り替わります。

mainブランチをマージします。

```
1  Merge branch 'main' into speakers-info
2  # Please enter a commit message to explain why this merge is necessary,
3  # especially if it merges an updated upstream into a topic branch.
4  #
5  # Lines starting with '#' will be ignored, and an empty message aborts
6  # the commit.
7
```

マージを実行すると、Visual Studio Codeが自動的に起動します。

2 マージコメントの編集は不要なので、[×]をクリックしてファイルを閉じる

```
ichiyasa@DESKTOP-T3EDE55 MINGW64 ~/ichiyasaGitSample (main)
$ git switch speakers-info
Switched to branch 'speakers-info'

ichiyasa@DESKTOP-T3EDE55 MINGW64 ~/ichiyasaGitSample (speakers-info)
$ git merge main
Auto-merging index.html
Merge made by the 'ort' strategy.
 index.html | 4 ++--
 1 file changed, 2 insertions(+), 2 deletions(-)
```

Visual Studio Codeを閉じるとマージが完了します。

index.htmlファイルを開き、speakers-infoブランチを使用している状態でもセッション情報が更新済みであることを確認してみましょう。

》HTMLファイルを更新する

1 スピーカーのプロフィール画像を追加し、コミットする

「images」フォルダーの画像ファイルspeaker1.pngを、本番用のファイルで上書きしましょう❶。そして、HTMLファイルのTODOコメントの行を削除しましょう❷。

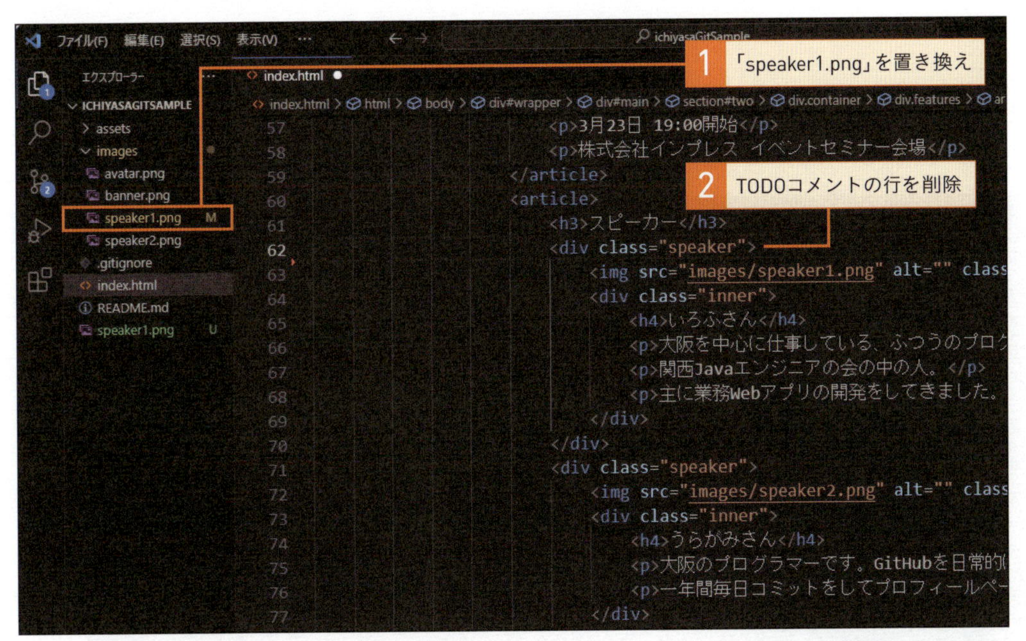

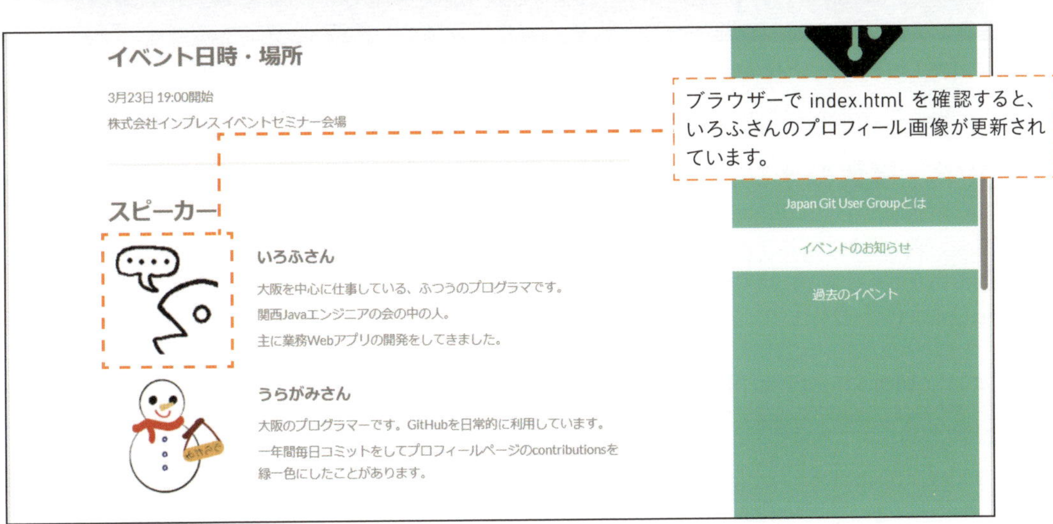

2 変更をコミットする

今回は、ステージングエリアへの追加とコミットを一度に行ってみます。-amオプションを付けてgit commitコマンドを実行してください❶。-amオプションは**更新されたファイルをステージングエリアに追加して、そのままコミットします**。ただし、追加対象となるのはGit管理下に置かれているファイルの変更です。ステージングエリアに加えていない新規ファイルや、一度Gitの管理から除外したファイルは対象外となり、コミットされません。その場合はgit addコマンドを使う必要があります。

```
$ git␣status
$ git␣commit␣-am␣"いろふさんのプロフィール画像を追加した"
```

1 これらのコマンドを1行ずつ入力して Enter キーを押す

```
ichiyasa@DESKTOP-T3EDE55 MINGW64 ~/ichiyasaGitSample (speakers-info)
$ git status
On branch speakers-info
Changes not staged for commit:
  (use "git add <file>..." to update what will be committed)
  (use "git restore <file>..." to discard changes in working directory)
        modified:   images/speaker1.png
        modified:   index.html

no changes added to commit (use "git add" and/or "git commit -a")

ichiyasa@DESKTOP-T3EDE55 MINGW64 ~/ichiyasaGitSample (speakers-info)
$ git commit -am "いろふさんのプロフィール画像を追加した"
[speakers-info 0a93cfd] いろふさんのプロフィール画像を追加した
 2 files changed, 1 deletion(-)

ichiyasa@DESKTOP-T3EDE55 MINGW64 ~/ichiyasaGitSample (speakers-info)
$
```

index.htmlとspeakers1.pngが「modified」（変更済み）になっています。

ステージングエリアへの追加とコミットを同時に実行しました。

Point 複数のオプションを指定してコマンドを実行する

ここでは、ステージングエリアの追加を行う-a、そしてコミットコメントを指定する-mという2つのオプションを指定しています。そのため、次のように分けて入力することもできますが、複数のオプションは「-am」のように1つのハイフン(-)で連続して指定することもできます。

```
$ git␣commit␣-a␣-m␣"いろふさんのプロフィール画像を追加した"
```

3 プルリクエストを作成してマージする

コミットが完了したら、これまでどおりプッシュ❶、プルリクエスト作成、レビュー、マージを行います❷。

```
$ git push origin speakers-info
```

1 コマンドを入力して Enter キーを押す

```
ichiyasa@DESKTOP-T3EDE55 MINGW64 ~/ichiyasaGitSample (speakers-info)
$ git push origin speakers-info
Enter passphrase for key '/c/Users/ichiyasa/.ssh/id_ed25519':
Enumerating objects: 15, done.
Counting objects: 100% (15/15), done.
Delta compression using up to 8 threads
Compressing objects: 100% (8/8), done.
Writing objects: 100% (8/8), 23.94 KiB | 2.39 MiB/s, done.
Total 8 (delta 5), reused 0 (delta 0), pack-reused 0 (from 0)
remote: Resolving deltas: 100% (5/5), completed with 3 local objects.
To github.com:ichiyasa-g-3/ichiyasaGitSample.git
   6c6ca95..977f8f5  speakers-info -> speakers-info

ichiyasa@DESKTOP-T3EDE55 MINGW64 ~/ichiyasaGitSample (speakers-info)
$
```

リモートリポジトリにプッシュされます。

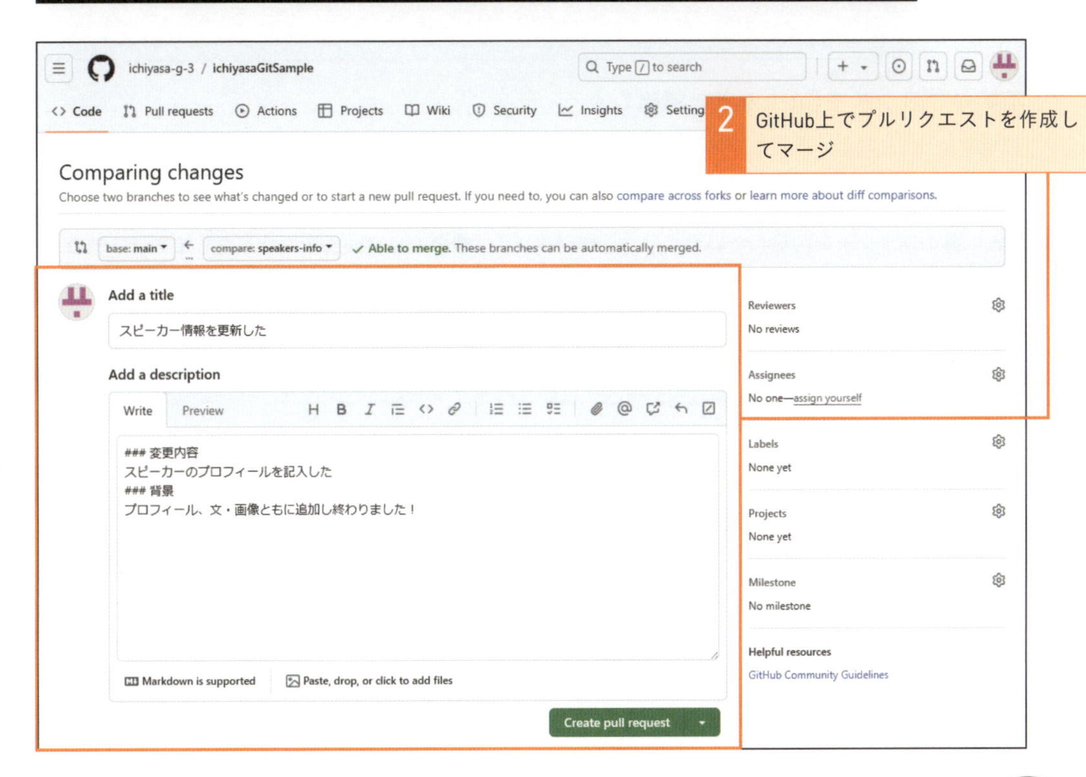

2 GitHub上でプルリクエストを作成してマージ

ブランチを複数使い分けるコツがつかめたでしょうか。自分が今何のためにどのブランチを使っているのか、どのブランチとマージすればいいのか、次はどんなブランチを使えばいいのかといった頭の切り替えが難しいと感じるかもしれませんね。たくさん使って慣れていきましょう！

》不要なブランチをコマンドで削除しよう

これまでさまざまなトピックブランチを扱ってきましたが、この調子で開発を続けているとリポジトリに余分なブランチがたまっていってしまいます。例として、sessions-infoブランチを対象に、削除を実行するコマンドを紹介します。
ブランチ名を指定した上で、ローカルリポジトリに対してはgit branchコマンドを、リモートリポジトリに対してはgit pushコマンドを用います。

操作対象のリポジトリ	操作内容	コマンド
ローカルリポジトリ	マージ済みのブランチを削除する	git branch --delete sessions-info または git branch -d sessions-info
ローカルリポジトリ	マージ状況に関わらずブランチを削除する	git branch -D sessions-info
リモートリポジトリ	ブランチを削除する	git push --delete origin sessions-info または git push origin :sessions-info

不要なブランチをGitHub上で削除しよう

GitHub上のリモートリポジトリのブランチをブラウザーから削除する方法も紹介しましょう。プルリクエストでブランチをマージしたときに、[Delete branch] というボタンが表示されることに気付きましたか（P.175参照）。これをクリックすると、プルリクエストで使用したブランチを削除できます。それ以外のブランチを削除したい場合は、[Code]タブの [●● Branches]をクリックしてブランチの一覧を表示して削除します（Openなプルリクエストでマージを検討中のブランチは削除できません）。

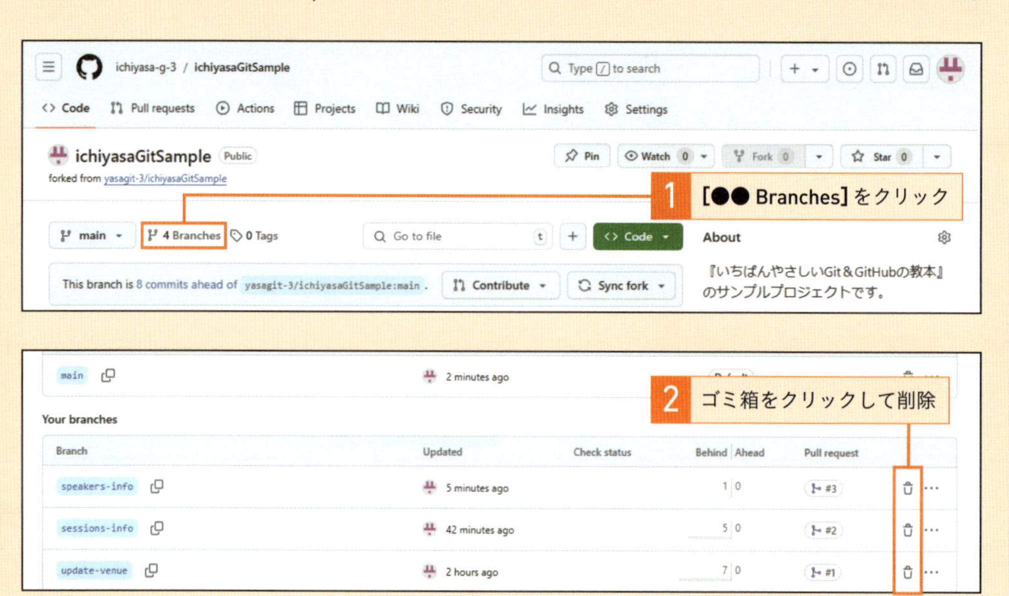

Chapter

7

コンフリクトに対処しよう

並行作業をしていると発生しうる「コンフリクト」という現象の解決方法について学びます。苦手意識を持たれることも多いテーマですが、ぜひ丁寧に読んで理解を深めてください。いよいよラストスパート、がんばりましょう。

Lesson 40

[コンフリクトの理解]

コンフリクトとは何かを理解しましょう

このレッスンのポイント

コンフリクトについて理解するところからはじめましょう。コンフリクトは機能の名前ではなく、Gitを使っていると時々出くわす現象のことです。まずは、どんなときに、なぜ発生するのか把握しておくことが大事です。

》コンフリクトの発生条件を知ろう

コンフリクトは、マージやリベース、プルなど、ブランチを統合する際に発生しうるものです。わかりやすくするため、このLessonではマージを例にして説明していきます。これまでのChapterで確認してきたように、Gitはgit mergeコマンドさえ実行すれば、適切に内容を統合してくれます。しかし、**マージする2つのブランチがそれぞれ同じファイルの同じ箇所に異なる変更を加えていた場合、Gitはマージの仕方を判断することができません。**
たとえば、mainブランチの、あるファイルに「東京都」と書かれていたとします。そこからトピックブランチを作成し、「北海道」と書き替えてmainブランチにマージしようとしたところ、mainブランチの内容が別の作業者により「沖縄県」に変更されていたらどうでしょう。Gitは、マージ後に残すべきなのが「北海道」なのか「沖縄県」なのか判断することができないのです。このとき発生するのが「コンフリクト」です。コンフリクトが起きたら、**人間がマージ後の正しい姿を判断し、手動でマージを行う必要があります。**

マージ時に発生するコンフリクトの例

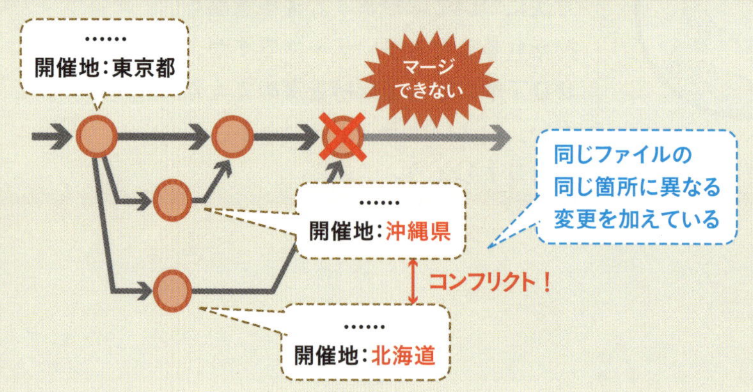

コンフリクトのことを日本語で「競合」と呼ぶこともあります。

》コンフリクトを理解するためのシナリオ

このChapterでは、シナリオに沿ってわざとコンフリクトを発生させ、それから解消します。これまでのChapterと同じように、皆さんに取り組んでいただく作業のシナリオを先に説明しておきます。うらがみさんのセッションタイトルが変更となったため、イチヤサさんはタイムテーブルを更新するためにmainブランチからトピックブランチを作成し、コミットとプルリクエストの作成を行います。ところが、セッション情報更新用ブランチのレビューを終えマージするよりも先に、**ヤマグチさんが作業していたブランチがmainにマージされたとしましょう。**どうやら、ヤマグチさんはタイムテーブルのレイアウトを変更し、セッションの列とスピーカーの列を分けたようです。ここでは一部の作業はヤマグチさんになったつもりで頭を切り替えて作業をしていただきます。

コンフリクトを引き起こす状況

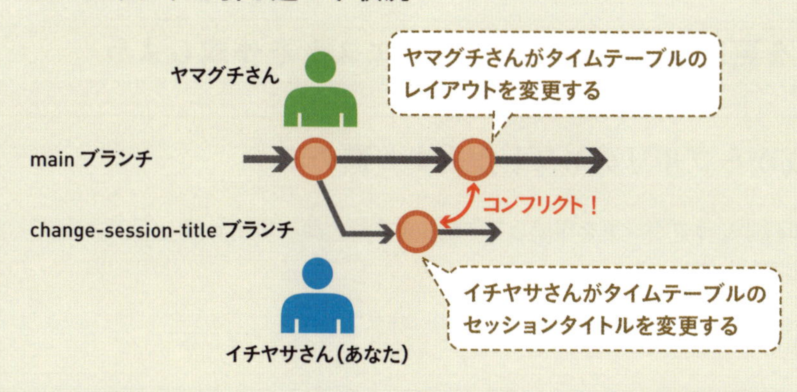

使うコマンドやGitHubの操作はこれまで学んだものばかりなので、流れを理解することに集中してくださいね。

》コンフリクトを解消してブランチをマージする

mainブランチの変更をセッション情報更新用ブランチに取り込もうとすると、コンフリクトが発生します。ヤマグチさんによる変更もイチヤサさんが行っていた変更も失わないようにファイルを書き替え、マージを完了させましょう。ここまでできたら、これまでと同じようにプルリクエストの作成、レビュー、マージを終えて作業完了です。

コンフリクトを解消してマージ

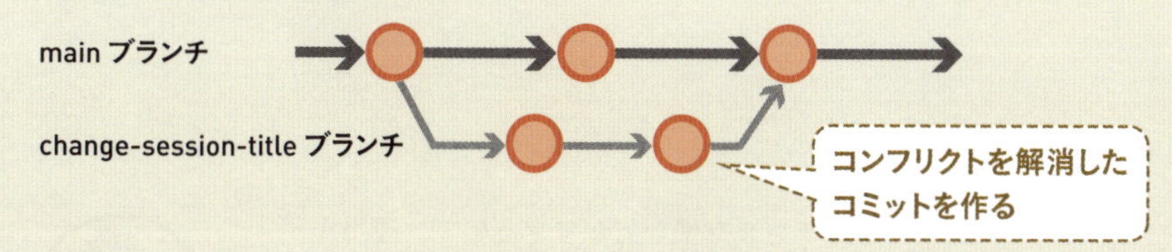

Lesson 41

[コンフリクトの発生]

コンフリクトを発生させてみましょう

このレッスンのポイント

実際にコンフリクトを発生させましょう。作業自体はこれまで行ってきたものとほぼ同じですが、マージの結果が少し変わるので注目してください。一部、登場人物のヤマグチさんになったつもりで作業していただくため、ややこしいですががんばりましょう。

》セッション情報を更新するためのプルリクエストを作成しよう

1 ブランチの作成からプルリクエスト作成まで進める

今回は、「change-session-title」というブランチを作成して作業します❶。前のChapterと同様に、git switchコマンドを実行しましょう。

```
$ git␣switch␣-c␣change-session-title
```

1 ブランチを作成してスイッチ

Point ブランチ名の付け方はさまざま

これまでのLessonでいくつかブランチを作成してきましたが、update-venue、spkears-info、change-session-titleなどその都度命名の仕方が異なっていることに気付いたでしょうか。実は、ブランチ名の付け方はチームによってさまざまです。内容を表していれば名前は自由ということもあれば、案件名を必ず付ける、バグトラッキングシステムのチケットIDを使う、などルールを設けている場合もあり、多岐にわたります。

Gitはさまざまな使い方ができるので、運用ルールを決めてチームで合意しておくことがとても大事ですね。ブランチ名の付け方もその一例です。

2 セッションタイトルを書き替える

index.htmlを開いてセッションタイトルを書き替えましょう。うらがみさんのセッションタイトルを、「現場で使える！実践Git(うらがみさん)」から「めざせ脱初心者！現場で使える実践Git(うらがみさん)」に変更します❶。

```
103 <tr>
104     <td>20:00～20:45</td>
105     <td>めざせ脱初心者！現場で使える実践Git(うらがみさん)</td>
106 </tr>
```

❶ セッションタイトルを変更

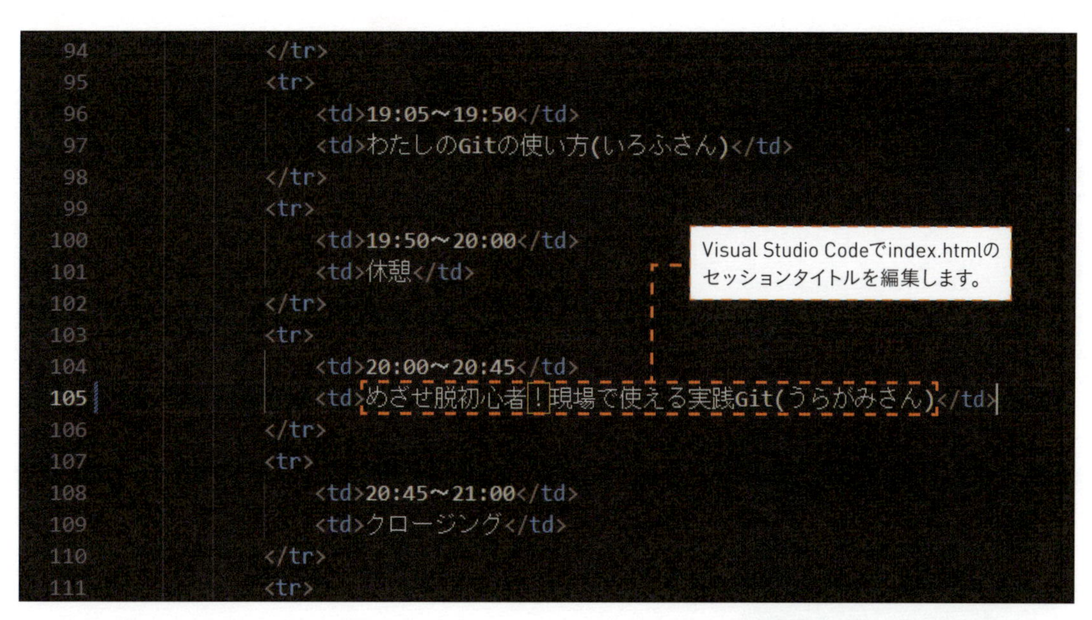

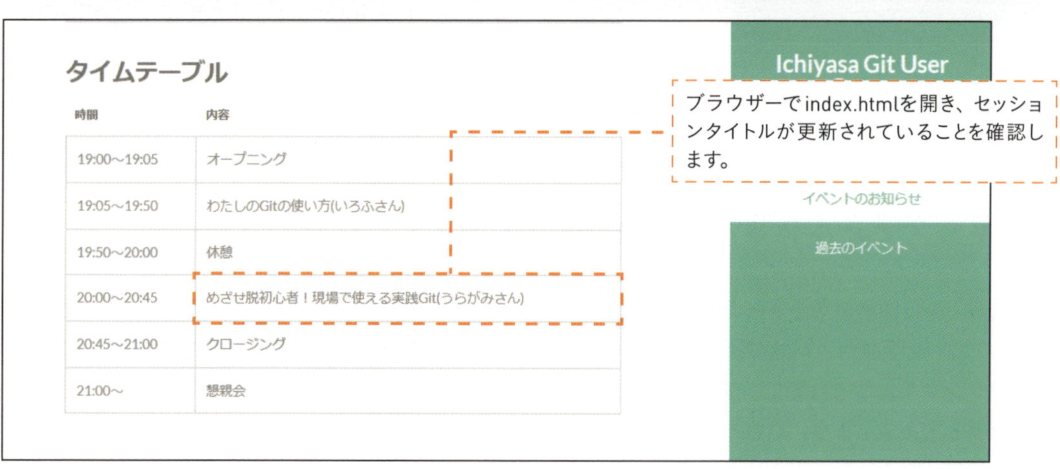

3 変更をコミットしてプッシュする

コミット、プッシュを行ったのち❶、プルリクエストを作成したところで手を止めてください❷。先ほど説明したシナリオを実現するため、マージは行いません。少しあとで、コンフリクトが起きた状態にして、プルリクエストがどうなるのかを確認します（P.219参照）。

```
$ git commit -am "うらがみさんのセッションタイトルを更新した"
$ git push origin change-session-title
```

❶ コミットとプッシュを行うコマンドを実行

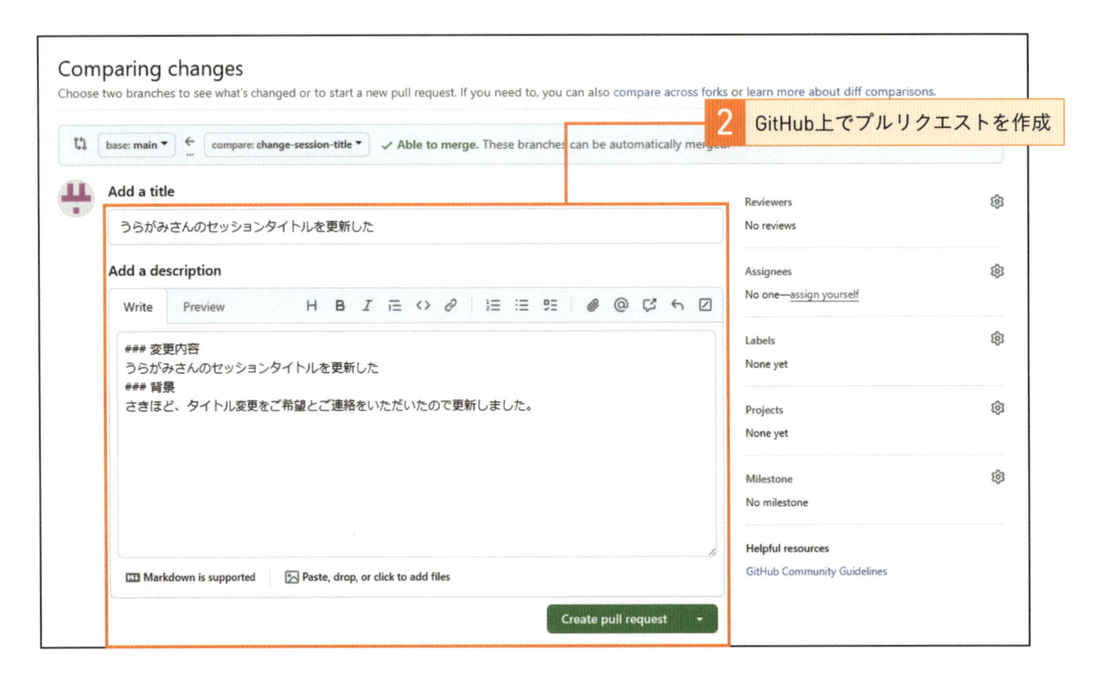

[Create pull request] をクリックして、プルリクエストを作成した状態で放置してください。

》ヤマグチさんによる作業をmainブランチに反映しよう

さて、ここからはヤマグチさんの作業です。トピックブランチを作成してタイムテーブルのレイアウトを変更し、mainブランチにマージしたあとの状態を作り出します。ここでは手順をシンプルにするために、**ブラウザー上でGitHubのmainブランチにあるファイルを直接編集してみましょう。**これをもって、ヤマグチさんがトピックブランチを作成し、ファイル編集、コミット、プルリクエスト作成、そしてマージまでを済ませたものと思ってください。

トピックブランチを作ったつもりで変更を加える

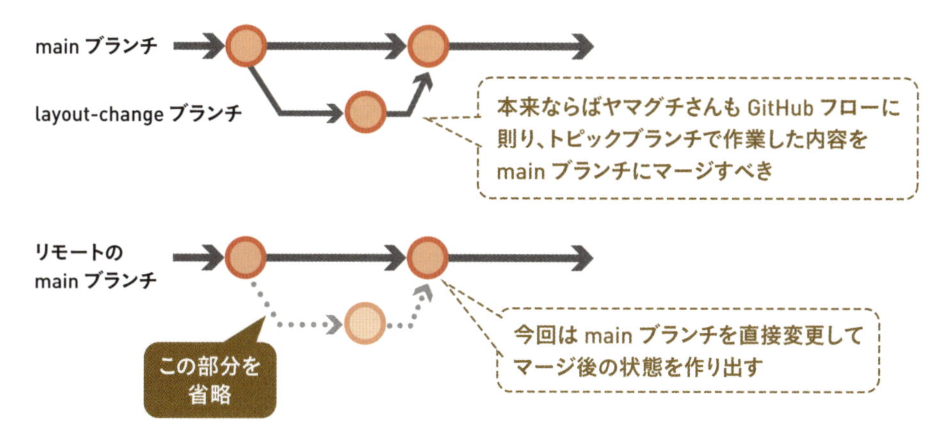

実習の手順が長すぎるとかえってわかりにくくなるので、今回はGitHub上でmainブランチを直接編集します。

1 GitHubでファイルの編集画面を開く

ブラウザーで、GitHub上にあるリモートリポジトリの画面を開き、ファイル一覧からindex.htmlをクリックします❶。これでGitHubの画面上にindex.htmlの内容が表示されます。

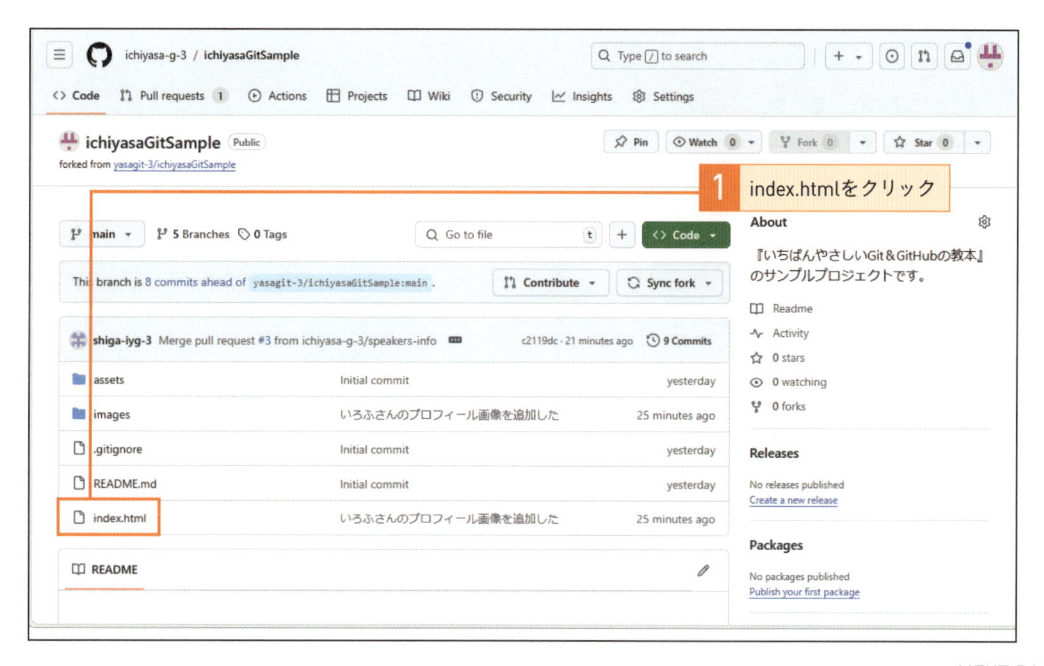

2 index.htmlを編集する

ファイルの右上にある鉛筆アイコンの［Edit this file］ボタンをクリックすると、ブラウザー上でファイル編集ができます❶❷。タイムテーブルに以下のような変更を加えてみましょう。

```
083 <table class="alt">
084   <thead>
085   <tr>
086     <th>時間</th>
087     <th>進行 / スピーカー</th>
088     <th>内容</th>
089   </tr>
090   </thead>
091   <tbody>
092   <tr>
093     <td>19:00～19:05</td>
094     <td>コミュニティスタッフ</td>
095     <td>オープニング</td>
096   </tr>
097   <tr>
098     <td>19:05～19:50</td>
099     <td>いろふさん</td>
100     <td>わたしのGitの使い方</td>
101   </tr>
102   <tr>
103     <td>19:50～20:00</td>
104     <td> - </td>
105     <td>休憩</td>
106   </tr>
107   <tr>
108     <td>20:00～20:45</td>
109     <td>うらがみさん</td>
110     <td>現場で使える！実践Git</td>
111   </tr>
112   <tr>
113     <td>20:45～21:00</td>
```

列を追加します。

```
114     <td>コミュニティスタッフ</td>
115     <td>クロージング</td>
116   </tr>
117   <tr>
118     <td>21:00～</td>
119     <td> - </td>
120     <td>懇親会</td>
121   </tr>
122   </tbody>
123 </table>
```

列を追加します。

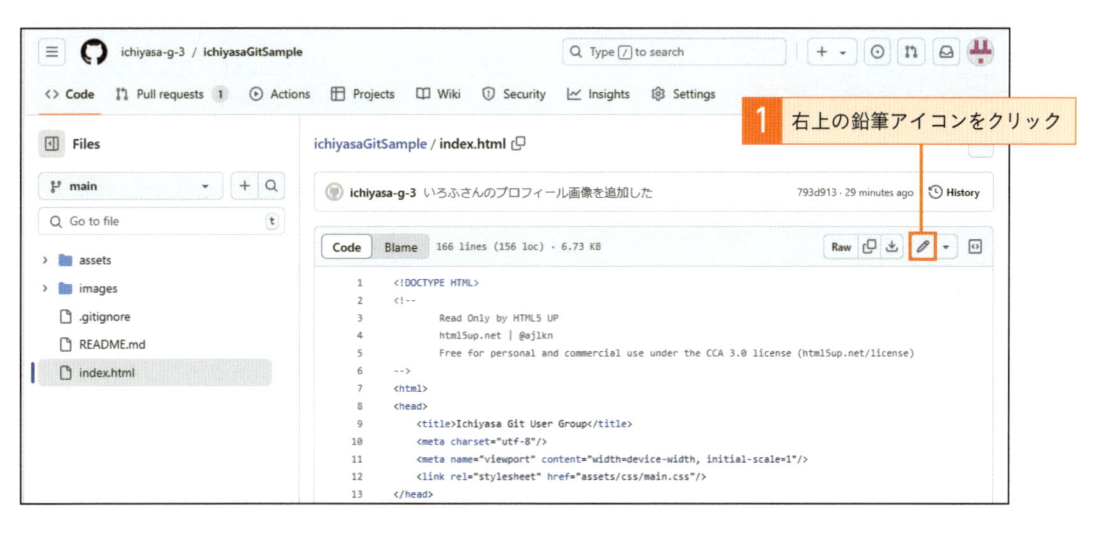

1 右上の鉛筆アイコンをクリック

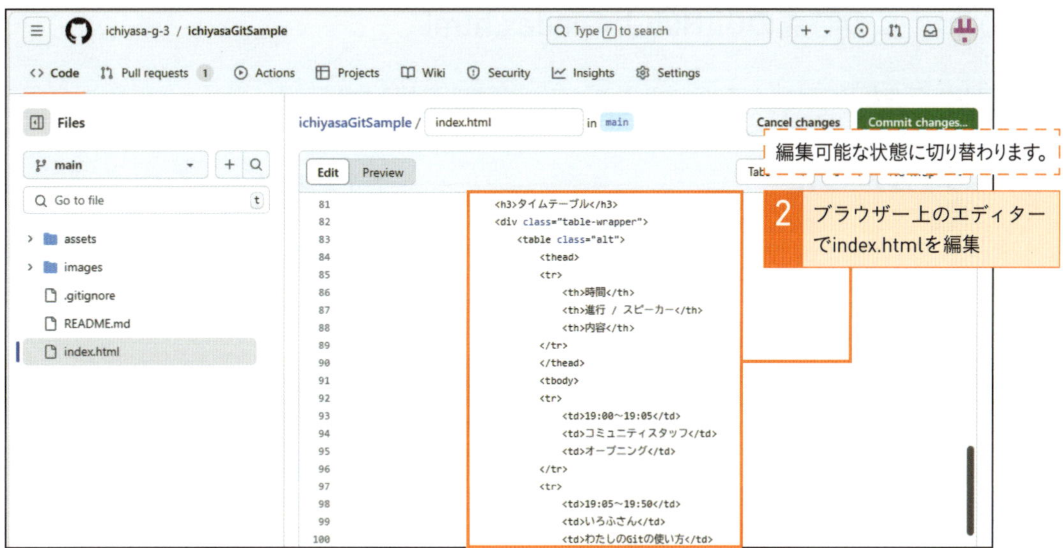

編集可能な状態に切り替わります。

2 ブラウザー上のエディターでindex.htmlを編集

3 変更をコミットする

編集が完了したら、右上の［Commit changes...］をクリックすると❶、フォームが現れます。ここでコミットメッセージを入力し❷、［Commit changes］をクリックして内容を確定させます❸❹。これで、編集した内容を反映するmainブランチへのコミットが作成されます。

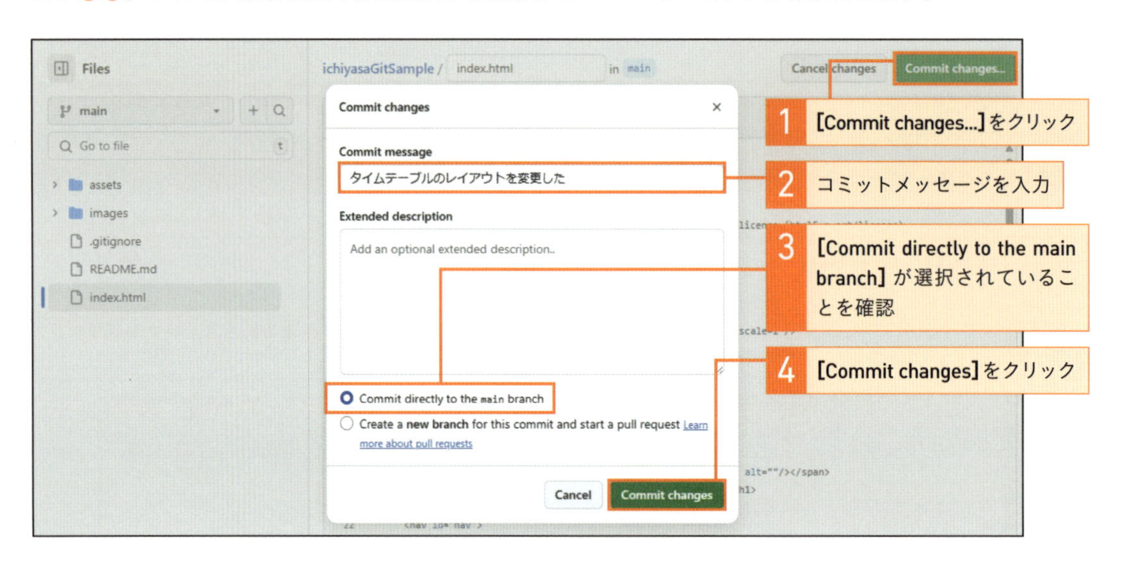

Point この時点のGitHub上のindex.html

タイムテーブルが3列になり、スピーカーとセッション内容の列が分かれています。

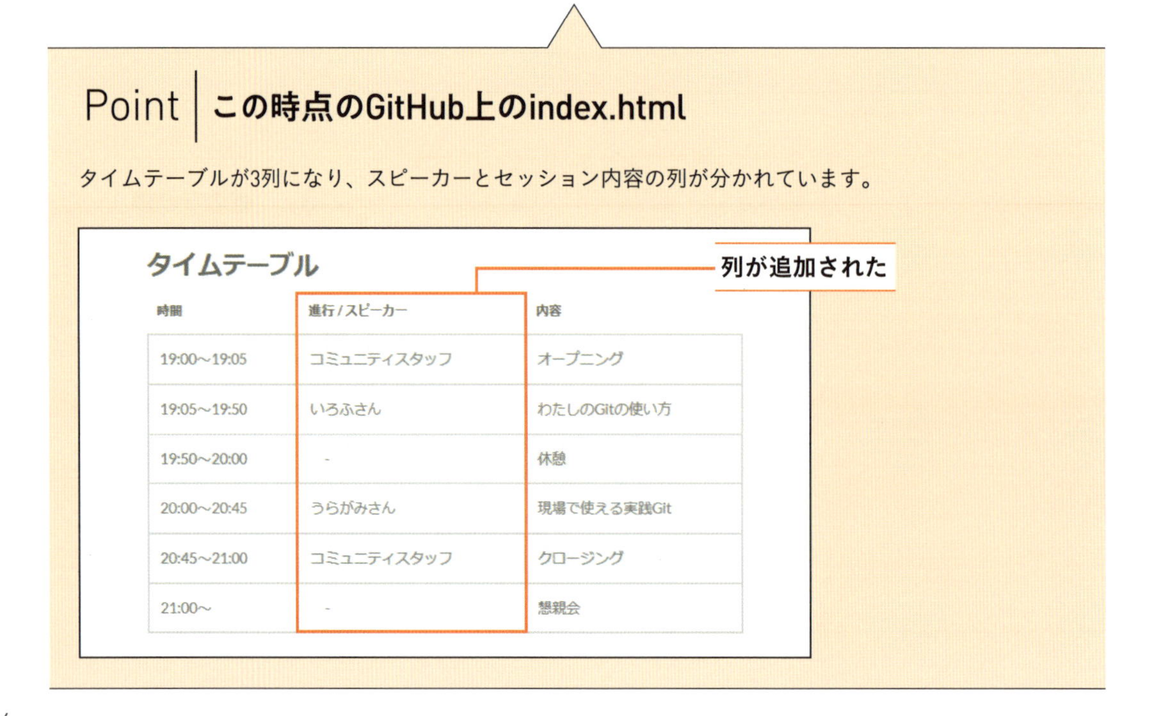

タイムテーブル

時間	進行 / スピーカー	内容
19:00〜19:05	コミュニティスタッフ	オープニング
19:05〜19:50	いろふさん	わたしのGitの使い方
19:50〜20:00	-	休憩
20:00〜20:45	うらがみさん	現場で使える実践Git
20:45〜21:00	コミュニティスタッフ	クロージング
21:00〜	-	懇親会

》mainブランチの変更を取得する

ヤマグチさん役はここまでです。さて、mainブランチに入った変更をchange-session-titleブランチに取り込みましょう。手順は、Chapter 6で学習したものと同じです。

1 ローカルリポジトリのmainブランチを最新化する

まずはmainブランチに切り替え、git pullコマンドで最新化を行いましょう❶。先ほどヤマグチさんとしてGitHub上で編集した内容を取得することができます。

```
$ git␣switch␣main
$ git␣pull␣origin␣main
```

1 mainブランチに切り替えて最新化

2 change-session-titleブランチにmainブランチをマージする

続いて、再びchange-session-titleブランチへ戻り、mainブランチをマージします❶。ところが、これまでとは違い、「CONFLICT（content）: Merge conflict in index.html」というメッセージが表示されます。これがコンフリクト発生の合図です。

```
$ git␣switch␣change-session-title
$ git␣merge␣main
```

1 ブランチを再度切り替えてmainブランチをマージ

```
ichiyasa@DESKTOP-T3EDE55 MINGW64 ~/ichiyasaGitSample (change-session-title)
$ git merge main
Auto-merging index.html
CONFLICT (content): Merge conflict in index.html
Automatic merge failed; fix conflicts and then commit the result.
```

コンフリクトが発生しています。

Point | 現在のローカルリポジトリの状況

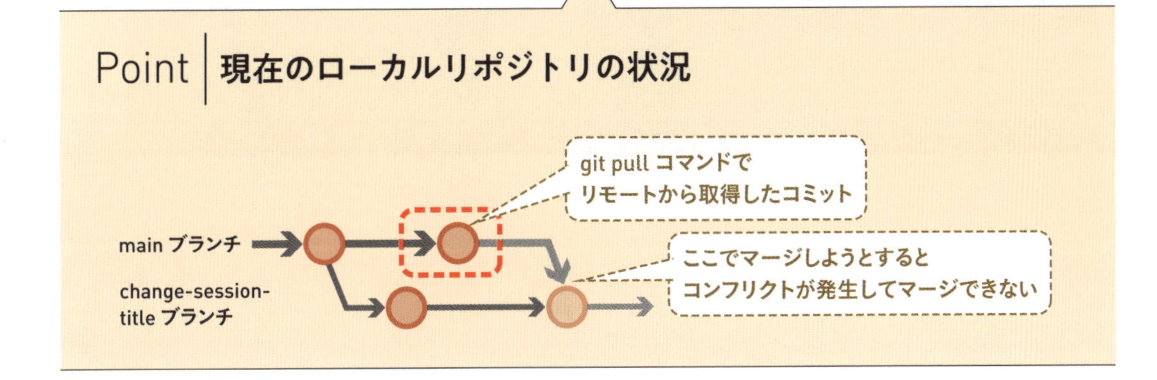

Lesson 42

[コンフリクトの解消]

コンフリクトが発生した際の対応を学びましょう

このレッスンのポイント

コンフリクトの状況を確認する方法と、どう対処したらよいかを説明します。これまでは自動で行えていたマージがうまくいかず少々不安にもなりますが、何が起こっているか把握できれば大丈夫です。慌てず、ファイルを正しい状態へと編集しましょう。

》コンフリクトの発生を確認しよう

1 git statusコマンドで確認する

git statusコマンドを実行すると、その結果でコンフリクトの発生を確認することができます❶。「both modified」すなわち、マージ先とマージ元の両ブランチで変更を加えたと書かれているファイルがコンフリクトしています。

```
$ git␣status
```

1 git statusコマンドで状況を確認

```
ichiyasa@DESKTOP-T3EDE55 MINGW64 ~/ichiyasaGitSample (change-session-title|MERGI
NG)
$ git status
On branch change-session-title
You have unmerged paths.
  (fix conflicts and run "git commit")
  (use "git merge --abort" to abort the merge)

Unmerged paths:
  (use "git add <file>..." to mark resolution)
        both modified:   index.html

no changes added to commit (use "git add" and/or "git commit -a")

ichiyasa@DESKTOP-T3EDE55 MINGW64 ~/ichiyasaGitSample (change-session-title|MERGI
NG)
$ 
```

「both modified: index.html」と表示されています。

ファイルの状態、使用しているブランチ、そしてコンフリクトの状況。git statusコマンドで確認できる情報はさまざまですね。

One Point

コンフリクト発生時のyouとthem

コンフリクト発生時にファイルの状態を表すメッセージとして、「both modified」以外に「deleted by them」や「added by you」などと表示されることがあります。いきなり人を表す代名詞が出てきて戸惑うかもしれませんが、**youはマージ元である現在使用中のブランチ、themはマージ先のブランチを指します**。たとえば、使用中のブランチで編集したファイルがマージ先のブランチで削除されていた場合、表示されるのはdeleted by themです。

2 GitHub上で確認する

GitHub上のプルリクエストの画面でもコンフリクトを確認することができます。change-session-titleブランチのプルリクエストを見ると、「This branch has conflicts that must be resolved」(このブランチには解消が必要なコンフリクトがある)と表示され、マージができなくなっているはずです。はじめに解説したとおり、コンフリクトがあるとGitは正しいマージの内容を判断できず、自動で完了させることができないためです。

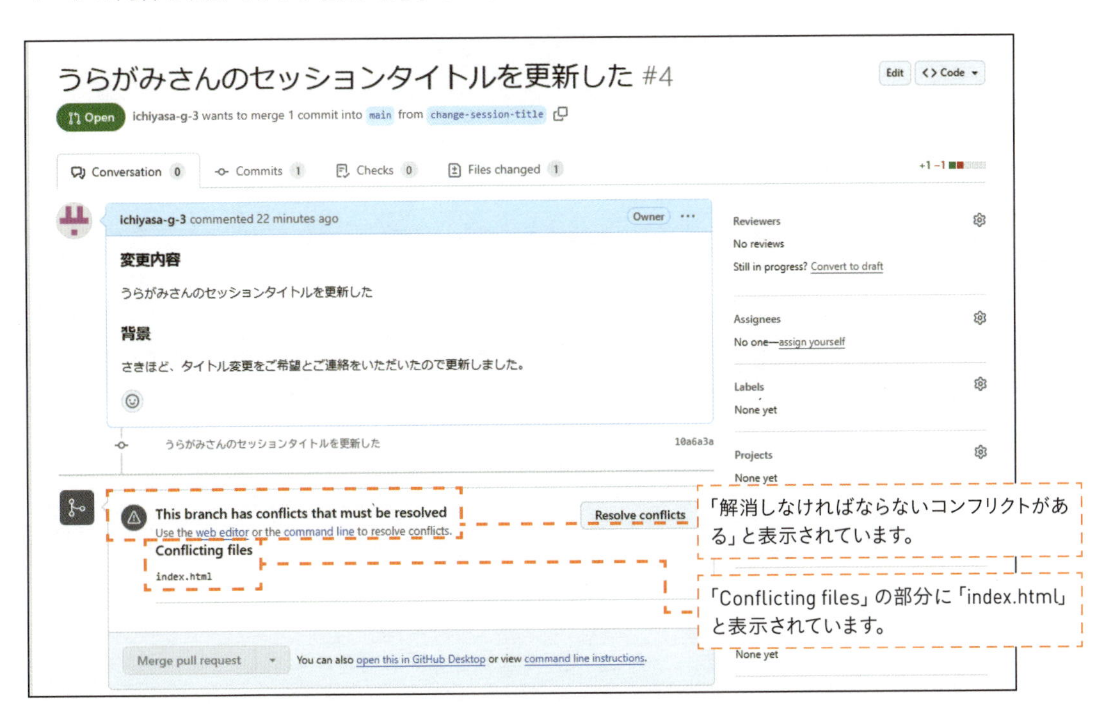

》ファイルを正しい状態に編集し直そう

1 コンフリクトの原因となっている箇所を特定する

Visual Studio Codeでindex.htmlを開きましょう。タイムテーブルを見ると、連続する<<<と>>>、そして===で囲まれた部分が見つかると思います。それぞれ、<<<の行から>>>の行までがコンフリクトしている箇所、===の行がマージ先とマージ元の変更箇所の境目です。今回は、以下のようになっているはずです。

```
109 <<<<<<<␣HEAD (現在の変更)
110 ␣␣␣␣<td>めざせ脱初心者!現場で使える実践Git(うらがみさん)</td>
111 =======
112 ␣␣␣␣<td>うらがみさん</td>
113 ␣␣␣␣<td>現場で使える!実践Git</td>
114 >>>>>>>␣main (入力側の変更)
```

❶使用中のchange-session-titleブランチによる変更の開始地点

❷change-session-titleによる変更とmainによる変更の境目

❸マージ元のmainブランチによる変更の終了地点

```
index.html ! ●
index.html > html > body > div#wrapper > div#main > section#two > div.container > div.features > article > div.table-wrapper > table.alt > tbody >
101                     </tr>
102                     <tr>
103                         <td>19:50~20:00</td>
104                         <td> - </td>
105                         <td>休憩</td>
106                     </tr>
107                     <tr>
108                         <td>20:00~20:45</td>
    現在の変更を取り込む | 入力側の変更を取り込む | 両方の変更を取り込む | 変更の比較
109 <<<<<<< HEAD (現在の変更)
110                         <td>めざせ脱初心者!現場で使える実践Git(うらがみさん)</td>
111 =======
112                         <td>うらがみさん</td>
113                         <td>現場で使える!実践Git</td>
114 >>>>>>> main (入力側の変更)
115                     </tr>
116                     <tr>
117                         <td>20:45~21:00</td>
118                         <td>コミュニティスタッフ</td>
119                         <td>クロージング</td>
120                     </tr>
121                     <tr>
122                         <td>21:00~</td>
123                         <td> - </td>
124                         <td>懇親会</td>
125                     </tr>
126                 </tbody>
127             </table>
```

Visual Studio Codeの画面ではよりわかりやすく色分けして表示されます。

コンフリクト発生箇所を素早く見つけるために「<<<」や「>>>」などでファイル内検索をするのもオススメです。

2 ファイルを正しく修正しよう

ヤマグチさんが変更したタイムテーブルの形式に合わせながらも、うらがみさんのセッションタイトルを更新した状態を目指してファイル修正をしましょう❶。**コンフリクトの印である記号は、解消と同時に忘れずに削除してください。**

```
108 ␣␣␣␣<td>20:00〜20:45</td>
109 ␣␣␣␣<td>うらがみさん</td>
110 ␣␣␣␣<td>めざせ脱初心者！現場で使える実践Git</td>
111 ␣␣</tr>
112 ␣␣<tr>
113 ␣␣␣␣<td>20:45〜21:00</td>
114 ␣␣␣␣<td>コミュニティスタッフ</td>
```

1 ヤマグチさんが作成したテーブルをベースに、change-session-titleでの変更を反映

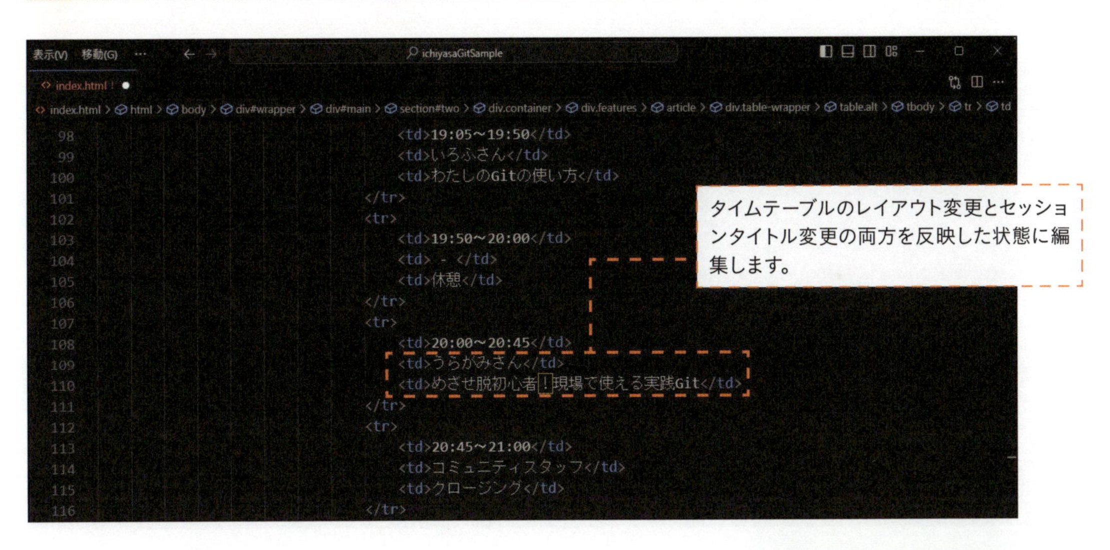

タイムテーブルのレイアウト変更とセッションタイトル変更の両方を反映した状態に編集します。

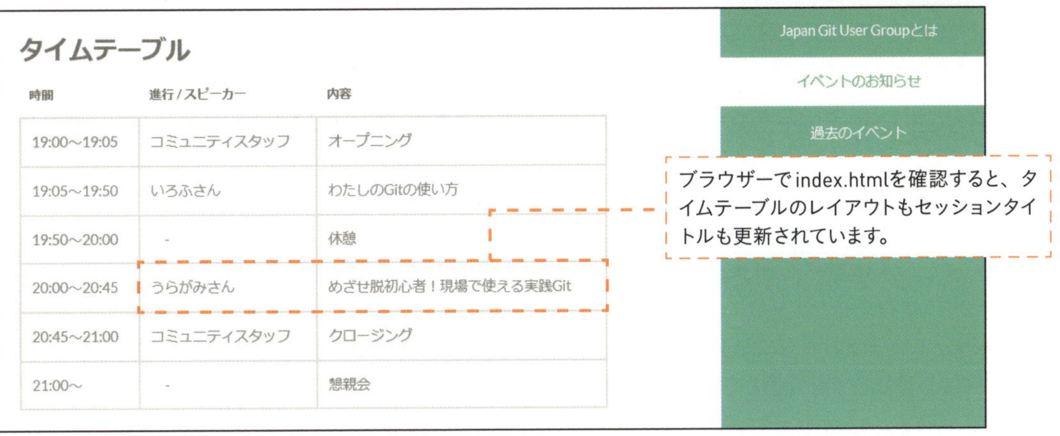

ブラウザーでindex.htmlを確認すると、タイムテーブルのレイアウトもセッションタイトルも更新されています。

》修正したファイルを再度コミットしよう

1 ステージングエリアに追加する

編集が完了したらステージングエリアに追加しましょう。その後git statusコマンドを実行すると、これまでと同様にファイルの編集が確認できます❶。また、「All conflicts fixed but you are still merging. (use "git commit" to conclude merge)」(コンフリクトは解消したが、マージは終わっていない。コミットを行ってマージを完了させよ) と表示されていますね。**コンフリクトにより失敗したマージは、解消してコミットを行うまで、マージしている最中 (マージが未完) であると見なされます。**

```
$ git␣add␣-A
$ git␣status
```

1 コンフリクトを解消した変更をステージングエリアに追加

```
ichiyasa@DESKTOP-T3EDE55 MINGW64 ~/ichiyasaGitSample (change-session-title|MERGING)
$ git add -A

ichiyasa@DESKTOP-T3EDE55 MINGW64 ~/ichiyasaGitSample (change-session-title|MERGING)
$ git status
On branch change-session-title
All conflicts fixed but you are still merging.
  (use "git commit" to conclude merge)

Changes to be committed:
        modified:   index.html


ichiyasa@DESKTOP-T3EDE55 MINGW64 ~/ichiyasaGitSample (change-session-title|MERGING)
$
```

git statusコマンドで確認すると、コンフリクトの表示が消えています。

コンフリクト発生中はなるべく他の作業をせず、まず解消してマージしきることをオススメします。他の作業をすると、コンフリクト解消以外の内容がコミットに入ってしまい、あとから作業の意味がわかりづらくなる恐れがあります。

2 マージを完了する

Gitが案内しているとおり、コミットを行うことでマージを完了させます。コマンドのパラメーターは必要ありません❶。Chapter 6で紹介したように (P.202参照)、コミットメッセージが入力された状態でエディターが立ち上がりますが、何も編集せずに閉じてしまえば大丈夫です❷。

```
$ git commit
```
1 パラメーターなしでコミット

```
ichiyasa@DESKTOP-T3EDE55 MINGW64 ~/ichiyasaGitSample (change-session-title|MERGI
NG)
$ git commit
[change-session-title bd42a68] Merge branch 'main' into change-session-title

ichiyasa@DESKTOP-T3EDE55 MINGW64 ~/ichiyasaGitSample (change-session-title)
$ |
```

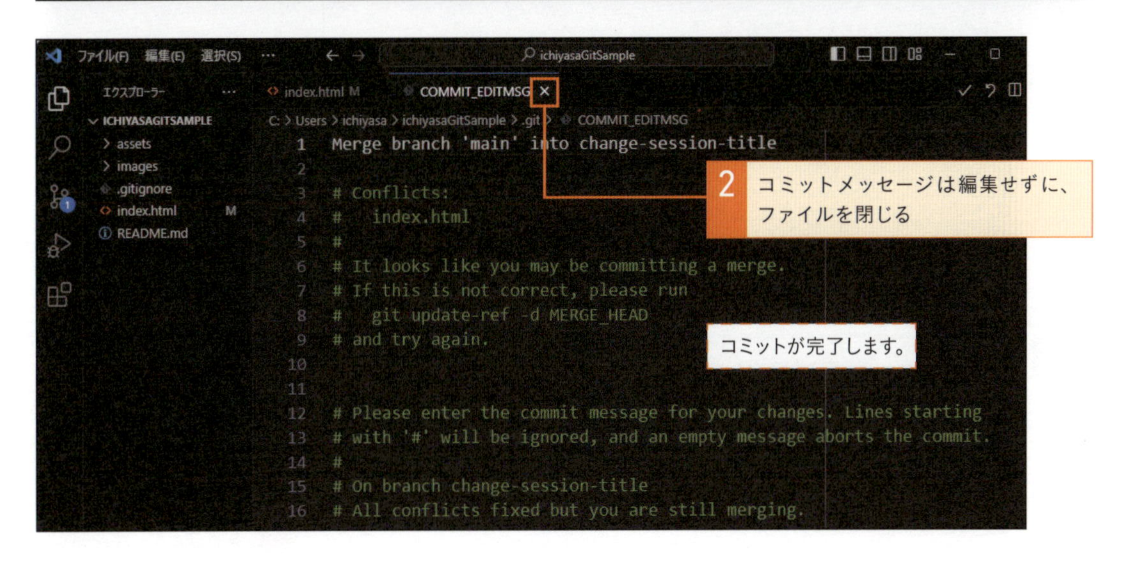

3 リモートリポジトリにプッシュする

コンフリクトが解消したら、これまでどおりプッシュを行いましょう❶。

```
$ git push origin change-session-title
```
1 コマンドを入力して Enter キーを押す

```
ichiyasa@DESKTOP-T3EDE55 MINGW64 ~/ichiyasaGitSample (change-session-title)
$ git push origin change-session-title
Enter passphrase for key '/c/Users/ichiyasa/.ssh/id_ed25519':
Enumerating objects: 7, done.
Counting objects: 100% (7/7), done.
Delta compression using up to 8 threads
Compressing objects: 100% (3/3), done.
Writing objects: 100% (3/3), 404 bytes | 404.00 KiB/s, done.
Total 3 (delta 2), reused 0 (delta 0), pack-reused 0 (from 0)
remote: Resolving deltas: 100% (2/2), completed with 2 local objects.
To github.com:ichiyasa-g-3/ichiyasaGitSample.git
   10a6a3a..bd42a68  change-session-title -> change-session-title

ichiyasa@DESKTOP-T3EDE55 MINGW64 ~/ichiyasaGitSample (change-session-title)
$ |
```

リモートリポジトリへプッシュされます。

4 プルリクエストを確認する

プッシュしたあとでGitHubを表示して再度プルリクエストを確認すると、コンフリクト発生中とは異なり、自動でのマージができるようになっています。あとは、レビューをしてもらい、mainブランチへマージすれば作業完了です。

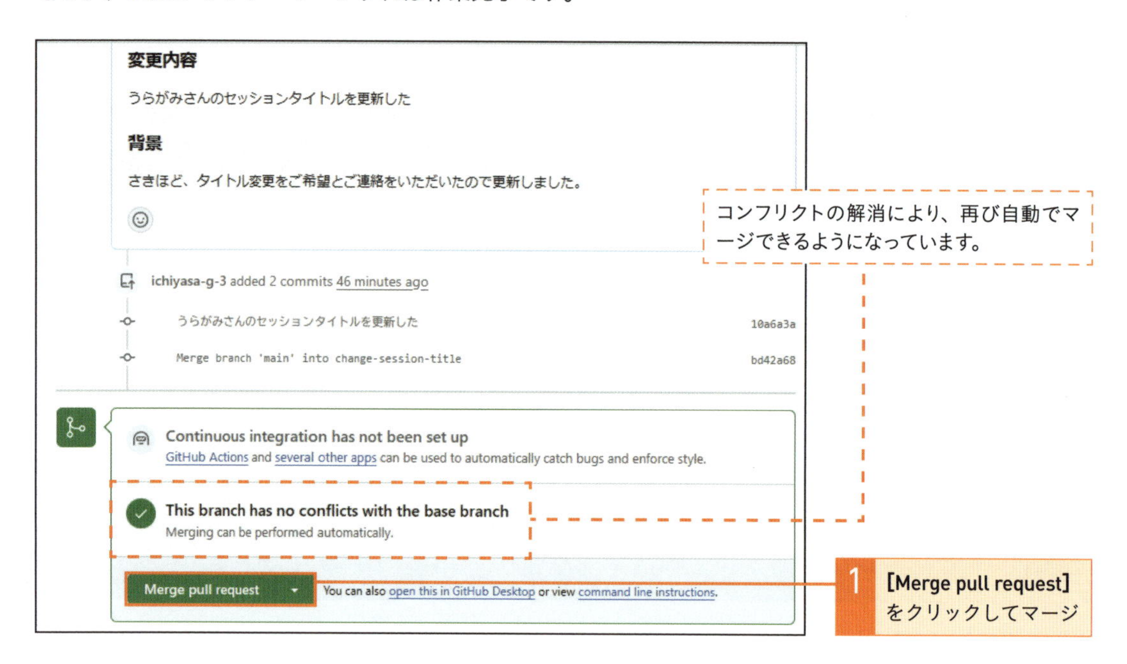

これで、2人分の変更を無事mainブランチに反映できますね。順を追って作業していけば、コンフリクトも怖くありません！

One Point

コンフリクトを解消するために

ファイルの種類や状況によって、コンフリクトが解消できたといえる状態は異なります。今回のように内容が正しいことを確認すればよいケースのみならず、コンパイルやアプリケーションの実行が正しく行えることや、テストに通ることを確認する必要がある場合も多々あります。しかし、ゴールはただ1つ、「ファイルが正しい状態となる」よう編集を行うことです。作業内容の意味を把握し、丁寧に対処するようにしましょう。

1人で判断できないときは、コンフリクトの原因となった変更を加えたメンバーに意図を確認したり、チームで相談したり、コミュニケーションを取りながら作業をすることも大事なので覚えておきましょう！

Chapter

8

GitHubを さらに使いこなそう

GitHubにはたくさんのオープンソースソフトウェアが公開されています。いつか貢献する日を目指して、世界中で公開されているリポジトリに目を向けてみましょう。

Lesson 43

[リポジトリのフォロー]

オープンソースソフトウェアのリポジトリへアクセスしよう

このレッスンのポイント

GitHubは世界中の開発者が利用しており、多くのリポジトリを見たり開発に参加したりできます。ここからは世界中の開発者が公開しているリポジトリへアクセスして、オープンソースの世界の広がりを体感してみましょう。

》GitHubでは多くのリポジトリが公開されている

GitHubは2023年に利用ユーザー数が1億人を超え、世界中の開発者に利用されています（https://github.com/about）。開発者はGitHubを通じてさまざまなオープンソースソフトウェア（OSS）の開発に参加したり、設計やソースコードを確認したりできます。

本書で学んでいる「Git」もOSSのうちの1つです。GitHubのGitのリポジトリへアクセスしてみてください。ここでは**Gitのソースコードやこれまでのコミット、リリースバージョンなど、さまざまな情報を確認できます**。「Contributors」（貢献者）はmainブランチにコミットが取り込まれた人数を示しており、1000人以上の開発者がGitの開発に貢献しているということがわかります。

GitHub上で公開されているGitのリポジトリ

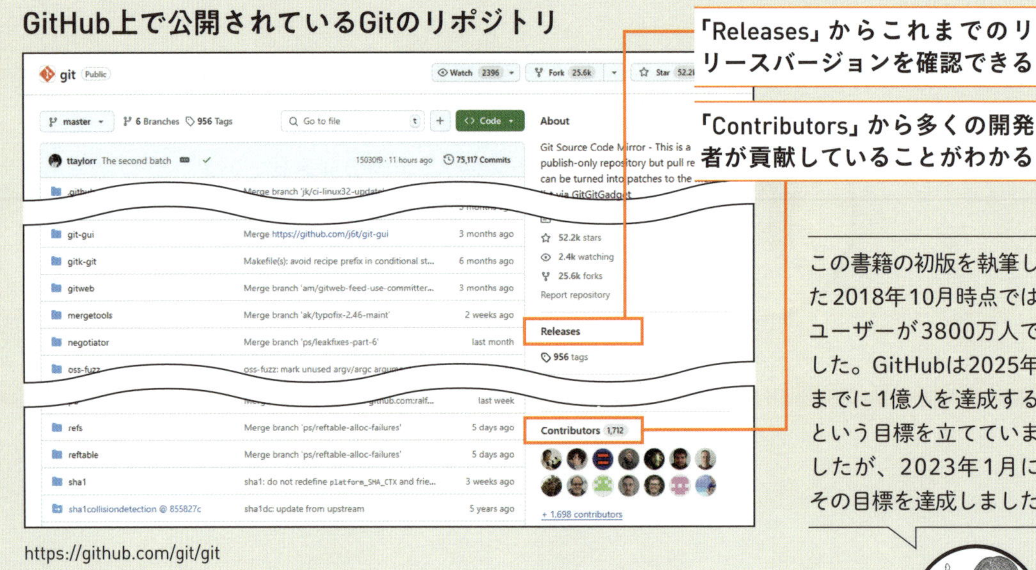

https://github.com/git/git

この書籍の初版を執筆した2018年10月時点ではユーザーが3800万人でした。GitHubは2025年までに1億人を達成するという目標を立てていましたが、2023年1月にその目標を達成しました。

》リポジトリをフォローしよう

リポジトリの右上に［Watch］［Star］のボタンがあります。［Watch］をクリックすると、そのリポジトリでプルリクエストがマージされたときなど、**リポジトリの更新情報がアクティビティー（活動）として通知される**ようになります。

アクティビティーはGitHubのトップページ（https://github.com）かNotificationsのページ（https://github.com/notifications）で確認できます。［Star］のボタンを押すとユーザーページの［Star］タブにリポジトリをリスト化できます。

リポジトリに付いている**「Star」の数はリポジトリの注目度の高さを示しており**、たとえばGitHubのトレンドリポジトリのランキング（https://github.com/trending）は「Star」の数をもとに集計されています。

Watchでアクティビティーを確認する

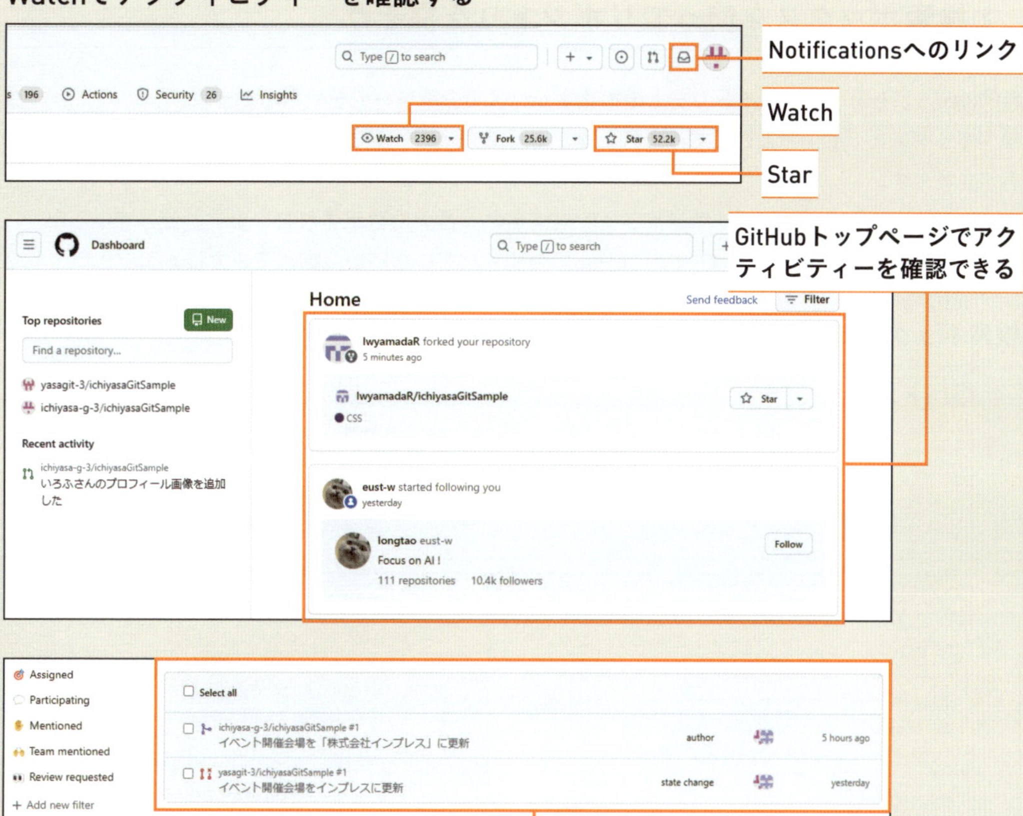

［Watch］や［Star］を押して、お気に入りのリポジトリをどんどんフォローしましょう。

Lesson 44

[リポジトリの検索]

オープンソースソフトウェアを探してみましょう

このレッスンのポイント

OSSの探し方を紹介します。自分が普段使っているツールやプログラミング言語に関係があるリポジトリを探してみましょう。興味があるリポジトリを見つけたら、あとからアクセスしやすいよう「Star」を付けていくことをオススメします。

》検索ボックスを使ってリポジトリを探そう

目的のOSSがあるなら、サイトの左上の検索ボックスでキーワードを検索できます。
検索ボックスに「git」と入力してみましょう。「git」のキーワードに関連があるリポジトリの一覧が表示されます。
前のLessonで紹介したGitのリポジトリが検索結果の一番上に表示されています。使っているツールやフレームワークのソースコードがGitHubで公開されていないか、調べてみましょう。

検索ボックスにキーワードを入力する

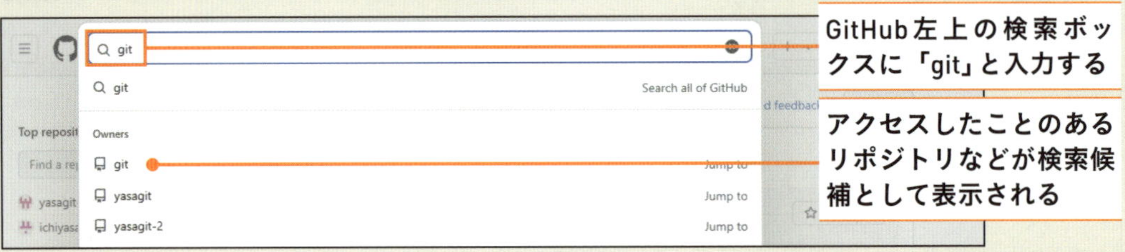

GitHub左上の検索ボックスに「git」と入力する

アクセスしたことのあるリポジトリなどが検索候補として表示される

「git」で検索した場合、Gitのリポジトリが検索結果の一番上に表示される

「Search all of GitHub」と表示されている結果をクリックすると、GitHub上のすべてのリポジトリから検索できます。

》人気のリポジトリを探そう

検索ボックスでは、キーワードの他にも、**「Star」がたくさん付いている注目度の高いリポジトリを探す**こともできます。
検索ボックスに「stars:>=10000」と入力してみると、「Star」が10000個以上付いているリポジトリが表示されます。
「stars:>=10000 git」のようなキーワードを付けた検索や、「stars:>=10000 language:java」のように「language:」と付けて特定のプログラミング言語に絞った検索もできます。
興味のあるキーワードやよく利用しているプログラミング言語とあわせて検索をかけてみましょう。
他にも、リポジトリが作成された日付やフォークされた数など、多くの検索方法が提供されているので、ぜひ調べてみてください（https://docs.github.com/ja/search-github/searching-on-github/searching-for-repositories）。

「Star」が多く付いているリポジトリを探す

「stars:>=10000」という検索条件で、10000個以上「Star」が付いているリポジトリを検索する

One Point

トレンドのリポジトリを見てみよう

サイト上部の［Explore］というリンクを押してみましょう。
ここでは、皆さんが興味を持ちそうなリポジトリやトレンドのリポジトリが紹介されています。
「Trending repositories」は初期設定で1週間のトレンドが表示されていますが、プルダウンメニューで今日や1か月間のトレンドに切り替えることもできます。

Lesson 45

[Issueやガイドライン]

オープンソースソフトウェアに貢献しましょう

このレッスンのポイント

Chapter 5で学んだプルリクエストを作成したり、Issueという機能を利用したりすることで、OSSに貢献できます。このLessonでは、OSSへ貢献する方法の一部を紹介します。本書で学んできたことを活かして、OSSの世界に飛び込んでみましょう！

》Issueを利用してOSSに貢献しよう

OSSのリポジトリを見つけたら、次はそのリポジトリに対して貢献していきましょう。OSSへの貢献というと、ソースコードの追加や修正を想像する方が多いのではないでしょうか。
もちろんソースコードの追加や修正も大切ですが、ハードルが高い場合はドキュメントの追加や修正をしたり、問題を報告したりすることもOSSへの貢献になります。**問題を報告するときは、Issue（イシュー）というGitHubの機能を利用しましょう。**ソフトウェアのバグや問い合わせなどを1つのIssueとして作成し、プルリクエストのようにIssue上で開発者同士が議論することもできます。

Issueの利用例

リポジトリの［Issues］タブでIssueの一覧を確認できる

spring-projects / spring-boot

Code | Issues 542 | Pull requests 23 | Actions | Projects | Wiki | Security | Insights

Filters ▾ | is:issue is:open | Labels 47 | Milestones 10 | New issue

542 Open ✓ 35,208 Closed — Author ▾ Label ▾ Projects ▾ Milestones ▾ Assignee ▾ Sort ▾

- Reinstate support for initing mocks in MockitoTestExecutionListener `type: task` — #42708 opened 1 hour ago by wilkinsona 3.4.x
- Allow start-up to fail if unknown Liquibase change set is discovered. `for: team-meeting` `status: waiting-for-triage` — #42699 opened 12 hours ago by raphw — 2
- Upgrade to Spring Session 3.4.0-RC1 `type: dependency-upgrade` — #42692 opened 19 hours ago by snicoll 3.4.0-RC1
- Dev Tools reload and SpEL loaded classes within Thymeleaf templates `status: waiting-for-feedback` `status: waiting-for-triage` — #42690 opened yesterday by mvitz — 1
- Issue with Layertools in Spring Boot Project `status: waiting-for-feedback` `status: waiting-for-triage` — #42677 opened yesterday by river-cell — 1
- Upgrade to HttpClient5 5.4 `type: dependency-upgrade` — #42675 opened 2 days ago by snicoll 3.4.0-RC1 — 4

［New issue］をクリックしてIssueを作成できる

https://github.com/spring-projects/spring-boot/issues

》リポジトリのガイドラインを読もう

リポジトリに貢献するときは、**READMEやCONTRIBUTINGというファイルにガイドラインが書かれている**ことがあるので、このファイルを見つけたときはしっかりと目を通すようにしてください。
なお、CONTRIBUTINGファイルがリポジトリにある場合は、Issueページでイメージのようにアナウンスされます。ガイドラインがなくても、ドキュメントやすでに登録されているプルリクエストやIssueが英語で書かれていた場合は、同じように英語で書きましょう。
また、Issueを登録する前には、同じようなIssueがすでに登録されていないか確認しましょう。

CONTRIBUTINGファイルがあるとき

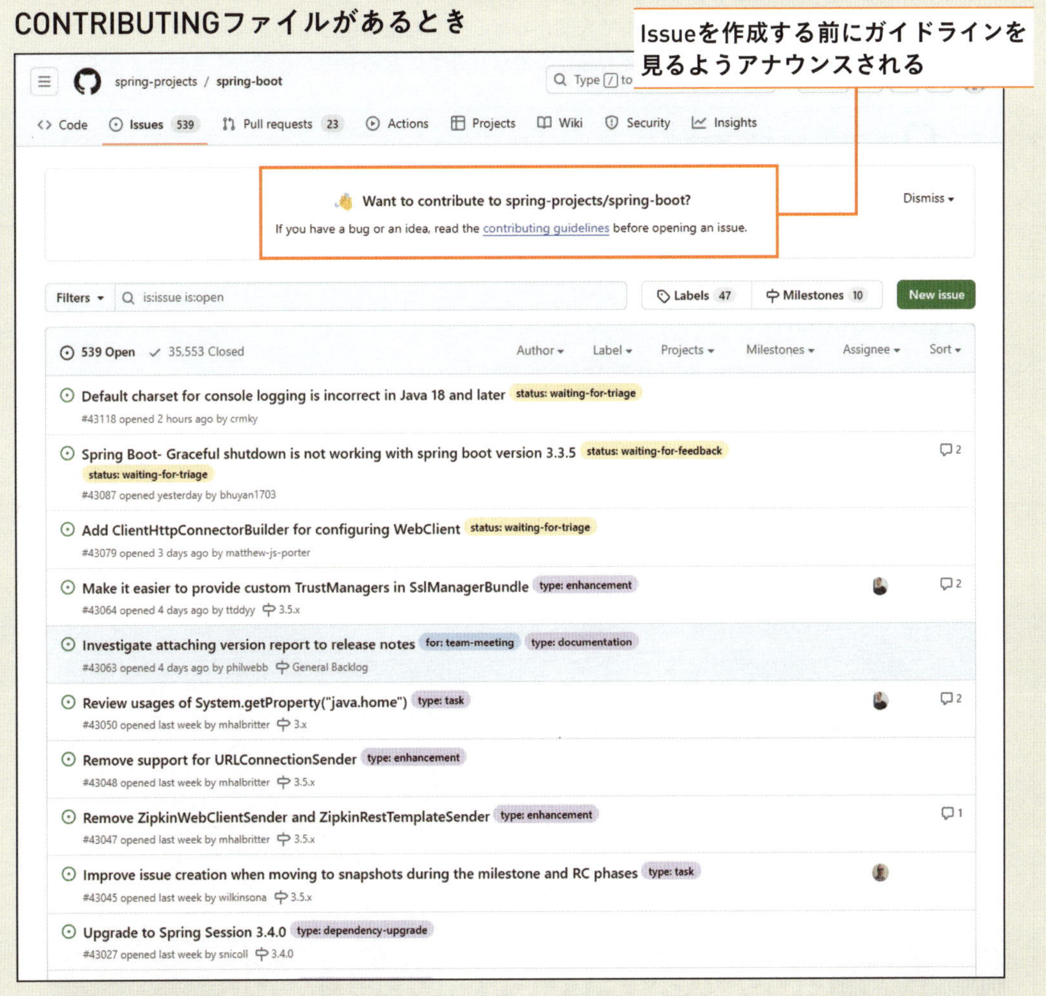

https://github.com/spring-projects/spring-boot/issues

ルールをしっかりと守り、皆が気持ちよくOSSへ貢献できるように気を付けましょう。

One Point

GitHubの新しい機能

GitHubにはソースコード管理以外にも、開発効率向上やプロジェクト管理に役立つ多くの機能があります。
たとえばリポジトリの画面にある［Actions］や［Projects］のタブからは、近年多くのチームで取り組まれている「アジャイル開発」や「DevOps」などを実践・促進するのに役立つ機能を使うことができます。
また、生成AIを活用しコーディングをサポートしてくれる「GitHub Copilot」も注目されています。Copilotは、ソースコードを指示に従って書いたり、既存のコードを読み込んで解説や改善提案をしたり、質問に答えたりしてくれます。Visual Studio CodeにもCopilot用の拡張機能があり、エディターの中でAIに相談しながら作業ができます。ただし、100%正しい答えが返ってくるわけではないので、注意が必要です。提案された内容はあくまで人間がレビューした上で使うものと考えてください。
どんどん進化していくGitHub、有料機能もありますがぜひ気になるものから試してみましょう！

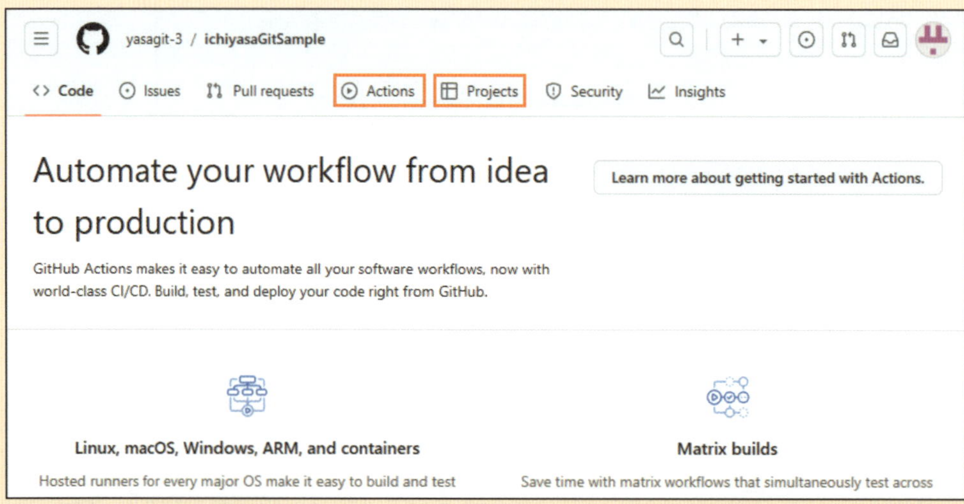

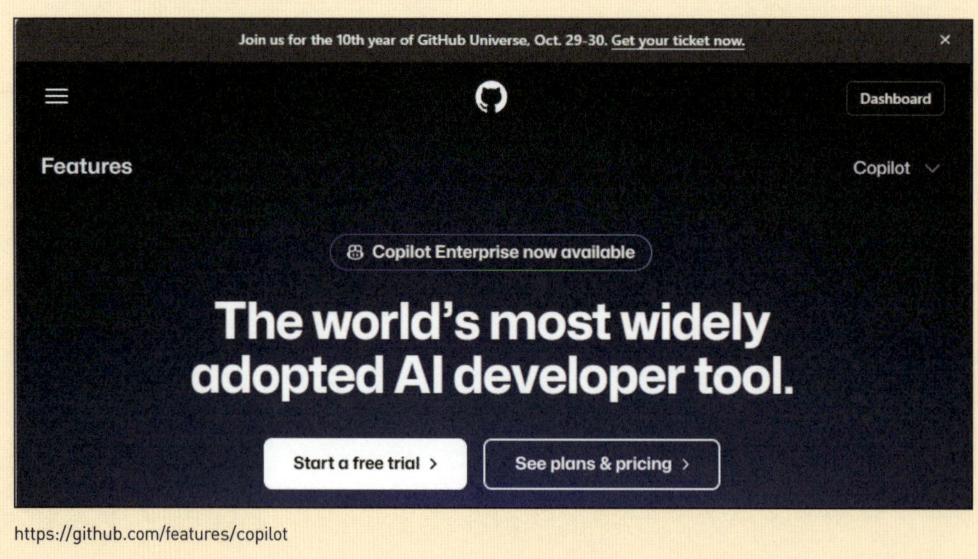

https://github.com/features/copilot

One Point

READMEファイル

GitHubで公開されている多くのリポジトリには「README」という名前のファイルが配置されており、そのOSSを利用する際のインストールや設定の方法、ライセンスなど、リポジトリに関わる情報が記載されています。リポジトリを公開すると、世界中の人がそのリポジトリを参照できるようになります。

リポジトリを公開する場合はあらかじめREADMEファイルを作っておき、世界中の開発者が皆さんが作ったOSSを利用したり、貢献したりする際に必要になりそうな情報を書いておくようにしましょう。

GitHubではリポジトリを作成するときに［Add a README file］にチェックマークを付けると、自動で「README.md」ファイルを作成し、コミットされます。

「md」はChapter 3で学んだMarkdownファイルの拡張子ですね。

本書では見出しとリストしかMarkdownの記法を使用しませんでしたが、GitHub Guidesにはより多くの記法が記載されているので、ぜひ参考にしてみてください（https://docs.github.com/ja/get-started/writing-on-github/getting-started-with-writing-and-formatting-on-github/basic-writing-and-formatting-syntax）。

Initialize this repository with:
Add a README file
This is where you can write a long description for your project. Learn more about READMEs.
Add .gitignore
.gitignore template: None
Choose which files not to track from a list of templates. Learn more about ignoring files.
Choose a license
License: None
A license tells others what they can and can't do with your code. Learn more about licenses.
This will set main as the default branch. Change the default name in your settings.
You are creating a public repository in your personal account.
Create repository

リポジトリ作成時にチェックマークを付ける

ichiyasa-g-3 Initial commit cc06c0b · now
README.md Initial commit
README

README.mdファイルが自動で作成される

おつかれさまでした！　これで、個人、複数人、そして世界中の人たちとGitを使って開発できるようになりました。開発などで利用するとGitの便利さをより一層実感できるので、これからどんどんGitを利用していきましょう。

INDEX
索引

用語集

アルファベット

.gitignoreファイル →P.108参照
Gitで管理したくないファイルやディレクトリを設定する。記載するとコミット対象から外れる

Git Bash →P.43参照
WindowsでLinux風のコマンドが使えるCUIツール。Gitをインストールすると付いてくる

GitHubフロー →P.182参照
GitとGitHubを使って作業する方法として、GitHubが推奨している一連の流れ

Gitディレクトリ →P.23参照
コミットを格納する場所

Issue →P.230参照
GitHubでリポジトリのバグ報告や問い合わせなどを投稿する機能

LGTM →P.161参照
「Looks Good To Me」の略。レビュー内容がOKだと判断した時に使うことが多い

mainブランチ →P.143参照
GitHubでリポジトリを作成する際に自動で作られるブランチ

modified →P.24参照
「最後にコミットした状態」から変更済みのファイルを表す

origin →P.135参照
クローン元のリモートリポジトリを表す名前

READMEファイル →P.233参照
リポジトリの基本情報を記載するファイル。GitHubではリポジトリのトップページに表示される

Star →P.227参照
GitHubでお気に入り登録や「いいね！」のような役割を果たす機能。リポジトリの注目度を表す

unmodified →P.24参照
「最後にコミットした状態」から変更されていないファイルを表す

untracked →P.24参照
追跡されていないファイルを表す。まだ一度コミットされておらず、Gitの管理下にない

Watch →P.227参照
GitHubのリポジトリに対して行う操作。フォローした相手のGitHub上での活動を追うことができる

カ

クローン →P.132参照
GitHub上のリポジトリを丸ごとパソコンに取得すること。はじめに1回だけ行う

コマンドライン →p.46参照
コマンドを入力する行のこと。Windowsでは「GitBush」、macOSでは「ターミナル」を利用する

コミット →P.18参照
任意のタイミングで記録を保存する操作。その記録自体のことも「コミット」と呼ぶ

コミットメッセージ →P.87参照
コミットで加えた変更内容を説明するテキスト

コンフリクト →P.208参照
複数ブランチで（複数人で）同じファイルの同じ箇所を編集した後に起こる衝突。必要な内容を勝手に上書きしないための機能

サ

スカッシュ →P.172参照
複数のコミットをまとめること。GitHubでマージの際に使うと、ブランチに加えた変更履歴が1つになる

ステージングエリア →P.23参照
コミットするファイルを登録する場所。「インデックス」とも呼ぶ

タ

ディレクトリ →P.47参照
フォルダーのこと。「カレントディレクトリ」「ルートディレクトリ」「ホームディレクトリ」などがある

トピックブランチ →P.144参照
短期的に使う作業用のブランチ

ハ

バージョン管理 →P.14参照
バックアップや履歴の把握などに役立てるため、ファイルの変更をすべて記録すること

プッシュ →P.151参照
ローカルリポジトリからリモートリポジトリに反映すること

フェッチ →P.178参照
リモートリポジトリの内容をローカルリポジトリに取得すること

フォーク →P.128参照
リポジトリを複製するGitHubの機能

ブランチ →P.142参照
Gitで記録する履歴を枝分かれさせるための機能。複数の作業を並行して進めるときに使用する

プル →P.178参照
リモートリポジトリの内容をローカルリポジトリに取得し、ワークツリーに反映すること

プルリクエスト →P.150参照
ブランチの取り込みを依頼するGitHubの機能

ベースブランチ →P.153参照
プルリクエストでのマージ先のブランチ

マ

マージ →P.143参照
枝分かれさせたブランチを統合すること

ラ

リベース → P.173参照
ブランチを統合する方法のひとつ。まるで履歴が枝分かれしていなかったかのように一直線に統合する

リポジトリ →P.20参照
コミットをためていく場所

リモートリポジトリ →P.21参照
インターネットなどのネットワーク上に存在するリポジトリ

レビュー →P.150参照
ある人がGit上で加えた変更を別の人がチェックし、問題ないか確認すること

ローカルリポジトリ →P.21参照
手元で使っているパソコン内に作成する自分専用のリポジトリ

ワ

ワークツリー →P.23参照
変更するファイルを保持する場所。「ワーキングツリー」「作業ディレクトリ」とも呼ぶ

コマンドリファレンスのダウンロードについて

本書で使用しているGitコマンドを中心にまとめた、コマンドリファレンスのPDFと、解説に沿った操作中に使用する画像ファイルを公開しています。本書のサポートページからダウンロードしてください。

本書サポートページ

https://book.impress.co.jp/books/1124101049

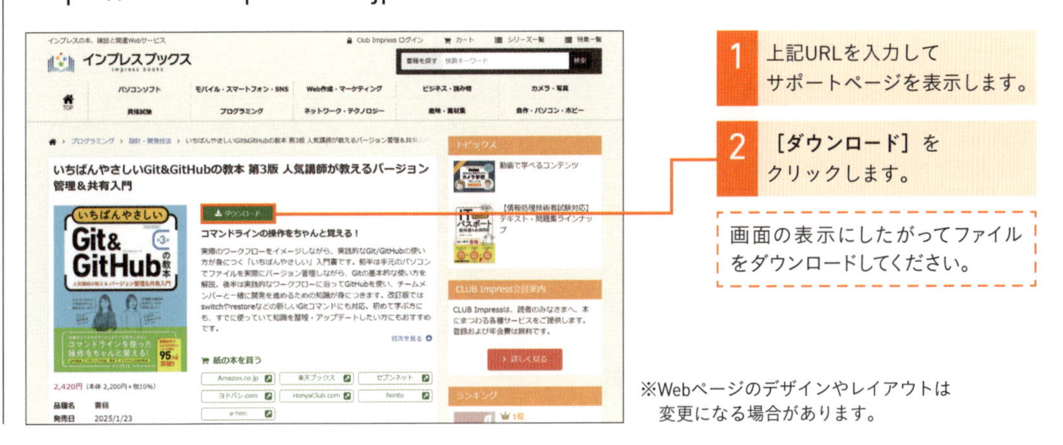

※Webページのデザインやレイアウトは
変更になる場合があります。

スタッフリスト

カバー・本文デザイン	米倉英弘（米倉デザイン室）
カバー・本文イラスト	東海林巨樹
撮影	蔭山一広（panorama house）
DTP	峠坂あかり（リブロワークス）
校正	株式会社聚珍社
デザイン制作室	今津幸弘 鈴木　薫
編集	大津雄一郎（リブロワークス） 山田瑠梨花
編集長	柳沼俊宏

■商品に関する問い合わせ先

このたびは弊社商品をご購入いただきありがとうございます。本書の内容などに関するお問い合わせは、下記のURLまたは二次元バーコードにある問い合わせフォームからお送りください。

https://book.impress.co.jp/info/

上記フォームがご利用いただけない場合のメールでの問い合わせ先
info@impress.co.jp
※お問い合わせの際は、書名、ISBN、お名前、お電話番号、メールアドレスに加えて、「該当するページ」と「具体的なご質問内容」「お使いの動作環境」を必ずご明記ください。なお、本書の範囲を超えるご質問にはお答えできないのでご了承ください。

- 電話やFAX でのご質問には対応しておりません。また、封書でのお問い合わせは回答までに日数をいただく場合があります。あらかじめご了承ください。
- インプレスブックスの本書情報ページ https://book.impress.co.jp/books/1124101049 では、本書のサポート情報や正誤表・訂正情報などを提供しています。あわせてご確認ください。
- 本書の奥付に記載されている初版発行日から1年が経過した場合、もしくは本書で紹介している製品やサービスについて提供会社によるサポートが終了した場合はご質問にお答えできない場合があります。

■落丁・乱丁本などの問い合わせ先

FAX　03-6837-5023
service@impress.co.jp
※古書店で購入された商品はお取り替えできません。

いちばんやさしい
Git&GitHub の教本 第3版
人気講師が教えるバージョン管理 & 共有入門

2025年 1 月 21 日　初版発行

著　者　横田紋奈、宇賀神みずき

発行人　高橋隆志

編集人　藤井貴志

発行所　株式会社インプレス
〒101-0051　東京都千代田区神田神保町一丁目 105 番地
ホームページ　https://book.impress.co.jp/

印刷所　株式会社暁印刷

ISBN 978-4-295-02092-9 C3055